河型模糊控制基础

史传文　著

黄河水利出版社
·郑州·

内 容 提 要

冲积河流河型问题是河流动力学与河床演变学中最重要的基本理论问题之一，河型模糊控制基础以冲积河流为研究对象，把冲积河流河型问题分为河型成因、河型分类、河型预测和河型控制四大类问题。本书采用系统论和逻辑推理方法，建立了冲积河流河型成因的输沙平衡程度理论假说；基于河流动力学和河床演变学基本理论，建立了冲积河流输沙平衡程度公式；基于模糊数学理论，建立了河流模糊等价矩阵聚类方法。基于河型成因假说、输沙平衡程度公式和河流模糊聚类方法，分别建立了冲积河流河型自然分类、预测和控制的模糊聚类计算方法。利用黄河下游实测资料的验证计算结果表明，如果小浪底水库运用方式借鉴河型模糊控制方法进行调水调沙，将会非常有利于原游荡型河道转化为弯曲型河道。另外，由于河型问题涉及到含沙量沿程变化规律问题，因此本书也对冲积河流进出口断面含沙量关系进行了探讨。

本书可作为水利工程及其相关专业的科研人员和大专院校师生的参考用书。

图书在版编目(CIP)数据

河型模糊控制基础/史传文著.—郑州：黄河水利出版社，2009.6

ISBN 978-7-80734-661-6

Ⅰ.河…　Ⅱ.史…　Ⅲ.冲积河流-河流地貌学-模糊控制-研究　Ⅳ.TV147

中国版本图书馆 CIP 数据核字(2009)第 095859 号

组稿编辑：王路平　电话：0371-66022212　E-mail：hhslwlp@126.com

出 版 社：黄河水利出版社

地址：河南省郑州市顺河路黄委会综合楼 14 层　邮政编码：450003

发行单位：黄河水利出版社

发行部电话：0371-66026940、66020550、66028024、66022620(传真)

E-mail：hhslcbs@126.com

承印单位：黄河水利委员会印刷厂

开本：700 mm×1 000 mm　1/16

印张：12.75

字数：250 千字　　印数：1—2 100

版次：2009 年 6 月第 1 版　　印次：2009 年 6 月第 1 次印刷

定价：48.00 元

前　言

冲积河流河型问题是河流动力学与河床演变学中最重要的基本理论问题之一,河型研究成果可以为水库运用方式、河流治理和防洪决策等提供科学的理论依据,对促进河流动力学和河床演变学的发展有重大的理论意义。例如,黄河小浪底水库的运用,提供了人为调控黄河下游水沙关系的可行性。问题是通过人为调控进入黄河下游的水沙关系后,黄河下游的游荡型河道能否转化为弯曲河型,小浪底水库通过怎样的调水调沙方式有利于黄河下游游荡型河道向弯曲河型转化,能否通过小浪底水库调水调沙的控制,从而控制黄河下游河型的变化趋势。这些河型问题的研究直接关系到黄河下游游荡型河道整治方案的确定(初设的方案有微弯型、弯曲型和双岸整治方案),而整治方案的确定直接关系到黄河下游的防洪安全问题。黄河的治理离不开河型问题的研究,但自1906年开始河型研究以来,尽管许多学者在河型分类、河型成因以及转化机理等方面做了大量的工作,也取得了瞩目的进展,但由于河型问题的复杂性,至今还有许多河型问题没有定论。因此,有必要以冲积河流为研究对象,开展河型基础问题研究。鉴于河型问题的重要性,本人从2000年至今,其实只做了一件事,就是一心专注于河型问题的研究。本人的博士论文,研究的是河型问题;本人的科研,研究的是河型问题;本人对黄河下游半年的野外考察,关注的还是河型问题。

河型问题可以概括为河型成因、河型分类、河型预测和河型控制四大类问题。河型判别问题可以包括在河型分类问题中,河型转化问题可以包括在河型控制问题中。河型研究的目的是为了进行河型控制,河型控制的基础是河型预测,河型预测的基础是河型分类,河型分类的基础是河型成因。因此,本书研究的主要内容就是河型成因、河型分类、河型预测和河型控制四大类问题。河型问题虽然是河流动力学与河床演变学中的基本问题,但仅仅依靠传统的河流动力学与河床演变学理论并不能得以很好的解决。河型问题的解决涉及到很多其他学科,现在看来至少涉及到系统论、逻辑学、地貌学、模糊数学、控制论等,甚至涉及到哲学和植物学的部分内容。

河型成因问题长期以来被认为是非常难解决的问题,其实,如果研究过哲学、系统论、逻辑学、地貌学、河流动力学和河床演变学后,就可能对河型成因问题有比较清楚的认识。可以把河流表达为具有输入和输出的系统,进入河流的流量、含沙量等是河流系统的输入量,河型是河流系统的输出量。河流系统的输出量决定于河流系统的输入量和河流系统本身的结构。冲积河流河型形成的内因是冲积河流系统本身的结构,来水来沙等河流系统的输入量只是河型形成的外因。如果把冲积河流系统本身的结构用公式表达,公式本身就是河型形成的内因,公式中所含的量应该就是河型形成的外因。

一般认为河型分类问题是比较麻烦的问题,其实,如果详细研究过植物学的分类理论,就可以很清楚地知道,与植物学、动物学和生物学的分类问题比较,河型分类问题相对来说要简单得多。如果对河型分类问题有疑惑,借鉴植物学、动物学和生物学的分类理论应该是解决问题的一种有效途径。本书把河型分类方法概括为河型人为分类方法和河型自然分类方法两大类,认为河型自然分类方法的依据是河型成因,就是借鉴了植物学、动物学和生物学的分类理论。过去河型分类问题的定量研究往往采用数理统计方法,如果详细研究过所有数学分支学科的概要,就会很清楚地知道,河型分类问题的定量研究采用数理统计方法基本上是无效的,河型分类问题的定量研究采用模糊数学中的模糊等价矩阵聚类方法是非常有效的。如果河型成因清楚了,河型分类的计算方法明确了,就可以比较顺利地建立冲积河流河型自然分类的计算方法。

河型预测问题的基础是河型自然分类问题,如果冲积河流河型自然分类的计算方法建立得完整合理,在此基础上,根据可以预测的因素,对表达冲积河流系统本身结构的公式进行适当的简化,基本上就可以得到冲积河流河型预测的计算方法。当然,河型预测方法的精确度比河型分类方法的精确度要低一个等级。

河型控制问题的基础是河型预测问题,在冲积河流河型预测计算方法的基础上,把公式中的预测因素改为控制因素,根据期望河型输入量的范围和过程,通过控制输入量,就可以控制河型的形成。由于河型控制在河型预测的基础上又加入了一些计算过程,应该说河型控制的精确度比河型预测的精确度要低一些,但是,在四种基本河型分类体系条件下,只要精确度可以满足需要就可以了。

本书的创新主要是建立了冲积河流输沙平衡程度理论假说、冲积河流输沙平衡程度公式和河流模糊等价矩阵聚类方法,在此基础上建立了冲积河流河型自然分类的模糊聚类方法、冲积河流河型预测的模糊聚类方法和冲积河流河型控制的模糊聚类方法。由于本书研究的目标是河型控制,采用的主要计算方法为模糊数学方法,所有的基本理论、基本公式、基本方法和基本应用都属于河型控制基础的范畴,因此本书书名定为《河型模糊控制基础》。

在本书内容的10年研究过程中,得到了很多专家和学者的帮助。特别感谢的是本人的博士导师清华大学马吉明教授和吴保生研究员,没有这两位导师的指导、帮助和支持,本书的研究内容就不可能完成。本书的出版得到了大连理工大学博士、黄河水利职业技术学院刘宪亮教授的大力支持和帮助,得到了黄河水利职业技术学院孙五继教授、王卫东教授、张耀先教授、刘纯义教授、杨邦柱教授、曾令宜教授、张振元教授,以及中国地质大学杨中华博士、浙江大学张建忠博士、北京航空航天大学焦爱萍博士等专家学者在各方面给予的大力支持与帮助,得到了黄河水利职业技术学院博士科研启动资金的资助,在此深表感谢。

由于本书绝大多数内容属于创新内容,更限于本人的认知水平,本书的缺点和错误在所难免,恳请读者指正。

史传文

2009 年 3 月 5 日

目 录

第 1 章　绪　论

1.1　选题背景和意义

黄河下游是典型的冲积河流，在小浪底水库运用前，黄河下游形成了游荡、弯曲和过渡三种河型。关于小浪底水库运用后黄河下游河型问题的研究很多，但缺乏一致的认识，导致河道整治规划出现困难，为此相关的研究一直还处于进行中。例如，2006 年中华人民共和国科学技术部发布的“十一五”国家科技支撑计划重大项目“黄河健康修复关键技术研究”之课题五“黄河中下游水沙调控关键技术研究”，就与河型问题的研究有密切的关系。

本书的选题是在六个科研项目研究和本书作者博士论文[1]的基础上提出的，六个科研项目的题目分别为“水库运用及河道整治对黄河下游河型变化的影响”（项目来源于国家自然科学基金委员会和水利部黄河水利委员会黄河联合研究基金项目）、“小浪底水库运用后黄河下游游荡性宽河道发展趋势及其治理研究”（项目来源于河南黄河河务局）、“利用微差爆破技术调整局部河势改善引黄进水条件研究”（项目来源于河南省自然科学基金项目）、“冲积河流河型定量判别问题研究”（项目来源于河南省科技厅）、“黄河下游河型和主流突变次数概率研究”（项目来源于河南省科技厅）和“开封黄河柳园口险工平面型式研究”（项目来源于河南黄河河务局）。本书作者的博士论文题目是“冲积河流河型的成因及控制研究”（博士论文导师是清华大学马吉明教授和吴保生研究员）。

从黄河治理的需要和目前河型项目研究的状况可以看出，河型问题是黄河治理问题中的关键性问题之一，本书进行河型问题研究具有其重要性和必要性，不仅对促进冲积河流河型理论研究进展具有重要意义，同时也可以为黄河小浪底水库运用后，黄河下游河型问题的研究提供理论支持和计算方法。

1.2　研究方法

（1）系统工程方法论。系统工程方法论[2-9]是指运用系统工程研究问题的一套程序化的工作方法和策略，或者为了达到预期目标，运用系统工程思想和技术解决问题的工作程序或步骤。长期以来，系统工程专家在从事系统工程的研究和应用中，逐渐形成了各自科学的工作方法和步骤。目前，论证比较全面并且具有较大影响的是美国系统工程学者霍尔 1962 年提出的三维（即逻辑维、知识维、时间维）结构方法体系。三维结构方法为解决规模大、结构复杂、涉及因素众多的大系统提供了科学思维方法。河型问题的研究实际上也是规模大、结构复杂、涉及因素众多的大系统。鉴于此种情况,采用系统工程方法论作为总的研究方法,显然有利于河型问题的解决。

(2)野外考察方法。由于河型问题涉及因素众多、内部结构复杂,目前,关于众多因素之间的相互关系、众多因素与河型之间的相互关系都还处于研究探索阶段,一般了解众多因素与河型之间关系的方法有两种,一是实验,二是野外考察。由于实验对实际河流的模拟具有局限性,很多方面还难以模拟,并且河型研究需要的实验一般规模和量都比较大,费用比较高。同时,国内有像黄河这样的有丰富河相关系的河流,很多关系都可以从实际河流的考察中得到启示,因此本书作者在2005年进行了为期半年的野外河型考察。

考察的主要地点和河流包括:①黄河主河道郑州铁路桥—高村河段;②黄河下游数十条引黄渠;③黄河下游淤背大型沉沙池中的小河流;④开封火电厂灰场的小河流;⑤开封西郊一条小河的形成过程。主要的感受包括:①黄河的边界条件复杂,如果仅仅用粒径表示边界条件,确实是过于简化了;②沉沙池中的小河流,从形成、演变、摆动、直至基本稳定的全过程,可以清楚地观察到。经过上百次这样的反复观察,从中得到的感性认识是,淤积可以形成游荡河型,冲刷也可以形成游荡河型;小河流各河段特定河型的形成应该与其输沙平衡程度有关。有一次发现在沉沙池中出现了一条典型的弯曲型河道,河道宽约2 m,深约1.5 m,长约80 m。出现这种河型的原因是沉沙池围堤被水流冲决,从中可以看到河段下游侵蚀基准面的作用重大,同样的来水来沙条件下,由于下游侵蚀基准面的变化,原来沉沙池中小河流的游荡河型完全转化成为弯曲河型,这说明,影响河型的所有因素中,每个因素都有其重要性,有些因素在有些条件下是次要的,如果条件改变,这些因素就可能会变为主要因素,所谓影响河型的主要因素一般具有相对性。

总之,本书作者在一定理论认识的基础上,通过对原型河道半年的考察,对河型的影响因素、河型影响因素之间的相互关系等细节问题有了更为深刻的感性认识,也深化了对河型理论的理解,对本书河型问题的研究起到了较为关键的作用。

(3)模糊数学方法和其他研究方法。本书在定量计算中大量采用了模糊数学方法[10-17],另外还采用了其他的研究方法,如概率论与数理统计方法[18-23]、逻辑推理方法[24-32]、控制论方法[33-43]、地貌学方法[44-49]、河流动力学方法[50-63]、植物学方法[64,65]、动物学方法[66,67]和哲学方法[68-70]等,这些方法的合理使用,对本书的理论分析、公式建立和验证计算都起到了较大作用。

1.3 研究内容

本书的研究对象为冲积河流。本书首先对冲积河流河型问题的研究现状进行了分析研究,在此基础上认为,河型问题可以分为河型成因、河型分类、河型预测和河型控制四大类问题。迄今为止,河型成因问题的研究还没有公论,河型分类计算还没有公认的方法,河型预测问题研究还处于起步阶段,河型控制问题研究实际上还没有正式启动。基于此种情况,本书将总体上采用系统工程论方法,依据系统工程方法论的逻辑维顺序,进行如下河型基础问题的研究:

(1)采用系统论方法和逻辑推理方法,建立冲积河流河型成因的输沙平衡程度理论假说,并对理论假说进行定量表达,以此解决河型分类、河型预测和河型控制的依据问题。

(2)依据冲积河流河型成因的输沙平衡程度理论假说及定量表达,采用河流模糊等价矩阵聚类方法,建立冲积河流河型自然分类的模糊聚类方法,为以后冲积河流河型自然分类提供有效工具,为建立河型预测方法奠定基础。

(3)在冲积河流河型自然分类的模糊聚类方法的基础上,采用简化公式的方法,建立冲积河流河型预测的模糊聚类方法,为冲积河流提供有效的河型预测方法,为建立河型控制方法奠定基础。

(4)在冲积河流河型预测的模糊聚类方法的基础上,采用适当的控制量,建立冲积河流河型控制的模糊聚类方法,为黄河下游等冲积河流提供有效的河型控制方法,为小浪底等水库的运用提供合理的控制量指标。

(5)为了支持本书的冲积河流河型预测的模糊聚类方法和冲积河流河型控制的模糊聚类方法的应用,本书也将对冲积河流进出口断面含沙量关系进行探讨。

1.4　本书的主要特点

本书的主要特点是,基本数据翔实、计算过程明确,以及计算结果具有可验证性。根据本书提供的基本数据和基本计算方法,可以进行任意的验证计算。本书计算采用的实测资料为,黄河下游花园口、夹河滩、高村、孙口、艾山、泺口和利津7个水文站的21年水文年鉴资料及黄河水利委员会实测资料[71],渭河咸阳河段9年实测资料[72],汉江皇家港和碾盘山2个水文站7年资料[73]。需要说明的是黄河的资料比较完整,汉江和渭河资料有很多数据缺失,本书中有关黄河计算的结果比较可靠,有关汉江和渭河计算的结果可靠度要低一些。

第2章 冲积河流河型问题的研究现状

河型指河流河床的分类,它概括了河床的成因、形态及演变情况,所以在河床演变学中成为重要的理论问题之一[74]。河床演变学成为一门独立的学科是在20世纪60年代,随后一系列河床演变学专著问世。一般认为,河型问题主要包括河型分类、河型成因、河型转化和河型判别等。

自1906年O. Fargue较为系统地研究法国加来(Gatonne)河的弯曲河流开始,河型问题的研究已经走过了100年左右的历程,尽管许多学者在河型问题方面尽了极大的努力,进行了艰苦卓绝的研究,做了大量的工作,取得了令人瞩目的进展。但由于河型问题涉及的学科广泛,河型的影响因素几乎包含了河流系统的所有影响因素,河型问题具有综合性和复杂性。因此,河型问题至今还在进一步探讨中[75]。

2.1 河型的分类

天然河流形态和演变规律千差万别,把河流按不同的性质进行分类称为河型分类,河型分类是系统概括河床演变现象和演变规律的前提。为了掌握河流的演变规律,为人类生产和各种工程措施提供科学依据,河型的研究显的越来越迫切。每一种河型具有一些主要的共同特点,研究不同河型的主要特点及其形成和转化的条件,对认识和治理一条具体的河流具有十分重要的意义。由于研究者来自地质、地貌和水利等不同的领域,概括的对象和侧重点不同,依据的河型分类原则和标准不同,目前存在着各种不同的河型分类方法和分类体系,没有一个公认的标准。

比较有代表性的河型分类方法见表2-1,河道平面形态的几种基本类型见图2-1,Shumm提出的河型分类方法见图2-2。这些分类各自有自己的原则和标准,但大体上可以归纳为按静态的平面形态分类、动态的演变规律分类、静态和动态相结合的分类[50-63]。

在国外,冲积河流被细分为单股河型(single-thread channel pattern)和多股河型(multi-thread channel pattern),单股河型分为顺直河型(straight channel pattern)和弯曲河型(meandering channel pattern),多股河型又称为辫状河型(braided channel pattern)[76]。这样的分类虽然比较简单,有一定的优越性,但同样是辫状河流,长江下游和黄河下游表现出不同的演变特性,这两类河流实际上是两类不同的河型。Lane和张海燕在Leopold河型分类的基础上,进一步把辫状河流分为陡坡辫状和缓坡辫状,较好地体现了前述两类河型的区别[77]。方宗岱[78]引入水文泥沙的特性作为河型分类指标，按照河流平面外形的不同，把河流分为弯曲、江心洲和摆动 3 类。罗辛斯基和库兹明考虑河床边界结构与力学性质的差异划分河型，根据河流和河床的相对可动性，将河型分为周期性展宽型、弯曲型和游荡型 3 种。经过长期的理论探讨和生产的实际应用，现在在中国普遍认可与使用的是钱宁和谢鉴衡等考虑静态与动态结合的分类体系，见表 2-2，把河流分为游荡、分汊、弯曲和顺直 4 类基本河型[50-63]。

表 2-1 比较有代表性的河型分类方法

研究者	河型分类				
	弯曲		非弯曲		
Leopold (1957)	弯曲 (meandering)		顺直 (straight)	辫状 (braided)	
Lane，张海燕	自由弯曲	非自由弯曲	顺直	陡坡辫状	缓坡辫状
康德拉契夫	弯曲		单股	分汊	
罗辛斯基，库兹明	弯曲		周期性展宽	游荡	
原武汉水利电力学院(谢鉴衡等)	蜿蜒		顺直微弯	分汊	游荡
方宗岱	弯曲		江心洲	摆动	
钱宁(1987)	弯曲 (meandering)		顺直 (straight)	分汊 (anabranching)	游荡 (braided)

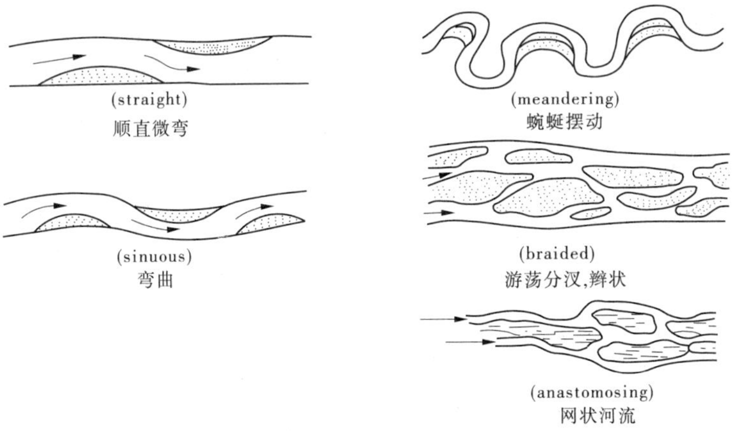

图 2-1 河道平面形态的几种基本类型

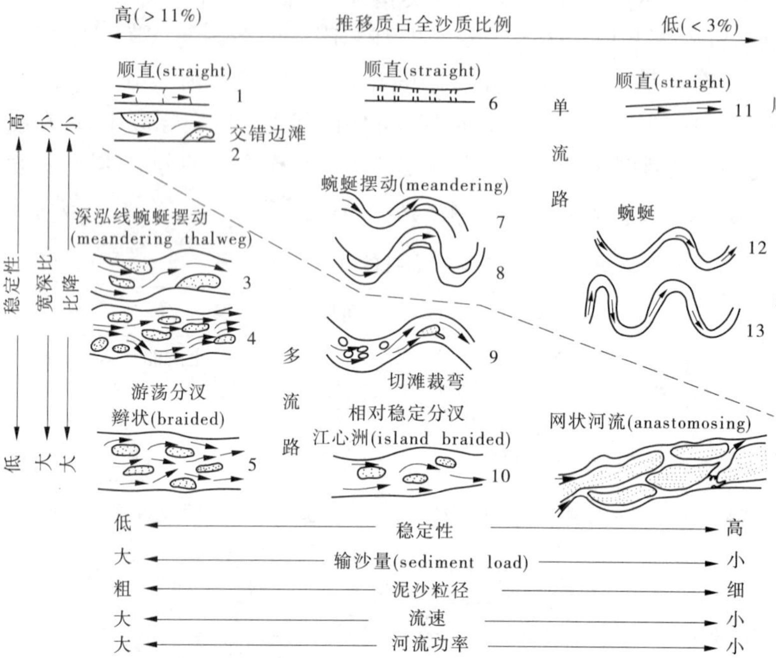

图 2-2 Shumm 提出的河型分类方法

表 2-2 河型分类及其主要依据

河型	形态特征	运动特征	稳定性	边界特征
游荡	散乱	游荡	极不稳定	河岸组成物质较粗,缺乏抗冲性
分汊	分汊	各支汊相互发展消长	稳定性介于游荡与弯曲之间	两岸具有一定的抗冲性,稳定的江心洲,河上、下游多存在控制节点
弯曲	弯曲	深切河曲:下切 自由弯曲:蜿蜒 限制弯曲:平移	比较稳定	两岸具有一定的抗冲性
顺直	顺直	犬牙交错的边滩不断向下移动	稳定	两岸物质组成很细,或受基岩及树木钳制

最近,在国外,网状河流系统(the anastomosed channel system)已经被公认是第四种基本河型[79-83](a fourth basic channel pattern)。然而,网状河型能很好地适合现在的单股河型分类,因为它从分汊到汇合的长度数倍于河宽,独立的支汊可以表达为顺直河型、弯曲河型、甚至是辫状河型[84,85]。网状河流系统支汊河流的汇合得到了有限制的河漫滩的支持,在较宽的河漫滩情况下往往在三角洲

范围内形成。冲裂导致形成不同程度的放射河型，这种河型在更低的三角洲上合流。较窄的河谷在一定程度上对形成单股河型有利，因为单股河型的河床比辫状河型的河床窄[86]。

前面进行的河型分类，无论是把河流分为游荡、分汊、弯曲和顺直四种基本河型，还是把河流分为顺直河型（straight channel pattern）、弯曲河型（meandering channel pattern）和辫状河型（braided channel pattern），分类的依据基本上都是概念性的，对各种河型并没有严格的定义，而只是列举其特性。出现这种只列举各类河型特性，而不对每类河型进行严格定义的原因，是因为每一类河型的概念都是原始概念。从数学角度讲，每个概念都应该有非常明确和单纯的含义，它必须是选择它们表达的那个意思，既不能多，也不能少。为此，在概念中一般区别外延和内涵，概念的外延是适合概念的一切对象的全体，概念的内涵是表达该概念特性的一切属性的总和。揭示概念内涵的过程就是列举概念的属性，列举概念的属性就是给这一概念以定义。正确的定义应该满足两个基本要求，一是在定义中指出的属性不是一切属性，而仅仅是基本的属性；二是定义不能是恶性循环的，即定义只能依据已有的概念，不能依据待定义的概念。由于在定义每一个新概念时，只可以利用以前已知的概念，显然，以前的概念应当依据更以前已知的概念，那么应该存在着某些原始的概念，在它们前面不再有任何已知的概念，这些最先的概念不能给予定义，如果给予定义就会陷入所谓的恶性循环的错误中，所以采用它们而不加定义，并称它们为原始概念（或无定义概念）。每一类河型的概念就是这样的原始概念，因此描述这些原始概念时，只能列举它们的特性以代替其定义。

2.2　河型成因及河型转化的研究

2.2.1　河型成因的理论和假说

现在仍然被重视并运用的河型成因理论和假说，主要有地貌界限假说、极限耗能假说、稳定性理论和随机理论等。关于河型成因的各种理论及其关系，倪晋仁和张仁做过较为详细的分析[87]。

2.2.1.1　地貌界限假说

地貌界限假说是指自然界由于地貌系统的不断发展演变，在临界条件下发生质的变化，从而引起原来地貌系统的分解并导致地貌系统在该临界条件下从原有状态向另一个状态转化。Schumm 和 Khan1972 年的室内试验[88]表明，当河流的比降小于 0.002 时，河流为顺直型河流；当河流的比降大于 0.016 时，河流为辫状河流；当比降为 0.002 ~ 0.016 时，河流为弯曲型河流。由此，Schumm 将地貌界限假说用于解释河型成因及其转化时，认为给定流量，当输沙平衡时，无论何种边界条件，总是存在两个比降 J_1 和 J_2 。当河流的比降小于 J_1 时，河型将维持单一顺直河型；当河流的比降大于 J_2 时，河流将维持辫状河型；当河流的比

降在 J_1 和 J_2 之间时，河流维持弯曲河型。

地貌界限假说存在的问题：①河型之间是否存在明确的界限值；②河型由顺直河型开始发展所经历的过程与时间的关系还不是特别清楚；③这个解释河型多样性的框架结构欠缺力学机理方面的内容，即欠缺从水沙运动机理方面来解释河型的成因。本书认为，游荡河型不可能存在“输沙平衡”，如果存在“输沙平衡”，游荡河型的演变规律就没有办法从理论上给予合理解释，因此 Schumm 将地貌界限假说用于解释河型成因及其转化时，存在较大的理论缺陷。

2.2.1.2 极限耗能假说

极限耗能假说给出的是对河流在各种给定条件下形成特定河型的力学机理解释，即它力图说明的是塑造河流地貌的主要动力——水沙流本身潜在的使河型向某一方面发展的可能性或原因。根据极限耗能假说[89]，流体或掺有固体的多相流体在一定边界条件下运动，除了满足质量及能量守恒外，总是不断地调整着体系中的各种变量，以使体系的运动满足能量耗散率达到极值。对于河流系统，它的变化将通过三个侧面的变化来具体反映，即横向断面因素的变化、纵向的变化和平面的变化。极限耗能假说用来研究河型成因时，可具体地描述为，对于给定的流量、输沙率以及输沙粒径，河流系统总是不断地调整其河宽、水深、流速及河槽比降，从而也必然调整着与此对应的河流平面形态即河型，以便使河流系统单位河长的能量耗散率 γQJ 达到极值。根据 γQJ 取极值的条件，结合水流连续方程、阻力公式以及输沙率（或挟沙力）公式，可以求出河宽、水深、流速及河槽比降，得到一组完整的河相关系表达式。

极限耗能假说存在的问题：①最小能耗率假说自身理论体系的合理性在数学上目前仍无严格证明；②由于条件极值问题对条件方程非常敏感，所以如何选取与极值假说相适应的条件方程并使分析结果能符合实际情况并非易事；③Chang的河型划分与河床沙波形态变化是同步对应的，而这仍需进一步证明；④由于Chang 在进行河型划分时力图与 Schumm 的假设取得一致，因而地貌界限假说中所指出的两个有待实验解决的问题也存在于 Chang 的假设中。

2.2.1.3 稳定性理论

由稳定性理论出发研究河型问题的方法[90]，一般都是先假设河床上小的周期性的可衰减的、可增大的、也可稳定的扰动，结合反映沙波形态的阻力公式以及泥沙纵向和横向输沙的连续方程求得扰动传播的有关参数，最后根据初始扰动有关参数随时间变化的稳定性分析或根据假定来给出相应的河流平面形态。综观稳定性理论在河型分析中应用的各种处理方法，稳定性理论作为数学上较为严密、物理意义清楚的理论被用来解释河型成因的前景是非常广阔的，已从根本上触及了河型的内部原因，而且从整体上来看，它比耗能率假说更加严密。

倪晋仁和张仁认为，这一理论在应用中存在的关键问题可以归结为以下几个方面：①与极限耗能假说一样，稳定性理论对与其匹配的基本方程的变化十分敏感;②虽然用稳定性理论确实能够解释各种河型形成的原因,但理论本身并不能提供一个各种河型间转化或区分的界限,而只能求助于实测结果;③关于顺直河流的临界条件问题与前面的讨论类似,只是在这里的分析中问题转化了,在数学上借助于稳定性分析,给出的是所谓对应于顺直河流的"稳定"条件。

从前面的分析中可以看出,采用稳定性理论分析河型时,最终人们也要假设一个参数的极值量来作为临界条件,而从流体力学中又知道水流的近壁耗能特性与河流的能量耗散结构有着密切的联系,因而可以设想流动中的扰动波参数的极值也可能对应着河流能耗率的极值,这仅仅是一种推理,但这已引起了人们的注意。

上述每一种理论都企图说明各种河型都是某种原因的结果,但这也并不能排除几种不同的原因合在一起造成了各种河型的结果,因而从多种因素的随机影响来考虑河型问题也是必然的,这就是河型研究中的随机理论。

2.2.1.4　随机理论

随机理论[87]是把描述颗粒在平面上以定常速度作随机运动时概率最大的轨迹形状的有关研究结果通过类比引入河型研究中的研究途径。这种研究表明,河流运动的倾向是采取弯曲的外型,弯曲型河流平面形态的函数表达式及有关河流的特征量的表达式均可通过随机理论得出。

前面讨论的四种理论都是试图对河型形成的原因做出一个数学或力学上的解释,这对阐述问题的根源来说是非常必要的。这些理论以及一些其他从水流特性入手所做的解释一样,其缺陷都在于,它们只说明了河型形成是由于水流在一定条件下力图达到某种稳定状态或极值状态的结果,而并没有给出在什么外界条件下不同的河型能够相应的产生和发展,也不能说明在什么条件下河型将会发生转化。每当涉及这些问题时,就不得不再求助于实测资料,并与资料的统计结果相结合给出一个设想的确定方法。由此可见,在对河型成因的内在原因探索的同时,河型形成和转化所依赖的外部条件也必须考虑。

倪晋仁和张仁[87]在较为系统地分析了河型成因的各种理论后,得出这样的一个结论,无论是从动力学或运动学角度,还是从随机理论角度出发,各种河型理论之间似乎遵守着同一条基本研究路径。即,河流的运动总是向某个方向调整和发展,这个方向如果用数学形式表现出来往往是对应着某种极值,而稳定的河型往往就是这种极值的形态反映。

本书认为,以上河型成因的理论和假说都具有一定的合理性,但是,如果根据这些理论和假说,不能有效地进行河型的自然分类,不能有效地进行河型的预测,不能有效地指导河型的控制,那么只能说明这些理论和假说还存在一定的局限性。

2.2.2　国内学者对河型成因和河型转化问题的理论研究

2.2.2.1　钱宁和张仁等对河型转化问题的分析

钱宁和张仁等[53]系统地分析了不同河型的转化问题，概括出了五种形成条件，见表2-3，并且指出，这些因素是综合起作用的，河型形成并不由单一因素确定。钱宁等[91]在1958～1959年，曾进行过水库下泄清水以后，下游游荡型河道演变趋势的模型试验。试验时，先在模型内做成游荡型小河，其平面形态见图2-3(a)，然后调平洪峰过程，停止加沙，观察下游河道在冲刷过程中的变化。图2-3(b)和图2-3(c)分别为放清水160 h和1 212 h后的河道平面图，与图2-3(a)对照起来，可以看出在发生冲刷的试验段上段，江心沙洲显著减少，河流有向弯曲河型发展的趋势。钱宁、张仁总结的各家对修建水库后河型转化问题的模型试验结果见表2-4，从表可以看出，他们所采用的试验条件虽然不尽一样，但所得的结论基本上是一致的。

表2-3　不同河型的形成条件

形成条件		游荡型	弯曲型
边界条件	河岸组成物质	两岸由松散的颗粒组成，抗冲性较弱	两岸组成物质具有二元结构，有一定的抗冲性，但仍能坍塌后退
	节点控制	—	—
	水位顶托	—	汛期下游水位受到顶托，有利于弯曲型河流的维持
来沙条件	流域来沙	床沙质来量相对较大	床沙质来量相对较小，但有一定冲泻质来量
	纵向冲淤平衡	历史时期曾处于堆积状态，河流的堆积抬高有利于游荡型河流的形成	纵向冲淤变化基本保持平衡
	年内冲淤变化	平水、枯水期的主槽淤积促使河流朝游荡型发展	汛期微淤，非汛期微冲
来水条件	流量变幅	流量变幅大	流量变幅和洪峰流量变差系数小
	洪水涨落情况	洪水暴涨猛落	洪水起落平缓
河谷比降		河谷比降较陡	河谷比降较小
地理位置		出山谷的冲积扇上或冲积平原的上部	汛期受干流或湖泊顶托处

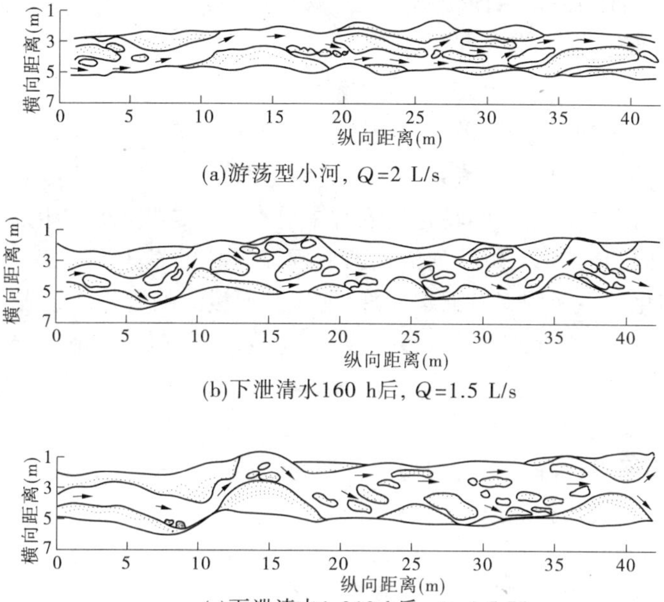

(a)游荡型小河，Q=2 L/s

(b)下泄清水160 h后，Q=1.5 L/s

(c)下泄清水1 212 h后，Q=1.5 L/s

图 2-3　清水下泄后游荡型河道演变趋势的模型试验

表 2-4　修建水库后河型转化问题的模型试验结果

研究者	试验情况	试验结果
马克维也夫	在原有的宽浅游荡小河上，含沙量不变而调平流量变化，或径流过程不变而减少下泄沙量	河型向弯曲河型方向发展，断面趋于窄深
亚罗斯拉夫契夫	在宽浅多汊的小河上，长期泄放中水流量	汊流减少，弯曲程度增加
黄河下游研究组	在游荡型小河上，调平洪峰下泄清水	沙洲减少，向弯曲发展

2.2.2.2　钱宁、周文浩、王光谦和邵学军等的河型成因观点

钱宁[92]认为河流的特征取决于流域的特性。当流域条件发生改变时，河流将作出相应的调整。这种调整是通过水流作用下泥沙的冲刷、搬运和沉积过程来实现的。在这里，床沙质来量与水流挟沙力以及河岸抗冲性与水流冲刷能力两种对应关系的对比消长，决定了调整的大致方向。从这些基本概念出发，认为床沙质的相对来量和河岸的相对可冲刷性在河型形成中起决定性作用。钱宁和周文浩认为，造成游荡河型的根本原因是河床的堆积抬高和两岸的不受约束，除了这两种主要原因外，河床易冲易淤、洪峰猛涨猛落、流量变幅大、洪峰中含沙量变幅大等因素也加强了河道的游荡强度。王光谦、邵学军等[93]认为，造床流量

的减小及较大日均流量出现频率的大大减少甚至不再出现是黄河下游“小水大灾害”的根本原因。

2.2.2.3 倪晋仁、王随继和王光谦的有关研究成果

倪晋仁、王随继和王光谦[94]对现代冲积河流的河型空间转化模式进行了详细探讨,论述了现代冲积河流系统中常见河型的自然分布及其转化特征,归纳了河型从上游向下游发生空间转化的五种主要模式。这些河型转化模式发生的相对频率是不同的,其中从辫状河流向弯曲河流转化的发生频率最大。发现控制河型空间转化的主要因素有河道比降、河岸及河漫滩的沉积物组成、河岸带植被覆盖程度、流域来沙量大小及来沙组成、流量变率及气候因素、构造作用和海平面变化等。王随继[95]进行了网状河流的构型、流量—宽深比关系和能耗率的研究认为,河型研究中标志性成果有四个,一是基于造床流量是河型分异的根本原因;二是认为河谷比降是影响河型发育演化的首要原因;三是不同类型的河流所搬运泥沙的方式也有差异;四是不同河型之间的耗能率是有差别的。网状河流作为一类新河型,与以长江中下游为代表的分汊河流之间有完全不同的特性。

2.2.2.4 谢鉴衡关于河型成因和河型转化问题的一些观点

谢鉴衡[56]将主流在平面上摆动剧烈的原因概括为以下方面:①河床堆积抬高,主流夺汊。在串沟汊道交错的河槽中,主流所经过的汊道处河床本来较低,但由于泥沙淤积,河床和水位逐渐抬高,水流便转向较低和较顺直的岔道分流,经过一场大水后,主流便完全改走汊道,原主汊河道则逐渐淤塞。②洪水拉滩,主流摆动。由于游荡型河段河滩多为易冲的细沙组成,在水流作用下,极易被冲刷移动,特别是新形成的嫩滩,更易被冲蚀切割,因而主流也可能易位摆动。③沙滩移动,主流变化。游荡型河段沙洲密布,在水流作用下,极易被冲刷移动,因而引起主流相应变化。④上游主流方向改变。由于各种原因,上游河势变化,其下游主流流路也相应改变,引起主槽摆动。

谢鉴衡[62]认为,河型主要影响因素的选择,应该符合下面的5个原则:①河型的不同主要表现在河流形态、动态、动力因子的不同。而这些因子的不同是由于上游来水来沙条件、下游侵蚀基准点条件及河床周界条件的不同,前者是结果,后者是原因。决定河型判数的主要因子应该从直接决定河型的形态、动态、动力因子中去寻找,而不是从间接决定河型边界条件的有关因子中去寻找,因为后者是通过前者才对河型起作用的。②所选择的决定河型判数的因子应该是起决定作用的,至少应该是有重要作用的。③由于自然或人为的原因,河型有可能改变,所选择的决定河型判数的因子应该可以对这种变化作出定量的反映,使其有可能据此判别河型变化的趋势。④由于河型只能反映长时间、长河段的平均情况,所选择的因子应能反映平均情况,而不是只反映某一特定时间、特定断面的突出情况。⑤所选择的决定河型判数的因子应该从现有的实测资料中取得,这样便于使用。

谢鉴衡[62]等学者不选用河床冲淤判数（S/S_*）作为决定河型因子的主要理由如下。不少人认为（S/S_*）（其中 S 和 S_* 分别为含沙量和水流挟沙力）值的大小对河型有决定性影响，特别是游荡型河流，（S/S_*）$\gg 1.0$ 更是众所周知的事实，因而往往将游荡与超饱和联系在一起。其实这种说法在理论上不是很严密。理由有以下 3 条：①（S/S_*）$\gg 1.0$，挟沙处于超饱和状态下所塑造的河流将具有较大的比降和流速，首当其冲的严重淤积河段的河岸和河床的床沙组成将比较一致，两岸黏性细颗粒含量甚少，这些都是直接决定游荡性的因素，如果这些因素已经在决定河型的其他因素中得到了考虑，再谈超饱和对河流游荡的影响，就等于将两个层次的原因混为一谈，成为多余的了。②（S/S_*）$\gg 1.0$ 本身有利于促进河汊的发展或消亡，从而有利于河流的游荡，但这一点是次要的。③超饱和不能和游荡河型完全联系在一起，还可以从实测资料得到证实。例如，整个黄河下游和中游的支流洛河和渭河都处于堆积状态，但它们并不都是具有游荡特性。再例如，黄河下游游荡型河段在三门峡水库蓄水运用时期，（S/S_*）$\ll 1.0$，但它还是具有游荡性。

2.2.2.5　陈立、张俊勇和谢葆玲等的室内概化水槽实验

陈立、张俊勇和谢葆玲等[96-98]通过室内概化水槽实验发现，对于一定的河床组成，如果控制河槽的冲刷下切，当入流角为 0 时，随着比降、流量的增加，初始顺直的河槽将会展宽增大湿周从而降低能耗，河槽宽深比随比降、流量的增加而增大，随组成河床颗粒粒径的减小而增加。当入流角大于 0 时，随着比降的增加，初始顺直的河槽一方面增大宽深比，同时呈现弯曲特性，在一定的比降、流量及河床组成条件下，将形成具有明显弯曲特性的主槽。

2.2.2.6　徐国宾和练继建应用耗散结构理论进行的河型转化分析

徐国宾和练继建[99]指出，河型转化是在外界条件变化超过某一临界值而发生的突变。河型在转化过程中，既可以从外界获得负熵流，也可以获得正熵流。负熵流促使河流朝有序化方向发展，正熵流促使河流朝无序化方向发展。有序化过程可能产生耗散结构，无序化过程产生混沌态。耗散结构与混沌态在河型转化过程中交替出现，就可能形成不同的河型。河型是河流来水来沙条件和河床边界条件共同作用的结果，当来水来沙条件和河床边界条件发生较大变化时，河型有可能转化。河型转化是在外界条件缓慢变化过程中，超过某一临界值而发生的突变，这种突变相当于热力学中的非平衡相变，是由某些参数的渐变引起的从量变到质变的一个过程。

2.2.2.7　许炯心关于河型问题的研究成果

许炯心[100,101]认为，冲积地貌形态是河床组成物质（即床沙）和挟沙水流相互作用的产物。从本质上说，河型的形成受基本物理定律的支配，因而具有确定性的一面；另一方面由于天然河流所处的自然背景及发育历史有很大的差别，影

响河型的因素十分复杂，有的还无法用定量形式表达，因而河型的形成又表现出随机的性质。他的研究表明，在床沙中值粒径范围为 0.125 ~ 32 mm，弯曲河型出现的频率随着床沙粒径的增大而减小，分汊河型出现的频率随着粒径的增大而增大，而顺直河型出现的频率分布较为分散。

许炯心[102]认为，砂质河床与砾石河床在水力学特征与泥沙运动特征方面都有较大差异，由此导致了河型特征的差异。在自然界中，一定的原因导致一定的结果，当原因无法定量表达而结果可以定量表达的时候，原因所造成的效应，可以用结果来间接反映。河岸约束性对河型有一定的影响，河岸的约束性取决于河岸组成物质和植被条件。河岸物质可以是黏性的或非黏性的，目前还缺乏将黏性和非黏性物质统一起来的河岸抗冲定量指标，而植被的作用目前更难以定量表达。按照原因所造成的效应，可以用结果来间接反映的思路，可以用河床形态指标来间接地反映河岸的约束性。

许炯心的研究[103-105]表明，当水流进入高含沙范围时，水流能耗率大幅度降低，挟沙能力大大增加，这是促使我国黄土高原宽谷中曲流河床发展的主要原因。由于高含沙水流的稳定输送有赖于边界条件，故边界条件在这种曲流河床的形成中起了重要作用。随着悬移质含沙量的增大，挟沙水流的耗能率也增大，但当含沙量超过某一限度之后，随着含沙量的进一步增大，水流能耗反而减小，河流根据其特定的含沙量范围，按不同的方式对其能耗率进行调整，因而出现不同的平面形态，即形成不同的河型。天然河道挟沙水流具有复杂的力学行为，随着含沙量的增大，挟沙水流能耗也增大，但当含沙量超过某一临界值之后，能耗则迅速减小，在这种微观层次上的复杂行为的影响下，河床形态和河型随含沙量的变化也呈现复杂的面貌，这实质上是挟沙水流复杂行为的宏观表现。许炯心和张欧阳[106]的研究表明，黄河下游游荡河床调整对于水沙组合的复杂响应，由于非高含沙水流与高含沙水流的不同，河床横断面形态及平面形态对于水沙组合的响应出现非线性特征。

2.2.2.8 梁志勇、金德生、王延贵和胡春宏等对河型成因的分析

梁志勇等[107]认为，对于二元结构与河型的关系有过不少室内试验与天然河道实测资料分析，而这些分析又往往混淆弯曲河型产生的根据和条件，一是有的学者采用固定边滩以促使小河向弯曲方向发展，但不等于弯曲河道的形成是因为边滩上的植物覆盖；当然在弯道的演变发展过程中，滩地的植被或二元结构河岸都有利于弯道的形成。二是不少学者分析了弯道几何形态要素与二元结构的相关关系，这些关系大多相关较好，但似乎不应该是因果关系，而应是同种原因（如来水来沙）形成结果的两个方面；也正是因为是由同种原因造成，这些关系才很好。许炯心等[107]认为，良好的二元结构固然是弯曲河型在发育中的产物，但它一经形成，又会促使弯曲河型发育，因此二者是互为因果的。因果关系有时候是复杂的，不能简单地加以割裂、孤立和绝对化。许炯心[108]认为，尹学

良以流量与输沙率关系 $Q^b \sim Q_S$ 中的指数 b 来定量表征水沙搭配特征,并进一步用来解释河型的形成。其实,水沙搭配关系指数 b 的大小,仅仅是决定河型成因众多因素中的一个,它必须与其他因素配合才能发挥作用。来沙过程与来水过程可以有不同的搭配关系,因而形成不同的冲淤模式,这与河型的形成往往密切相关。南运河[109]由顺直的运河逐步演变为弯曲,其根本原因在于河流具有平衡倾向性;除根本原因外,还存在着促使河道向弯曲河型转化的边界条件和人为因素条件。另外,梁志勇等[110]对支流泥石流汇入对主河河型成因的影响进行了详细分析。金德生[111]认为,基于系统论模型化原理及地貌演化类比性法则的过程响应模型,有利于研究河型演化、河道过程及控制因素。运用该模型所进行的边界条件对曲流发育影响的实验表明,河漫滩物质结构及河床上的抗蚀露头对曲流发育具有控制作用。王延贵、胡春宏和周文浩等[112]通过分析塔里木河水沙条件和遥感地形河势资料,认为河道边界条件和来水来沙条件仍是决定塔里木河河型的主要因素,其中塔里木河两岸密灌林和胡杨林形成的密疏植被边界条件在形成干流不同河型方面发挥了重要作用。张欧阳、金德生和陈浩[113]运用过程响应模型实验方法,在游荡型模型小河塑造过程中,分析了游荡河型发育过程中出现的时间和空间演变过程,发现其时、空演替过程可以相互代替。蔡强国通过室内模拟试验[114],探讨了由于地壳构造运动及由此而导致输沙特性变化所引起的不同河型转化和发育的规律。利用试验测量资料进行多元逐步回归分析,分别得到了地壳沉降与地壳抬升时计算河型转化判数的判别函数。应用数量化理论对试验资料进行综合分析,建立了因地壳构造运动影响而形成的五种河型的判别空间,并由此分析了地壳构造运动对河型转化影响的一般规律。因为在河床演变中,河型是内、外动力因素综合作用的产物。内动力因素,即地壳构造运动,在一定程度上,只间接地影响着河流的水动力条件、输沙特性和边界条件。

2.2.2.9　尹学良等关于河型问题的研究成果

尹学良认为下面 3 种河型成因的见解存在问题[115]:①在比降与河型的关系方面,里奥普(L. B. Leopold)等提出了河型与流量、比降的关系。很多学者循此得出比降大或小分别造成多汊顺直或单股迂回河流的因果关系。②在边界土质结构与河型的关系方面,边界土质坚硬程度决定河床可动性,与河型关系密切。很多学者据此认为河岸和河床抗冲能力之比、河岸黏土含量、河岸土质二元结构情况决定河型。③在冲淤与河型的关系方面,黄河等淤积强烈而宽浅游荡,南运河等淤积少而窄深。于是有学者认为多淤造成多汊宽浅游荡,少淤或冲刷造成单股窄深蠕动。

尹学良[57]在讨论河型成因时,给出了以下概念:①因果关系。因与果是相对立、不混淆、共存亡、紧密联系的事物。冲积河流的比降、断面形态、平面形态、土质结构、冲淤演变特性等,都是河流自己所造的,都属于河流的属性,它们的总和就是河性，河型。它们可作为河型分类的依据，但不能作为河型的成因。②决定因素。独立于河性之外，且对河性处处起支配作用的，自然是流域加给的来水来沙条件和外加的河床边界条件两者。③来水来沙条件决定河型。

尹学良[115]认为，关于河型成因的研究，有不同的出发点，也有不同的成果。大致有以下几类：①从河道边界组成出发。②从河道形态出发。③从地壳运动出发。④从水动力学出发。⑤从水流能量耗散出发。⑥从来水来沙条件出发。第①类和第②类，未能把因果关系分清，把一些河道特性当作河型形成的原因。第③类，地壳运动的影响在很多河道的形成上影响并不占重要地位。第④类和第⑤类到目前还限于较模糊的概念中，很难说明怎样才能形成某种水流条件，进而才能造成某种特定的河型。

尹学良、梁志勇、陈金荣和刘峡[116]认为，大水淤滩刷槽与小水淤槽两个矛盾过程的强弱对比，是河性河型差异的总依据。大水来沙偏大、小水来沙偏小，易于淤滩冲槽，形成单股窄深蠕动型河型。大水来沙偏少、小水来沙偏大，易于冲滩淤槽，形成多汊宽浅游荡型河型。尹学良和陈金荣[117]认为，黄河来水来沙搭配不良，造成河槽异常宽浅，进而导致河道严重淤积，比降大和河床活动性大，最终形成冲淤摆动快、变化幅度大的多汊散乱河道。

2.3 河型的判别式

从河型分类依据的河型特征描述中可以看出，虽然特征的描述很清楚，但具体的表达具有模糊性，例如，对四种基本河型的相对稳定性有清楚的描述，但没有定量表达。由此导致，对同一条河流的稳定性，不同学者可能有不同的理解。根据相同的河流分类概念，对同一条河流的河型有不同的判断，例如，渭河咸阳河段有学者认为是游荡河型，有学者认为是分汊河型，又有学者认为是分汊—弯曲的过渡河型。为了消除概念可能带来的模糊性，就需要建立定量的河型判别式和河型判别准则。由于河型判别准则一般依附于河型判别式，因此河型判别式的建立就成为河型定量判别的关键问题。由于河型判别式具有这样的重要性，很多学者都对河型判别式的研究和建立投入了很大精力，并取得了很大进展。

2.3.1 国内学者建立的河型判别式

2.3.1.1 钱宁河型判别式

为了能够更具体地反映游荡性河流在平面上的不稳定性，钱宁、周文浩等[50,53]在分析了游荡性河道的成因后，提出了如下反映河流摆动强度的游荡指标

$$\theta = \left(\frac{hJ}{D_{35}}\right)^{0.6}\left(\frac{B_1^{0.3}B^{0.15}}{h^{0.45}}\right)\left(\frac{Q_M - Q_m}{Q_M + Q_m}\right)^{0.6}\left(\frac{\Delta Q}{0.5TQ_n}\right) \tag{2-1}$$

该式实际上是决定河流游荡的四个方面因素和五个主要变量组合。

$(\Delta Q/(0.5TQ_n))$ 代表洪峰上涨的相对速度；$(Q_M - Q_m)/(Q_M + Q_m)$ 代表汛期流量的相对变幅；(hJ/D_{35}) 代表河床物质的相对可动性，间接反映河流的来沙量和冲淤幅度；(B_1/B) 代表河漫滩的相对宽度，标志着河漫滩对河槽的相对约束程度；(B/h) 代表河槽的宽深比，反映了河岸对主流摆动的约束性。

根据以黄河干支流为主的资料和各水文站的河道特性，初步认为：$\theta > 5$ 为游荡性河流；$\theta < 2$ 为非游荡性河流；$2 < \theta < 5$ 为过渡性河流。

2.3.1.2　谢鉴衡河型判别公式

谢鉴衡[62]首先考虑静态及动态特征，对冲积河流的河型进行了确切分类，并经过分析归纳，对决定河型判数的因子作了取舍，构造出由纵向稳定指标、横向稳定指标及洪峰流量变差系数三项组成的河型判数。然后再视主流摆幅大小来衡量河床稳定性程度，利用黄河、长江等江河实测资料进行回归分析，得出了以下形式的河型判别方程和河型判别式

$$\frac{\Delta B_{\max}}{B} = 0.0848\Phi^{-0.199} \tag{2-2}$$

$$\Phi = \left(\frac{D}{hJ}\right)\left(\frac{h'}{B^{0.8}D^{0.2}}\right)^{3.62}\left(\frac{1}{C_v}\right)^{0.756} \tag{2-3}$$

式中

$$C_v = \sqrt{\frac{\sum\left(\frac{Q_{\max}}{\overline{Q}_{\max}} - 1\right)^2}{n-1}} \tag{2-4}$$

谢鉴衡等在冲积河流河型判数的研究中还进一步根据实测资料分析结果，大体上定出了区分河型的临界值，即 $\Phi < 0.1‱$ 为游荡型，$0.1‱ < \Phi < 5‱$ 为分汊型，$5‱ < \Phi < 50‱$ 为蜿蜒型，$\Phi > 50‱$ 则为顺直型。同时指出，两种河型之间的界面是模糊的，存在重叠交错现象，特别是同属相对稳定河流的分汊、蜿蜒、顺直三种河型的区分，重叠现象尤甚。

谢鉴衡等采用所提出的河型判别式式(2-3)对改变游荡河型的可能性进行了预估，认为当上游来沙量减小 1/3 左右时，游荡型河道有可能转化为较为稳定的河型；并进一步指出，改变河型的关键措施是减少上游来沙量，使河床由淤积抬升变为冲刷下降，其结果使河床比降变小，平滩水深加大，床沙粒径变粗，这些都会大大加强河床的稳定性，使河型由游荡转为非游荡。但由于要求减少的来沙量较大，因而难度也是比较大的，有待做长期努力，才可望实现。

2.3.1.3　张红武河型判别公式

张红武等[59,63,118,119]进行了多次模型实验后认为，任何可动河床边界条件下，只要水流有相应的强度，都可能形成游荡、分汊河型和弯曲河型。张红武等认为，不论何种可动的河床或水沙组合，冲积河流的稳定性主要取决于河床的纵向稳定性和横向稳定性。借鉴前人的研究成果，归纳后，以如下的式(2-5)和

式(2-6)分别表示河床的纵向和横向稳定特征

$$X_* = \left(\frac{1}{J}\right)\left[\frac{\gamma_S - \gamma}{\gamma}\left(\frac{D_{50}}{h}\right)\right]^{1/3} \tag{2-5}$$

$$Y_* = \left(\frac{h}{B}\right)^{2/3} \tag{2-6}$$

河床的纵向稳定指标 X_* 与常见形式的主要差别是其中河床比降的指数是其他组合变量的3倍,其主要的目的是突出比降对河型变化的影响。将式(2-5)和式(2-6)进行组合,构成的河床稳定性指标如下

$$Z_W = \frac{1}{J}\left[\frac{\gamma_S - \gamma}{\gamma}\left(\frac{D_{50}}{h}\right)\right]^{1/3}\left(\frac{h}{B}\right)^{2/3} \tag{2-7}$$

相应的判别准则为, $Z_W < 5$ 为游荡型, $5 < Z_W < 15$ 为分汊型, $Z_W > 15$ 为弯曲型。

2.3.1.4　许炯心河型判别式

许炯心在河型判别研究方面有许多建树。例如,他遵循结果反映原因的思路,以世界上近200条河流的资料为基础,用图解的方法,得到的区分弯曲河型与辫状河型的分界直线方程[102]为

$$\frac{Jh}{D_{50}} = 1.0 \times 10^{-6}\left(\frac{B}{h}\right)^{2.792\,8} \tag{2-8}$$

2.3.1.5　尹学良判别式

尹学良等[57,115-117]结合试验和实测资料分析,提出了"水沙条件决定河型论",河型的形成与来水来沙的搭配有关。在详细理论分析的基础上,用实测资料点绘输沙率与流量的关系曲线,把曲线表示为以下水沙关系式

$$Q_S = KQ^m \tag{2-9}$$

用资料求出的 m 值见表2-5,归纳表中数据与河型的对应关系,得出以下的结论:河道形态由来水来沙搭配关系决定,水沙关系式中当 $m < 2.5$ 时,河段形成多汊宽浅游荡型河流;反之,当 $m > 2.5$ 时,则河段形成单股窄深蠕动型河流。

以上式(2-1)~式(2-9)中:h、B、J 分别为平滩流量下的平均水深、河宽和坡降;B_1 为稀有洪水时的河宽;h' 为满槽时水深;D、D_{50} 和 D_{35} 分别为床沙平均粒径、中值粒径和粒径累计频率曲线上纵坐标取值为35%所对应的粒径值;Q、Q_n、Q_M、Q_m、$Q_{\max}$、$\overline{Q}_{\max}$ 和 ΔQ 分别为流量、平滩流量、汛期最大流量、最小日平均流量、洪峰流量、n 次洪峰的平均流量和洪峰过程流量的涨幅;$\Delta B_{\max}$ 为河流主流的年最大摆幅;T 为洪峰历时;γ 和 γ_S 分别为水的容重和泥沙的密实容重;C_v 为洪峰流量变差系数;Q_S 为输沙率。

需要说明的是,国内学者建立的河型判别式还有很多,这里只是列出了5个具有一定代表性的,还有许多具有独到见解的河型判别式没有列出。

表 2-5　水沙关系式中的 m 值与河型的对比

河流名	水文站名	m 值	河型
北洛河	洑头	5.5	
汉江	仙桃	4.4	
渭河	华县	4.0	单股
南运河	馆陶	4.0	窄深
下荆江	监利	3.1	蠕动
汾河	河津	2.8	
黄河	龙门	2.4	
滹沱河	黄壁庄	2.4	
永定河	三家店	2.2	多汊
黄河	陕县	2.1	宽浅
黄河	花园口	2.0	游荡
柳河	闹得海	1.6	

2.3.2　国外学者建立的河型判别式

2.3.2.1　Leopold-Wolman 河型图解判别式

Leopold 和 Wolman[76] 在 1957 年注意到辫状河流与弯曲河流的比降和流量具有不同的组合，对于流量相同的河流来说，比降越陡，越易向辫状河流发展。对于同一比降的河流来说，流量越小，越有可能保持弯曲的形状。他们认为比降的大小是造成河型是顺直、弯曲还是辫状的主要原因。从这一概念出发，Leopold 和 Wolman 以比降为纵坐标，流量为横坐标，在双对数坐标上，点绘约 50 条美国和印度河流的平滩流量 Q_n 与河床比降 J 的关系，如图 2-4 所示，从该图得到的区分辫状与弯曲河流的直线方程

$$J = 0.012Q_n^{-0.44} \tag{2-10}$$

2.3.2.2　Parker 河型图解判别式

在 Leopold 和 Wolman 的河型区分方法发表之后的几十年里，有些学者逐渐意识到河型判别式(2-10)不具有真正的河型预报价值，主要原因是因为河床比降部分依赖于河槽的弯曲程度，一些学者在此基础上进行了进一步的研究。Parker 等[120,121] 用实测资料点绘图 2-5，认为下面双对数坐标下的直线方程

$$\frac{J}{Fr} = \frac{h}{B} \tag{2-11}$$

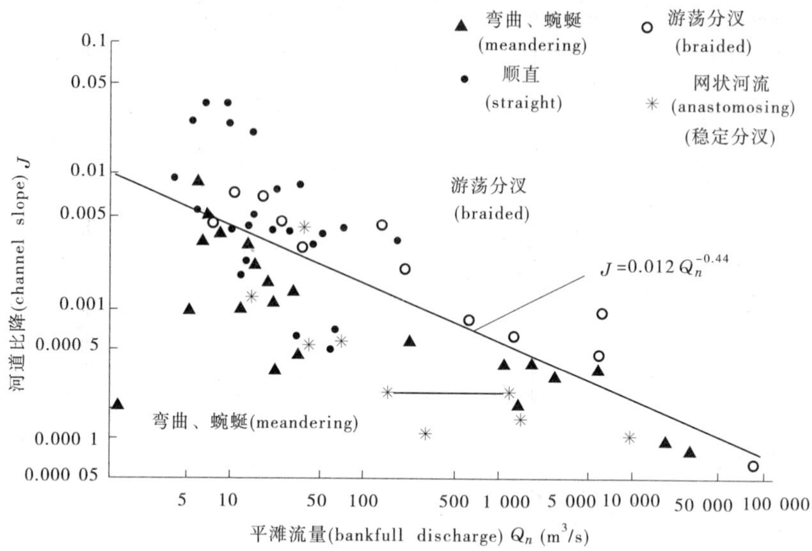

图 2-4　Leopold 和 Wolman 在 1957 年提出的河型区分方法

是区别顺直、弯曲与辫状河流的分界限，式中的 Fr 为 Froude 数。

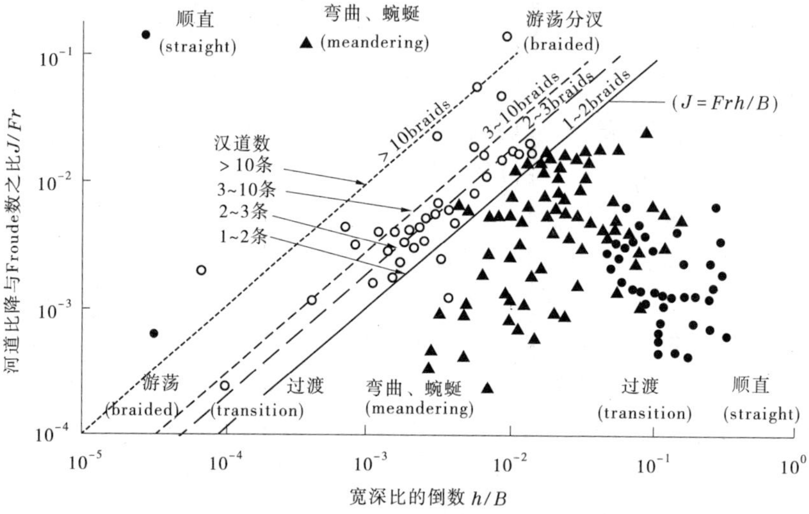

图 2-5　Parker 在 1975 年提出的河型区分方法

2.3.2.3　Jan H Van den Berg 河型图解判别式

Jan H Van den Berg[122] 试图建立河型图解预测式，对于网状河流系统，Jan H Van den Berg 选取的研究对象是单个的支流，而不是整体的网状河流系统。Jan H Van den Berg 认为，至少有两个因素可以导致辫状河型的演变，即满槽流量条件下的高输沙和易侵蚀的河岸[123-125]，变幅大的流量作为第三种因素常被提到，但很多研究者并不认为变幅大的流量是重要因素[126-128]。

Jan H Van den Berg 认为，高输沙因素应该包含 Leopold 和 Wolman(1957) 提到的辫状河流的大比降情况，然而高输沙因素不是河床比降，而是用于输送泥沙的有效能量，有效能量与河床比降和流量有密切关系。由此，提出了河流功率和单位河流功率的概念，认为在进行河型研究时，冲积河流的水力条件可以用单位河流功率表达。

提出的河流功率 Ω_1（the stream power）表达式为

$$\Omega_1 = \gamma QJ \tag{2-12}$$

提出的单位河流功率 Ω (unit stream power 或 specific stream power) 表达式为

$$\Omega = \frac{\gamma QJ}{B} \tag{2-13}$$

式(2-13)中的河宽 B、河床比降 J 和流量 Q 本身都是依赖于河型的参数，为了使河型图解判别式包含预报功能，应该用不依赖于河型的参数代替式(2-13)中依赖于河型的参数，为此进行了如下分析：

(1) 由于河床比降(the channel slope) J 值受河流弯曲率的影响非常大，所以 J 是依赖于河型的参数，合理的选择是用河谷比降(the valley slope) J_V 代替 J。

(2) 满槽流量 Q_n 的数值依赖于河流的横断面特征，这表明满槽流量是强烈依赖河型的参数。尽管如此，在绝大多数研究中，Q_n 仍被含蓄地认为是相当于不依赖于河型的参数，其理由是满槽流量被普遍认为是具有决定性的流量[129,130]。实际上，造床流量被认为在控制河床形状、尺寸和河流泥沙输移的效果方面等价于流量过程，一些领域的研究表明，造床流量相当于满槽流量[131,132]。

(3) 由于辫状河流的河床是复合的、多股的河床，因此在相同的 Q_n 条件下，辫状河流的河宽一般比弯曲河流的河宽要大一些。通常情况下，单股河流的宽度可以用如下 Lacey 方程式[70]来表达

$$B = aQ_n^b \tag{2-14}$$

众多的研究结果表明，指数 b 取值的范围较小，在不考虑河岸可侵蚀性和床沙的差异性[133-135]条件下，b 可取典型值 0.5。系数 a 取值范围较大，在沙砾石河床条件下 a 取 3.0，在沙质河床条件下调整为 4.7。在沙质河床条件下，a 取值为 4.7 与 Lacey 的取值比较接近，Lacey 提出[136] $a = 4.8$，在灌渠的应用中已经证明是比较符合实际情况的[137]。

把上面提到的替代参数代入式(2-13)，得出如下潜在单位河流功率(the potential specific stream power) Ω_V 的表达式。

沙质河床(sand-bed rivers)条件下

$$\Omega_V = 2.1 J_V \sqrt{Q_n} \tag{2-15a}$$

沙砾石河床(gravel-bed rivers)条件下

$$\Omega_V = 3.3 J_V \sqrt{Q_n} \tag{2-15b}$$

河床物质的输运能力被看做是确定河型的最重要的因素之一。因为河床物质输移率是水流能量和河床物质尺寸的函数,因此水流能量和河床物质尺寸应该被表示在河型图解判别式中。河床混合沙可以用单一的粒径 D_{50} 表达[138],因此河型图解判别式应该采用参数 Ω_V 与 D_{50} 表达。

在建立河型图解判别式的资料方面,由于气候变化、流域植被变化和人类干涉的影响,许多河流的水流条件与河型之间的对应关系已经被改变,因此对资料中所有存在疑问的数据都应该被舍弃。在采用的数据中,明显冲刷、开挖过的河流和迅速淤积抬高、泥沙超载的河流未被考虑。最后采用的 228 个数据组来源于世界各地的 192 条河。根据式(2-15)的计算结果,点绘得到 Ω_V 与 D_{50} 的关系图,见图 2-6。单股河型以曲折系数 p 的大小分为弯曲与顺直两种河型,Leopold 和 Wolman 认为两种河型的界限值为 $p = 1.5$,Moody-Stuart[139]认为两种河型的界限值为 $p = 1.3$ 。为了显示单股河型之间的区别,在点绘图中,对不同的 p 值区间作了不同的标记。从图 2-6 可以看出,图中存在一条明显的弯曲河型与游荡分汊河型的区分线,这条区分线的表达式为

$$\Omega_V = 900 D_{50}^{0.42} \tag{2-16}$$

该式可以称为 Jan H Van den Berg 河型图解判别式。

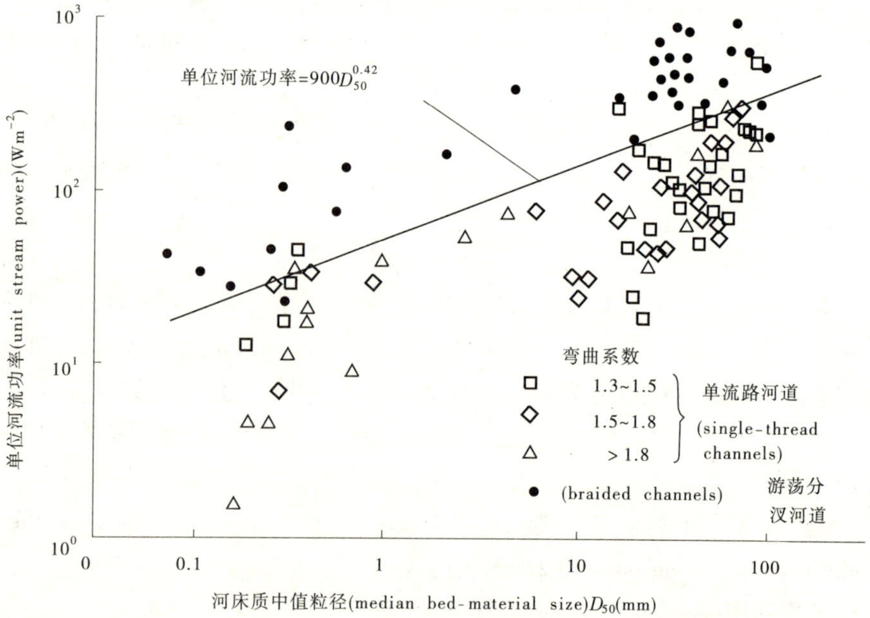

图 2-6　Jan H Van den Berg 在 1995 年提出的河型图解判别方法

在2001年,John Lewin和Paul A Brewer[140]对Jan H Van den Berg河型图解判别式进行了评价,指出了其中一些存在问题。对此,Jan H Van den Berg和Bledsoe[141]作了如下回答。

Jan H Van den Berg和Bledsoe指出,在以前的一些河型图解判别方法中,一般采用了两个参数:一个为代表河流功率的参数,另一个为河道几何形状参数或河床泥沙粒径参数。不管怎样,这些河型图解判别法至少可以表明,顺直河型、弯曲河型和辫状河型的代表水流功率是依次增加的[142]。然而,根据以前的河型图解判别方法得到的河型图解判别式,并不能真正用于河型预测。因为,在预测河型时,河型图解判别式中的"独立"变量中的一个或两个,需要根据河型的一个或更多个几何特征作为已知条件。因此,Jan H Van den Berg提出了新的河型图解判别法,该河型图解判别法中,用潜在河流功率和河床中值粒径作为参数,并认为这两个参数是几乎不受河型影响的参数。另外,Bledsoe and Watson[143]在改进的河型图解判别法中,用估计两种河型发生的概率替代了单一河型判别式。

Jan H Van den Berg和Bledsoe认为,Lewin和Brewer[144]似乎没有认识到这些河型图解判别法的价值,而这些河型图解判别法已经被证明可以用最少的资料正确地区分基本河型,并且错误分辨率较低。他们的质疑尤其瞄准了Jan H Van den Berg (1995) 河型图解判别法中采用的两个参数,以下面的理由断定该河型图解判别法是无效的。

(1)该河型图解判别法在建立潜在单位河流功率表达式时,采用了满槽流量与满槽河宽之间的的关系,而满槽流量与满槽河宽之间的关系具有不确定性。

(2)该河型图解判别法中使用的参数过于简单,"使河型形成过程的复杂性变得更加模糊","是掩盖而不是揭示河型形成的过程"。

Jan H Van den Berg和Bledsoe认为,尽管用在该河型图解判别法中的参数简单,使河道平面形状类型形成过程的复杂性模糊不清[145],但该河型图解判别法仍然是一种非常有效的河型判别方法,因为该河型图解判别法在区分基本河型时的错误分类率是很低的。很明显,由于采用的参数简单,许多重要因素被忽略了。稀疏植被或泥沙的低黏土百分比可能提高河岸的可侵蚀性,相应地导致宽河道的产生,很有可能形成辫状河型[146]。根据Holbrook和Schumm[147]分析,倾斜构造也可以影响河型。以理论分析为基础,Struiksma等[148]发现相互作用参数主要由宽深比支配,由此决定着河流沙洲的演变趋势。例如,缩减河宽,将减小相互作用参数数值,意味着水流稳定性的增加和沙洲数量的减少[149]。Blobdeaux、Seminara[150]和其他学者[151],根据宽深比的理论和河道水流的动力不稳定性也得出过相似的结论。由此可以看出,河型预测的线索似乎是河宽的预测,然而,像Chew和Ashmore[152]论证的那样,现有的宽度预测公式是相当不可靠的。根据这种情况,有学者提出了新的河宽预测公式[153],例如,Parker[154]和Griffiths[155]提出了包括河道底坡以及与河道类型有关参数在内的河宽公式。最重要的是，大多数的宽度预测公式表明，满槽宽度肯定与河流功率有关，在Jan H Van den Berg (1995)的河型图解判别方法中这点被清楚地说明了，因此河流功率应该是一个适当的河型预测参数[156]。随着河流功率的增加，河道宽度增大，并且河型越来越倾向于变为辫状河型；相反地，随着河流功率的降低，河道倾向于变为窄深的单股河型。Makaske[157]提供的一些数据表明，最终辫状河型以 $S_V Q^{0.5}$ 表示的低能量结束。

尽管Jan H Van den Berg和Bledsoe对Jan H Van den Berg的河型图解判别法作了详细解释，但是2003年Lewin和Brewer[158]在对Jan H Van den Berg和Bledsoe的回答进行评价时，坚持认为"影响整个河型形成过程的所有因素似乎不可能用简单的功率—粒径散点图来表达"，仍然坚持认为Jan H Van den Berg的河型图解判别法无效。

目前，河型判别式的建立方法基本上还是采用统计方法，随着计算数学的发展，河型研究的数学模拟逐渐出现。1994年，Murray A B[159,160]在《Nature》上率先提出了辫状河流元胞自动机模型，较好地模拟了辫状河流的形成过程。其后，Thomas[161]在前者的基础上，较真实地模拟了辫状河流的水流过程。尽管这些模型相对简单，研究也仅限于一个河型，但这对于河流再造床规律以及河型机理的最终解决，都是有意义的尝试。此外，Stolum Hans-Henrik[162]在G. Parker和E. D. Andraws研究的基础上，从分形的角度，研究了弯曲河道的自组织过程，明确了蜿蜒过程即为空间和时间上的规则和混乱的摆动过程。

2.4 小　结

(1)根据前人的研究成果，本书认为，河型问题可以概括为河型成因、河型分类、河型预测和河型控制四大类问题。河型判别问题可以包括在河型分类问题中，河型转化问题可以包括在河型控制问题中。

在河型的四大类问题中，河型成因是河型研究的关键，河型控制是河型研究的目标，河型分类是河型预测的基础，河型预测是河型控制的基础。河型成因问题没有得到解决，河型的分类问题就得不到根本解决。河型的分类问题没有得到解决，河型预测问题就得不到根本解决。河型预测问题没有得到解决，河型控制问题就得不到根本解决。

(2)国内外学者建立了许多河型判别式，其实河型判别计算方法是河型分类计算方法的一个应用。依据河型分类概念，在缺失河型分类计算方法的情况下，直接利用实测资料建立河型判别式，其系统性显然存在缺陷。Jan H Van den Berg在1995年提出的河型图解判别方法或者说预报方法，实际上是把河流系统作为"黑箱"进行研究的，表象上出现的问题是过于简单的参数掩盖了河型形成的过程，实质上问题还是出在河型成因的分析方面，在河型成因不清楚的情况下，进行河型预测似乎是很困难的。

(3)迄今为止,河型成因问题的研究还没有公论,河型分类还没有公认的计算方法,河型预测问题研究还处于起步阶段,河型控制问题研究实际上还没有启动。基于以上认识,本书将在前人研究成果的基础上,依据系统工程方法论的逻辑维,对河型基础问题进行分层次研究,研究的顺序依次为河型成因、河型分类、河型预测和河型控制。

第 3 章　冲积河流河型成因的输沙平衡程度理论假说及定量表达

3.1　冲积河流河型成因的输沙平衡程度理论假说

在科学研究中，人们以一定的事实资料为基础，以已经掌握的科学知识或经验为依据，通过理论思维的能动作用，对于研究对象的本质和规律所提出的猜想和推断，称为科学假说[24,30]。科学假说的重要作用主要包括以下四点。第一，科学假说是科学发展的一般形式和必要途径。观察和实验的结果，事实资料的累计，并不能自然而然地导致科学理论的建立，只有通过科学假说这个中间环节，才能从事实资料的累计达到科学理论的创立。第二，科学假说对科学研究具有指导作用。科学假说的提出，可以进一步确定继续研究的内容、方法和方向。第三，科学假说的提出和建立，往往是突破了原有理论的束缚和局限，突破了原有理论已经达到的水平和界限，预示着新的突破性科学理论的创立。第四，错误假说也有其积极作用。在错误假说的指导下，进行了长时间的观测和实验，收集整理了大量数据，即使该假说是错误的，也可以为以后新假说的提出和新理论的建立奠定基础。

本书建立的冲积河流河型成因的输沙平衡程度理论假说认为，在地球内力作用一定的条件下，冲积河流河型是由冲积河流输沙平衡程度过程所形成的，冲积河流河型不同的成因是由其输沙平衡程度过程的不同造成的。本节将介绍该假说建立的过程。

3.1.1　河型成因理论研究依托的主要学科和研究方法

河型成因理论研究依托的主要学科有地学、地理学、自然地理学、地貌学、动力地貌学、河床演变学、河流动力学、水力学等。地学是对以地球为研究对象的学科的统称。地理学是研究人与地理环境关系的学科。自然地理学是研究自然地理环境的组成、结构、功能、动态及其空间分布规律的学科。地貌学是研究地球表面的形态特征、成因、分布及其演变规律的学科。动力地貌学是研究各种地貌营力特别是外营力在地貌塑造中作用的学科。河床演变学是以河流动力学和地质、地理学的知识为基础，从宏观的角度研究河流的形成和演变的学科。河流动力学是研究河道水流、泥沙运动和河床演变规律及其应用的学科。水力学是研究以水为代表的液体的机械运动规律及其应用的学科。

河型成因的研究方法有很多,但往往仅仅依靠单一的方法很难有效地解决河型成因问题。本书建立的冲积河流河型成因的研究方法体系[24,30]见图 3-1,按使用的普遍性程度,把河型成因的研究方法分为哲学方法、一般科学方法和专门科学方法 3 个层次。

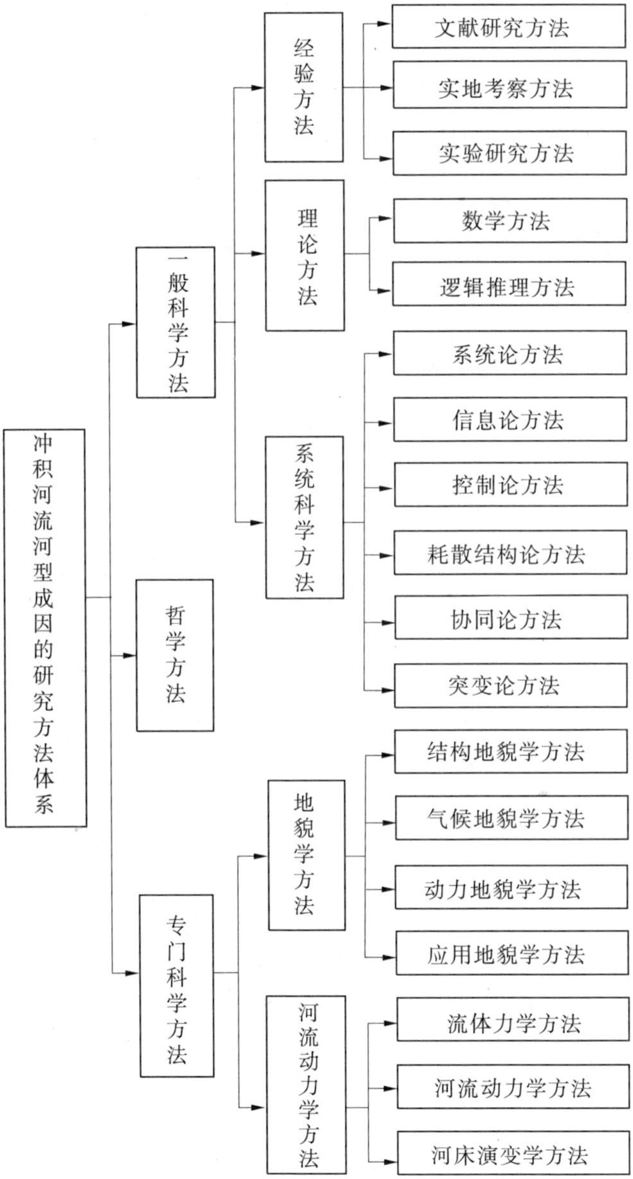

图 3-1　冲积河流河型成因的研究方法体系

本节试图根据河型成因理论研究依托的主要学科,采用冲积河流河型成因的研究方法体系，建立冲积河流河型成因的输沙平衡程度理论假说。

3.1.2　冲积河流河型成因的系统论方法分析

鉴于河型成因的复杂性，首先采用系统论方法[2-8]结合专门科学方法，对冲积河流河型形成的原因进行分析研究。

3.1.2.1　冲积河流系统的类别和两个功能

(1)系统的基本概念[6]。系统是具有特定功能的、相互间具有有机联系的许多要素所构成的一个整体。或者说系统是由相互制约、相互作用的一些部分组成的具有某种功能的有机整体。它包含3层意思：①系统必须由两个以上的要素所组成。②要素之间存在着有机的联系和相互作用的机制，从而形成一定的结构或秩序。③系统都具有一定的功能或特性，而这些功能或特性是它的任何一个部分都不具备的。这种新功能是由系统内部的有机联系或结构所决定的。系统整体性表现为系统的整体功能或特征，系统的整体功能或特征不是各组成要素功能或特征的简单叠加，也不是组成要素简单的拼凑，而是呈现出各组成要素所没有的新功能或特征。一般系统论的创始人贝塔朗菲把这一特性概括为："整体大于它的各个孤立部分之和。"意思就是说，系统整体的特性（或功能）与组成它的要素的特性（或功能）相比，好像是"新增加的"或"多出来的"。

系统一般有下面6种分类：①自然系统与人造系统。自然系统是由自然过程产生的系统，人造系统则是人们将有关元素，按其属性和相互关系组合而成的系统。大多数系统是自然系统与人造系统的复合系统。②实体系统与概念系统。凡是由实体为构成要素所组成的系统称为实体系统，凡是由概念性的非实体为构成要素所组成的系统称为概念系统。③动态系统和静态系统。动态系统就是系统的状态变量随时间而变化，而静态系统则是表征系统运行规律的数学模型中不含时间因素。④控制系统与行为系统。控制就是为了达到某种目的给系统所施加的必要动作。为了控制而构成的系统称为控制系统。行为系统是以完成目的的行为作为构成要素而形成的系统。⑤开放系统和封闭系统。开放系统是指系统与（外部）环境之间具有物质、能量和信息交换的系统，这类系统通过系统内部各个子系统的不断调整来适应环境变化，以使其保持稳定状态。开放系统一般具有自适应和自调整的功能。封闭系统是指系统与环境之间没有物质、能量和信息交换的系统。封闭系统要能存在，要求系统内部的各个子系统及其相互关系之中存在某种均衡关系，以保持这种系统的持续运行。⑥因果系统和非因果系统。一个系统如果在任意时刻的输出只依赖于当时时刻和过去的输入信号值，与后续的输入信号值无关，则称其为因果系统；否则，则称其为非因果系统。

另外，根据对系统信息的明白程度，系统又分为白色系统、灰色系统和黑色系统[9]。大多数自然系统是客观实体，有明确的"内"、"外"关系（即系统内部与系统外部，或系统本体与系统环境）可以有较明确的输入与输出，因此可以较为方便地分析输入对输出的影响。但有些系统是抽象的对象，没有明确的“内”、“外”关系，不是客观实体，因此就难以分析输入对输出的影响，这是缺乏“模型信息”。缺乏“模型信息”归结起来有四种情况，即：①元素（参数）信息不完全；②结构信息不完全；③关系信息不完全；④运行的行为信息不完全。由于颜色的深浅在控制理论中常用来形容信息量的多少，因此称信息完全明白的系统为白色系统，部分信息明白、部分信息不明白的系统为灰色系统，信息完全不明白的系统为黑色系统。一般所说的黑箱，就是表示对系统内部结构、参数、特征等一无所知，只能从系统的外部表象来研究的系统。

区别白色系统与灰色系统的重要标志是系统各个因素之间是否具有确定的关系。白色系统的特征是因素之间存在映射关系。不过，因素之间有明确的映射关系，则要求系统有明确的作用原理，一个有明确作用原理的系统必定具有确定的结构。很多情况下，虽然知道影响系统的某些因素，但很难明确全部因素，更不能确定因素之间的映射关系。有时即便建立了某种关系，也是在一定假设条件下，按某种逻辑推理，某种理性认识得到的，这种关系充其量只能说是原系统的“代表”或“同构”，这类系统可称为本征性灰系统。

人们处理问题，总想使系统由“灰”变“白”，但从实质上看，对抽象系统来说，分析过程却是由“白”到“灰”的过程。事实上，系统是白是灰，往往与观测的层次有关。如果我们用高层次代表系统的宏观层次、系统的整体层次、认识的概要层次，用低层次代表系统的微观层次、系统的分部层次、认识的深化层次，那么同一个系统，同一个参数，在高层次时是白的，而到了低层次却可能是灰的。

(2)流域地貌系统[44-48]。流域地貌学研究的对象是流域地表存在的各种地貌体，它们是在内外营力综合作用下不断发展与演化的产物。因此，地质营力是决定地貌特征的主导因素，当一个或几个地质营力在一定范围内持续作用足够长的时间后，流域地表即可形成该地质营力所控制的特定地貌形态。另外，该范围内地表物质组成及原始地形也对地貌的演化有重大影响。所以，河流地貌可以看成是营力、时间、流域原始地形和物质组成的函数。当一个或几个地质营力长时间作用于流域时，这个流域范围内的地貌体或地貌综合体可以看成一个体系，称为流域地貌系统。流域地貌系统基本结构如图3-2所示，从图中可以看出，流域地貌系统由坡地系统、河道系统和三角洲系统组成。

(3)冲积河流河段河流系统。在流域地貌系统基本结构简图中，河道系统属于图式的中间部分。河道系统受流域的产沙区（坡地系统）和三角洲（三角洲系统）的影响和制约。因为产流产沙区的控制因素决定着产水量及其过程，产沙量及其性质，因而相应地影响河道系统。而三角洲系统控制因素的变化，也影响河道系统。如当侵蚀基准面升降变化时，产生溯源冲淤，将对河道系统产生复杂响应。

由于河道系统过于庞大，为了研究方便，本书把河道系统分河段进行研究。

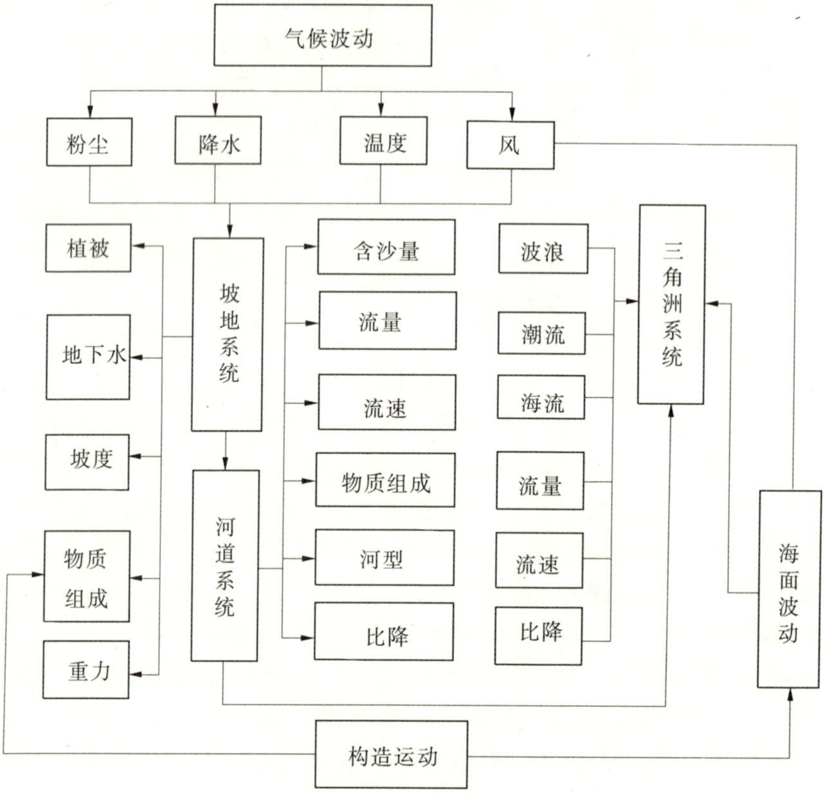

图 3-2　流域地貌系统基本结构简图(陆中臣等,1991)

把每一段(ΔL)都看成是一个系统,并称为河段河流系统,因此河道系统就是由河段河流系统组成的系统。由于河段河流系统的特征物理量一般都是时间的函数,且具有随机性,因此河段河流系统随时间的变化过程是随机过程。为了便于使用确定性数学方法进行研究,把河段河流系统进行时间分段,每个时间段(Δt)内的物理量都可以采用平均数值。经过这样的处理,河段河流系统就可以看成是由 n 个时段(Δt)的河段河流系统组成的系统。

河段河流系统的外部条件,除地壳运动条件外,其他如图 3-3 所示。其中系统上游天然来水来沙条件包括流量、含沙量和泥沙粒径;系统下游河流条件是指河段出口断面以下一定长度范围内的河流条件,主要和该河段以下河段的侵蚀基准面、水位等有关;系统周边的地质和植被天然条件往往直接影响河段河流系统的糙率;外部的气象条件至少包含温度条件,因为温度直接影响泥沙沉速;外部的人类干涉条件主要包括水库、河段两岸大堤、滩地的控导工程、抢险工程措施和引水引沙工程等。

(4)冲积河流河段河流系统的类别和两个功能。根据系统的分类概念,冲积河流河段河流系统应该归属于以下七个系统类别。即实体系统、复合系统、动

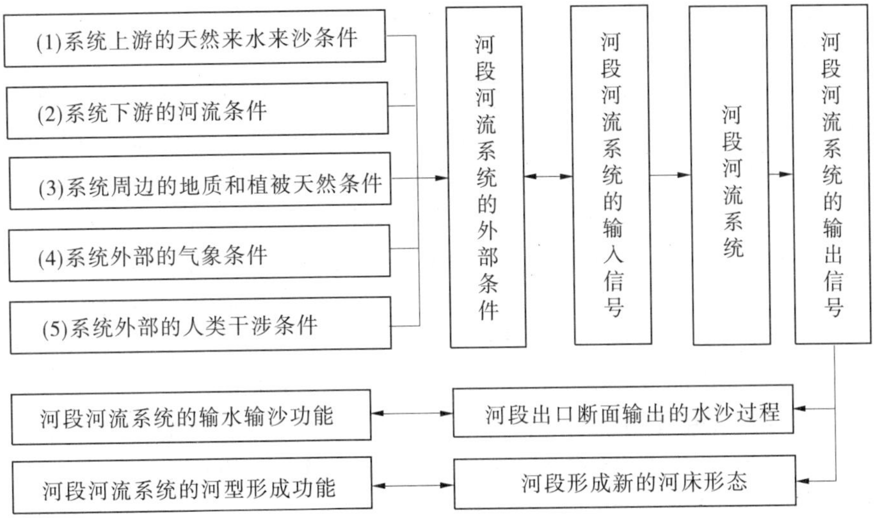

图 3-3　河段河流系统的外部条件及系统功能简要示意图

态系统、开放系统、控制系统、因果系统和灰系统。根据信号与系统[7]的基本概念，用如下符号来表示系统的输出信号 $y(t)$ 和输入信号 $f(t)$ 的依赖关系

$$y(t) = T(f(t)) \tag{3-1}$$

式中：$y(t)$ 为系统对 $f(t)$ 的响应；T 可看做一种变换或算子。

河段河流系统的输入信号 $f(t)$ 是河流系统的外部条件。系统对 $f(t)$ 的响应 $y(t)$ 是河段河流系统的河型和河段出口断面的水流与泥沙过程。也就是说冲积河流河段河流系统至少有两个功能：一是输水输沙的功能；二是形成新河床的功能，即形成河型的功能。河段河流系统的外部条件及功能可以用图 3-3 概括。

3.1.2.2　冲积河流河段河流系统河型的根本成因分析

由于冲积河流河段河流系统是因果系统，因此可以采用逻辑学中的排除归纳法来寻找冲积河流河段河流系统河型的根本原因。所谓排除归纳法，是根据因果关系的某些特性，首先把某些明显不是研究对象的原因排除掉，然后再在其余先行情况与被研究对象之间确立因果关系。

(1) 系统的外部条件不可能是河段河流系统河型形成的根本原因。由于河型形成的因素很多，导致河型成因的研究变的比较困难。但可以基于河段河流系统概念，把河型成因的集合划分为内因和外因两种，内因是指河段河流系统内部的原因，外因是指河段河流系统以外的原因。内因和外因属哲学范畴[68-70]，从这个角度来分析，内因和外因在事物的发展中同时存在，但二者的地位和作用不同。内因是事物存在的基础，是一事物区别于他事物的内在本质，是事物运动的源泉和动力，它规定着事物运动和发展的基本趋势。外因是事物存在和发展的外部条件，它通过内因而作用于事物的存在和发展，加速或延缓事物的发展进程。外因是变化的条件，内因则是变化的根据，外因通过内因而起作用。所以，内因是第一位的原因，起决定性作用。根据内因与外因的辩证关系，系统的外部条件不可能是河段河流系统河型形成的根本原因。

另外，由于河型是河段河流系统本身的功能，系统的外部条件只是系统的输入信号，输入信号只是通过系统才能对系统功能的结果产生影响，系统对功能具有决定性，“功能是由系统内部的有机联系或结构所决定的”。因此，系统的外部条件不可能是系统功能的决定因素。如果在河段河流系统内部结构、参数、特征等不明确的情况下，只是统计系统的输入和输出关系，即统计河段河流系统外部条件与河型形成的关系，这样的研究方法，实质上是把河段河流系统作为一个黑箱，从系统的外部表象来研究系统，这种研究河型的方法，从根本上来说，基本上没有涉及到河段河流系统本身和“河型形成原因”的研究。

（2）探索河型根本成因的河床总体特征途径。在已经知道河型的根本成因取决于河段河流系统本身的情况下，探索河型根本成因的有效途径，可以以河型分类“依据”为线索，因为河型分类“依据”的成因，应该就是河型的根本成因。总的来说，河型的分类“依据”是河床的总体特征，因此河床总体特征的成因应该就是河型的根本成因。

由于河型是河流中的水流与河床长期作用的产物，河型的形成或转化需要的时间是数年或数十年，基本上不可能根据河流几天或几个月的表现，确定出河流所属的河型。因此，钱宁和谢鉴衡等在进行河型分类时，依据的河床特征应该都是长时间内河床的总体特征。钱宁和谢鉴衡等在建立冲积河流四种基本河型分类体系时，河型分类的主要依据为河床的四个主要特征，分别为河床的形态特征、河床的运动特征、河床的稳定特征和河床的组成物质特征。由于河床几何形态与河床物质组成的关系极其密切，河床物质是河床几何形态的构成物质，因此可以把河床几何形状和物质组成作为一个整体，看做是冲积河流系统的边界特征，称为河床的形态和组成物质特征。由此，以钱宁和谢鉴衡总结的河床特征为基础，可以把长时间内的河床的总体特征归结为河床几何形状和物质组成总体特征、河床稳定总体特征和河床演变规律总体特征。如果这三个河床总体特征都由一个共同的原因形成，那么这个原因就应该是河型形成的根本原因。

（3）冲积河流输沙平衡程度与三个河床特征之间存在着对应关系。根据河床演变学基本理论[50-63]，冲积河流具有平衡趋向性，即在一定的来水来沙条件下，河床通过自动调整自身的几何形态和床沙组成，逐步使河流系统中的水流、泥沙和河床三者之间相互适应，逐步使河流向输沙平衡的方向发展，逐步使河床的几何形态、床沙组成向“确定”的方向发展。最终冲积河流系统中的水流、泥沙和河床三者之间完全相互适应，河流输沙平衡，河床稳定，河床几何形态、床沙组成“确定”。河床演变的实质是水流与河床通过泥沙的相互作用。河床演变的根本原因是输沙的不平衡。冲积河流的平衡趋向性、河床演变的实质和河床演变的根本原因实际上构成了河床演变基本原理。从河床演变基本原理可以看出，河床的所有变化和不变化都可以归结为泥沙的运动规律，涉及到最为关键的问题是输沙平衡与输沙不平衡。

由于仅用输沙不平衡概念不能描述输沙不平衡的程度或差异，有必要引入输沙不平衡程度的概念。由于描述输沙的不平衡程度没有合适的参照标准，又由于输沙不平衡程度与输沙平衡程度成反比，输沙不平衡程度与输沙平衡程度之间存在着对应关系，因此可以用输沙平衡程度来描述输沙的不平衡程度。输沙平衡程度可以用河流含沙量偏离河流挟沙力的“距离”来描述。河流含沙量偏离河流挟沙力的“距离”越大，表示河流的输沙平衡程度越低；河流含沙量偏离河流挟沙力的“距离”越小，表示河流的输沙平衡程度越高；河流含沙量偏离河流挟沙力的“距离”为零，表示河流的输沙平衡。

根据河床演变基本原理，如果 Δt 时段内冲积河流输沙平衡，那么河床就会保持原有的几何形态和河床物质组成，河床稳定，河床不会随时间作出任何演变。如果 Δt 时段内冲积河流输沙平衡程度越低（即输沙越不平衡），那么河床的几何形态和河床物质组成就会在原有状态基础上变化越大，河床就会越不稳定，河床随时间的变化“幅度”就会越大。如果 Δt 时段内冲积河流输沙平衡程度越高，那么河床的几何形态和河床物质组成就会在原有状态基础上变化越小，河床越趋向稳定，河床随时间的变化“幅度”就会越小。按照这种内在的逻辑关系，Δt 时段内的输沙平衡程度，与 Δt 时段内河床几何形态及河床物质组成特征之间存在着对应关系，与 Δt 时段内河床稳定程度之间存在着对应关系，与 Δt 时段内河床演变规律特征之间存在着对应关系。由此可以看出，Δt 时段内河床特征依赖于河流的输沙平衡程度，Δt 时段内河床特征不同的原因是相应时段内输沙平衡程度的不同。

（4）输沙平衡程度及其过程的不同是冲积河流河段河流系统形成不同河型的根本原因。根据随机过程概念，冲积河流长时间内的总体输沙平衡程度可以用 Δt 时段内的输沙平衡程度及其过程表示，冲积河流长时间内的三个河床总体特征可以用相应 Δt 时段内的特征及其过程表示。又由于在 Δt 时段内输沙平衡程度与三个河床特征之间分别存在着对应关系，因此冲积河流长时间内的总体输沙平衡程度与三个河床总体特征之间分别存在对应关系。因此，依据三个河床总体特征中的任何一个对冲积河流河型进行分类，都可以归结为依据河流系统相应时间内的 Δt 时段输沙平衡程度及其过程对冲积河流河型进行分类。这说明河型分类依据的三个河床总体特征都是由 Δt 时段输沙平衡程度及其过程形成的。由此可以得出推理结论，Δt 时段输沙平衡程度及其过程的不同是冲积河流河段河流系统形成不同河型的根本原因。

也可以这样分析，根据河床演变基本原理，Δt 时段内的输沙平衡程度不同，则 Δt 时段内的河床稳定程度不同，Δt 时段内的输沙平衡程度与 Δt 时段内的河床稳定程度之间存在对应关系。由于长时间内的 Δt 时段输沙平衡程度及其过程不同，则长时间内的河床稳定总体特征不同，因此长时间内的 Δt 时段输沙平衡程度及其过程与长时间内的河床稳定总体特征之间存在对应关系。由于河床稳定总体特征、河床几何形状和物质组成总体特征、河床演变规律总体特征之间存在着对应关系，因此长时间内的 Δt 时段输沙平衡程度及其过程与河床稳定总体特征、河床几何形状和物质组成总体特征、河床演变规律总体特征之间分别存在着对应关系。因此，依据三个河床总体特征中的任何一个对冲积河流河型进行分类，都可以归结为依据河流系统相应时间内的 Δt 时段输沙平衡程度及其过程对冲积河流河型进行分类。由此可以得出结论，Δt 时段输沙平衡程度及其过程的不同是冲积河流河段河流系统形成不同河型的根本原因。

至于冲积河流河段河流系统的外部条件，例如，河段上游的来水来沙条件、周边的地质和植被条件、气象条件以及人类干涉条件等，则是通过影响河段河流系统 Δt 时段输沙平衡程度及其过程，来对河型的形成施加影响的。

3.1.3　冲积河流河型成因的逻辑推理

由于采用系统论方法结合专门科学方法，对冲积河流河型成因进行分析的结果并不能完全令人信服。因此，这里采用逻辑方法结合专门科学方法，再对河型成因进行推理分析。

3.1.3.1　逻辑推理方法

逻辑学[25-32]是研究概念、判断、推理及其规律和方法的科学。逻辑推理是由一个或几个已知判断推出一个新判断的思维形式，是认识事物、获得新知识的一种重要方法。推理由前提、结论、推理联项三个部分组成。根据前提与结论联系性质的不同，逻辑推理可分为必然性推理和或然性推理。前提为真，结论一定为真的推理，称为必然性推理。前提为真，结论仅仅可能为真的推理，称为或然性推理。根据推理方向的不同，把推理分为演绎推理（即从一般到个别的推理）、归纳推理（即从个别到一般的推理）和类比推理（即从个别到个别或一般到一般的推理）三大类。归纳法可分为完全归纳法和不完全归纳法。完全归纳法是一种在研究了事物的所有特殊情况后，得出一般结论的推理方法。不完全归纳法是从一个或几个特殊情况作出一般性结论的归纳推理。根据前提是否包含有模态判断，推理可分为模态推理（即关于事物属性存在或不存在的必然性或可能性的推理）和非模态推理（即关于事物属性存在或不存在的推理）。根据前提和结论是简单判断（即自身不包含其他判断的判断）还是复合判断，把推理分为简单判断推理和复合判断推理，所谓简单判断推理是指以简单判断为前提和结论的推理。根据简单判断所断定的是对象的性质还是对象之间的关系，又将简单判断分为性质判断推理和关系判断推理。根据前提数量的多少，推理可分为直接推理（即只有一个前提的推理）和间接推理。逻辑推理方法的分类如图 3-4所示。

一个正确的推理必须同时具备两个条件：一是推理的前提真实，二是推理的

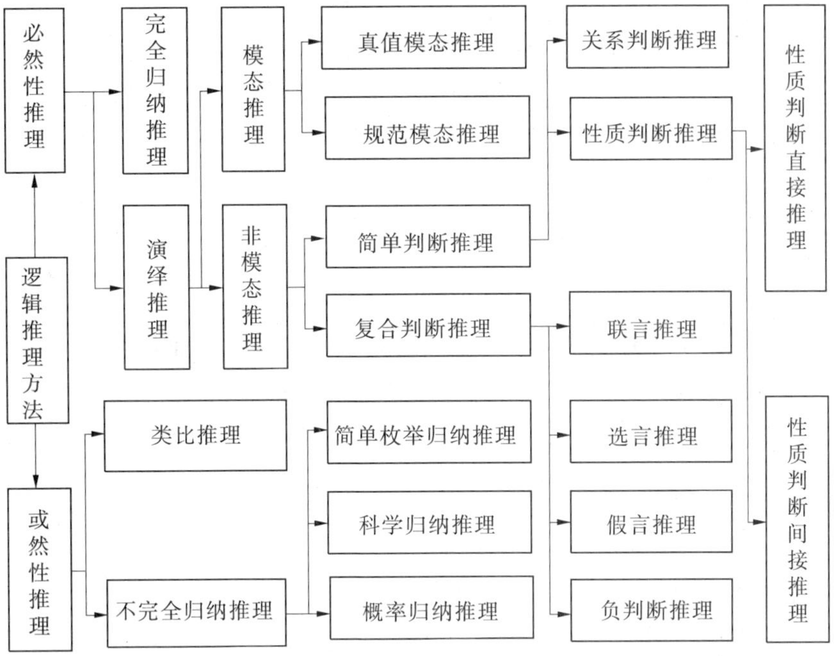

图 3-4　逻辑推理方法分类简图

形式有效。也就是说为确保推理获得真实结论,必须满足前提真实和推理形式有效这两个条件。推理形式符合普通逻辑的基本规律和推理规则,则推理形式有效。

三段论推理属于演绎推理中的间接推理。三段论是由两个含有一个共同项的性质判断作前提得出的一个新的性质判断为结论的演绎推理。任何一个三段论都是由三个性质判断构成的,其中两个是前提,一个是结论。任何一个三段论都有并且只有三个不同的词项。这三个词项分别叫做中项、小项和大项。中项是指在两个前提中都出现而在结论中不出现的词项,用 A 表示。小项是指作为结论主项的词项,用 B 表示。大项是指作为结论谓项的那个词项,用 C 表示。小项和大项都在前提和结论中各出现一次。三段论的两个前提,一个称大前提,一个称小前提。大前提是指含有大项的前提,小前提是指含有小项的前提。用 D 表示"是",则典型的三段论肯定推理形式可以表示为

$$\begin{array}{c} ADC \\ \underline{BDA} \\ BDC \end{array} \tag{3-2}$$

三段论的规则是三段论公理的具体化,三段论的公理是三段论推理的基本依据。三段论公理认为,对一类事物的全部有所断定(肯定或否定),则对该类事物的部分也就有所断定(肯定或否定)。三段论的规则是传统逻辑检验三段

论的推理形式是否有效的标准,它对三段论的推理起着规范作用。遵守三段论的规则,就能保证由真前提必然地推出真结论。三段论的一般规则有以下 7 条:①中项在前提中至少要周延一次;②在前提中不周延的项,在结论中也不得周延;③两个否定前提不能推出结论,至少有一个前提是肯定判断;④前提有一个是否定判断,结论也必然是否定判断;⑤如果两个前提都是肯定的,那么结论必是肯定的;⑥两个特称判断做前提,不能推出必然结论;⑦前提中有一个是特称判断,结论也必然是特称判断。

3. 1. 3. 2　基于地貌学的河型成因推理

(1)河流地貌和河型的基本概念[46-49]。地貌是地球表面各种形态的总称,也叫地形。地表形态是多种多样的,成因也不尽相同,但都是内、外力作用对地壳综合作用的结果。内力作用造成了地表的起伏,控制了海陆分布的轮廓及山地、高原、盆地和平原的地域配置,决定了地貌的构造格架。外力作用是指地壳表面以太阳能、重力能、日月引力能为能源,通过大气、水、生物等形成的一系列地表作用过程。外力作用按外力性质主要分为流水作用、地下水作用、波浪作用、冰川作用、风沙作用等。这些外力作用在地貌形成上主要表现为风化、侵蚀、搬运和堆积作用。外力作用造成风化、侵蚀、搬运和堆积四个方面相互联系,不可分割。简言之,内营力规定了地貌的基本结构,外营力则在这个基础上,不断对它们进行雕塑。

地貌类型按其形态分类,可把大陆地貌分为山地、高原、盆地、丘陵、平原五种类型。按其成因分类,可分为以内力地质作用为主形成的地貌——构造地貌,以外力地质作用为主形成的地貌——侵蚀地貌、堆积地貌等;根据动力作用的性质又可分为河流地貌、冰川地貌、风蚀地貌、海岸地貌、岩溶地貌、黄土地貌等。

河流地貌是河流作用于地球表面,经侵蚀、搬运和堆积过程所形成的各种侵蚀、堆积地貌的总称。河流作用是地球表面最经常、最活跃的地貌作用,它贯穿于河流地貌的全过程。无论什么样的河流均有侵蚀、搬运和堆积作用,并形成形态各异的地貌类型。

河床地貌是河床在流水作用下,形成的各种河床形态的总称。河床地貌包括河床侵蚀地貌、河床堆积地貌和河床不冲不淤地貌。

河床又称河槽,一般是指平水期河水的固体边界。根据河床地貌的平面形态,把冲积河流的河床分为顺直型、弯曲型、分汊型和游荡型四种基本类型,因此可以说,河型即为河床的类型。由于河道可以分为枯水河道、中水河道和洪水河道,中水河道即为河床,因此河道包含河床。根据河床的四种基本类型可以把河道和冲积河流分为相应的四种基本类型。因此,也可以说,河型即为河道的类型,河型即为冲积河流的类型。

(2)河道地貌成因的逻辑推理。地貌是地球表面各种形态的总称,地貌的所有成因分为地球内力成因和地球外力成因。在地球内力作用一定的条件下,地貌的成因只有外力成因一种。

河流的一般定义认为,河流是地球陆地表面上经常或间歇有水流动的线形天然水道,其实该定义只定义了河道,即河道是地球陆地表面上的水流通道。实际上,河流是由河道和河道水流两部分构成的,所谓河道是指水流的固体边界。由于"河流地貌是河流作用于地球表面,经侵蚀、搬运和堆积过程所形成的各种侵蚀、堆积地貌的总称"。这个命题中所说的"河流地貌"是指河道地貌,所说的"河流作用"是指河道水流作用。因此,河道地貌是河道水流作用的结果。由于"搬运"实质上是指不侵蚀不堆积,因此河道水流对河道的作用有侵蚀、堆积、不侵蚀不堆积三种形式。因此,河道地貌是由河道水流对河道的侵蚀、堆积、不侵蚀不堆积三种作用过程所形成的各种地貌的总称,河道地貌的成因为河道水流对河道的侵蚀、堆积、不侵蚀和不堆积三种作用过程。根据逻辑推理分类概念,以上河道地貌的成因推理为完全归纳推理。由于完全归纳推理是必然性推理,因此如果"河流地貌是河流作用于地球表面,经侵蚀、搬运和堆积过程所形成的各种侵蚀、堆积地貌的总称",这个命题为真,那么关于河道地貌成因的推理结论"河道地貌的成因为河道水流对河道的侵蚀、堆积、不侵蚀不堆积三种作用过程"一定为真。

(3)河床地貌成因的三段论演绎推理。由于河道地貌是由河道水流对河道的侵蚀、堆积、不侵蚀不堆积三种作用过程所形成的(即三段论的大前提),又由于河床地貌属于河道地貌(即三段论的小前提),因此河床地貌是由河道水流对河道的侵蚀、堆积、不侵蚀不堆积三种作用过程所形成的(即三段论的推理结论)。

根据三段论规则检验该三段论的推理形式是否有效。该三段论推理形式中,中项为"河道地貌",小项为"河床地貌",大项为"由河道水流对河道的侵蚀、堆积、不侵蚀不堆积三种作用过程所形成的"。首先检验该三段论的推理是否符合三段论的一般规则①,如果中项在前提中一次也没有被断定过它的全部外延(即周延),那就意味着在前提中大项与小项都分别只与中项的一部分外延发生联系,这样就不能通过中项的媒介作用,使大项与小项发生必然的确定联系,因而也就无法在推理时得出确定的结论。在直言判断中,如果一个词项的全部外延被断定,那么称该词项是周延的,否则就是不周延的。关于词项周延性,有如下形式结论:全称判断主项都周延;特称判断主项都不周延;肯定判断谓项都不周延;否定判断谓项都周延。确定一词项的周延性,只要依据上面的形式结论就行了,不必分析该词项的具体断定情况。由于该三段论推理的大前提中,河道地貌是指全体河道地貌,河道地貌是词项,又由于该大前提判断是直言判断(即为性质判断),因此中项在大前提中周延。因此,该推理形式符合三段论的一般规则①。其次,很明显,该三段论的推理符合三段论的一般规则②~⑦。因此,该三段论的推理形式有效。

(4)河型成因的三段论演绎推理。由于河床地貌是由河道水流对河道的侵蚀、堆积、不侵蚀不堆积三种作用过程所形成的(即三段论推理的大前提),又由于河床的四种基本类型属于河床地貌(即三段论推理的小前提),因此河床的四种基本类型是由河道水流对河道的侵蚀、堆积、不侵蚀不堆积三种作用过程所形成的(即三段论推理的结论)。根据三段论的一般规则,可以很容易地证明该三段论的推理形式是有效的。由于冲积河流河床的四种基本类型集合称为冲积河流河型,因此冲积河流河型是由河道水流对河道的侵蚀、堆积、不侵蚀不堆积三种作用过程所形成的。

3.1.3.3　基于河流动力学的冲积河流河型成因推理

根据系统理论,可以把冲积河流看成一个系统来研究,称为冲积河流系统。冲积河流系统可以分为河道挟沙水流系统和河道系统。根据河流动力学理论,如果输沙平衡,那么冲积河流系统中的河道挟沙水流系统对河道系统的作用形式为不冲不淤,河道系统保持原有地貌;如果输沙处于不饱和状态,那么冲积河流系统中的河道挟沙水流系统对河道系统的作用形式为冲刷,河道系统形成侵蚀地貌;如果输沙处于超饱和状态,那么冲积河流系统中的河道挟沙水流系统对河道系统的作用形式为淤积,河道系统形成堆积地貌。又由于冲积河流输沙平衡状态、输沙不饱和状态和输沙超饱和状态均可以用冲积河流输沙平衡程度状态表达,由此,采用完全归纳推理,可以得出结论,冲积河流输沙平衡程度状态表达了冲积河流系统中的河道挟沙水流系统对河道系统的三种作用形式。

由于冲积河流河型是由河道水流对河道的侵蚀、堆积、不侵蚀不堆积三种作用过程所形成的,河道水流即为河道挟沙水流系统;又由于河流输沙平衡程度表达了冲积河流系统中的河道挟沙水流系统对河道系统的三种作用形式。因此,冲积河流河型是由冲积河流输沙平衡程度过程所形成的。

由于冲积河流河型均是由冲积河流输沙平衡程度过程所形成的,因此从成因角度看,四种基本河型的不同,一定是源于其冲积河流输沙平衡程度过程的不同。由此得出结论,冲积河流河型不同的成因是由于冲积河流输沙平衡程度过程的不同。

需要说明的是,所谓状态是指,当冲积河流系统中的河道挟沙水流系统的各个要素一定时,即冲积河流输沙平衡程度状态数一定时,就说系统处于一个状态。所谓状态过程是指,当冲积河流系统中的河道挟沙水流系统从一个状态变成另一个状态,就说冲积河流系统河道挟沙水流系统发生了一个状态基本过程,状态基本过程的集合就形成了冲积河流输沙平衡程度状态过程,简称为冲积河流输沙平衡程度过程。

3.1.4　冲积河流河型成因的输沙平衡程度理论假说的建立

前面结合河流地貌学和河流动力学方法,分别采用系统论方法和逻辑推理方法得出了冲积河流河型成因的结论。把两种方法得出的结论归纳起来,河型成因的结论为，在地球内力作用一定的条件下，冲积河流河型是由冲积河流输沙平衡程度过程所形成的，冲积河流河型不同的成因是由于其输沙平衡程度过程的不同。由于该河型成因结论没有经过验证，所以该结论实质上是一种河型成因假说。由于该河型成因假说中采用的关键概念为输沙平衡程度，因此称该假说为冲积河流河型成因的输沙平衡程度理论假说。

冲积河流河型成因的输沙平衡程度理论假说只是概念性的理论假说，要把该假说应用于河型问题的解决，还需要对该假说进行定量表达，定量表达的具体内容应该是“冲积河流输沙平衡程度过程”。

3.2 冲积河流输沙平衡程度公式

为了定量表达冲积河流河型成因的输沙平衡程度理论假说，就需要定量表达冲积河流输沙平衡程度，因此本节从输沙平衡程度概念入手，建立冲积河流输沙平衡程度公式。

3.2.1 冲积河流输沙强平衡要求的水沙和河床条件

河流中运动的泥沙有推移质和悬移质两种，但一般情况下，冲积河流中悬移质泥沙占绝对主导地位。冲积河流中悬移质泥沙一般都是非均匀沙，对于非均匀沙输沙平衡，实际上存在两种平衡状态。一种是河流输沙平衡可以维持一定时间或一段河段的强平衡，这种强平衡输沙需要的条件是，在一定时段和河段内分组泥沙含沙量 S_i 和分组泥沙挟沙力 S_{*i} 沿流程 x 在各个断面相等，即 $dS_i/dx=0$。另一种是河流输沙平衡只能是在一个瞬间或者一个断面的弱平衡，即 $dS/dx=0$，式中 S 为非均匀混合沙总含沙量[61]。

完全稳定的冲积河流要求的河流输沙平衡是输沙的强平衡。河流输沙强平衡要求的水流、泥沙和河床条件可以根据不平衡输沙基本方程[61]得出，分组泥沙沿程变化的不平衡输沙基本方程为

$$\frac{dS_i}{dx}=-\alpha\frac{\omega_i}{q}(P_iS-P_{*i}S_*) \tag{3-3}$$

式中：S、S_i、S_* 分别为含沙量、分组含沙量、挟沙力；P_i、P_{*i} 分别为含沙量、挟沙力的级配；ω_i 为分组泥沙沉速；α 为恢复饱和系数；x、q 分别为河长、单宽流量。

根据分组泥沙沿程变化的不平衡输沙基本方程进行分析，河流输沙强平衡要求的具体泥沙、水流和河床条件包括以下方面。

（1）泥沙条件为：$S=S_*$，$P_i=P_{*i}$，$d\alpha/dx=0$。这是因为，根据韩其为的研究成果，恢复饱和系数在淤积时取 0.25，在冲刷时取 1.0，这里作为近似，恢复饱和系数作为常系数看待。从分组泥沙沿程变化的不平衡输沙基本方程可以看出，要维持强平衡输沙，就必须保证非均匀混合沙的总含沙量等于非均匀混合沙的总挟沙力，并且非均匀混合沙的各泥沙粒径组的含沙量级配和挟沙力级配要相

等。这也从侧面反映出,河流输沙强平衡是在各粒径组泥沙的下淤数量与从河床上冲起的数量相等的条件下实现的。

(2)水流条件为:水流为恒定均匀流。这是因为,要维持河流输沙的强平衡,即 $dS_i/dx=0$。由于泥沙是由水流挟带的,要使分组泥沙含沙量沿程不变,水流因素必须要沿程不变,水流因素沿程不变必须首先要求水流因素不随时间而改变,水流因素不随时间变化且沿流程不变的水流是恒定均匀流。

(3)河床条件为:河床为河床组成物质沿程不变的棱柱体顺直河床。这是因为,河道水流要保持为恒定均匀流,只有在河床的形态和河床组成物质沿程不变的条件下才可能实现。

归纳以上分析可以看出,要保证河流输沙的强平衡,首先是河床条件必须是河床组成物质沿程不变的棱柱体顺直河床,其次是水流是恒定均匀流,最后才可能有 $S=S_*$,$P_i=P_{*i}$,$d\alpha/dx=0$,最终才能实现 $dS_i/dx=0$,即输沙强平衡。

3.2.2 冲积河流输沙平衡程度公式的建立

冲积河流输沙强平衡很难实现,作为近似表达,输沙平衡至少也要求水流是恒定均匀流,且 $S=S_*$。在建立河流的“均衡”状态河相关系时,一般根据水流连续方程、水流运动方程和水流挟沙力方程,再结合另一个“独立方程或条件”,求解 B、h、J、V 这 4 个未知量[55,56,60,62]。由于研究的不成熟,“独立方程或条件”往往用经验公式代替,这里采用下面的 4 个公式来求解 B、h、J、V。

水流连续方程

$$Q = VBh \tag{3-4}$$

水流运动方程

$$V = \frac{1}{n}h^{2/3}J^{1/2} \tag{3-5}$$

悬移质挟沙力方程

$$S_* = K\left(\frac{V^3}{gh\omega}\right)^m \tag{3-6}$$

断面宽深比关系式

$$\frac{\sqrt{B}}{h} = \zeta \tag{3-7}$$

下面首先求解比降 J 的表达式。根据式(3-4)、式(3-5)和式(3-7)得

$$J = \frac{Q^2 n^2}{\zeta^4 h^{22/3}} \tag{3-8}$$

根据式(3-4)、式(3-6)和式(3-7)得

$$h = \left(\frac{K^{1/m}Q^3}{S_*^{1/m}g\omega\zeta^6}\right)^{1/10} \tag{3-9}$$

把式(3-9)代入式(3-8)得

$$J = \frac{n^2 \zeta^{2/5} (S_*^{1/m} g\omega K^{-1/m})^{11/15}}{Q^{1/5}} \tag{3-10}$$

根据式(3-4)～式(3-7)还可以求出 B、h、V 的表达式。但如果把 B、h 作为已知量,求解 B、h、V 的表达式就失去了作用。其中 V 的表达式失去作用的原因是,本来 Q 就作为已知量,又加上 B、h 作为已知量,用连续方程就可以求出流速 V。因此,如果把 B、h 作为已知量,则根据式(3-4)～式(3-7)求出的 J、B、h、V 4 个表达式中,只有 J 的表达式有效。

把 B、h 作为已知量,代入式(3-10)得

$$\left(\frac{J}{n^2}\right)\left(\frac{h^{2/5}}{B^{1/5}}\right)\left[\frac{Q^{1/5}}{(g\omega S_*^{1/m} K^{-1/m})^{11/15}}\right] = 1 \tag{3-11}$$

用 W 表示上式左端项,并用含沙量 S 代替挟沙力 S_* 得

$$W = \left(\frac{J}{n^2}\right)\left(\frac{h^{2/5}}{B^{1/5}}\right)\left[\frac{Q^{1/5}}{(g\omega S^{1/m} K^{-1/m})^{11/15}}\right] \tag{3-12}$$

一般情况下,对于不同的河流,挟沙力公式中的系指数 K、m 是不同的。韩其为[61]利用大量国内外资料,建立了如下的实用挟沙力公式

$$S_* = 0.245\left(\frac{V^3}{gh\omega}\right)^{0.92} \tag{3-13}$$

把式(3-13)中的固定系指数 $K=0.245\ \mathrm{kg/m^3}$、$m=0.92$,代入式(3-12)得

$$W = \left(\frac{J}{n^2}\right)\left(\frac{h^{2/5}}{B^{1/5}}\right)\left(\frac{Q^{1/5}}{(4.61 S^{1.09} \omega g)^{11/15}}\right) \tag{3-14}$$

式中:Q 为冲积河流流量;S 为冲积河流含沙量;ω 为泥沙沉速;h、B、J 和 n 分别为冲积河流水深、河宽、比降和糙率。

为了保证 W 还是无量纲量,式中单位只能用“kg、m、s”。由于,当 $W=1.0$ 时,冲积河流处于输沙平衡状态;W 越接近于 1.0,则冲积河流输沙越接近平衡;W 偏离 1.0 越远,则冲积河流输沙越不平衡。当 $W>1.0$ 时,冲积河流处于不饱和输沙状态;当 $W<1.0$ 时,冲积河流处于超饱和输沙状态。因此,W 表达了冲积河流的输沙平衡状态。由此,可以称 W 为冲积河流的输沙平衡程度数,称式(3-14)为冲积河流的输沙平衡程度公式。

对于任意河段 ΔL_i、任意时段 Δt_j 的河段河流系统,冲积河流输沙平衡程度公式可以变换为式(3-15)的形式

$$W_{ij} = \left(\frac{J_{ij}}{n_{ij}^2}\right)\left(\frac{h_{ij}^{2/5}}{B_{ij}^{1/5}}\right)\left(\frac{Q_{ij}^{1/5}}{(4.61 S_{ij}^{1.09} \omega_{ij} g)^{11/15}}\right) \tag{3-15}$$

式中:W_{ij} 为 ΔL_i 河段、Δt_j 时段的冲积河流输沙平衡程度数;Q_{ij}、S_{ij}、ω_{ij}、h_{ij}、B_{ij}、J_{ij} 和 n_{ij} 分别为 ΔL_i 河段 Δt_j 时段的流量、含沙量、沉速、水深、河宽、比降和糙率的

平均值。

任何公式都有其适用范围，以上分析只考虑了悬移质的挟沙力，没有把推移质考虑在内，因此这里建立的冲积河流输沙平衡程度公式及其相应的变形公式，只适用于以悬移质为主的冲积河流。对于以推移质为主的冲积河流，可以模仿以上方法建立相应的冲积河流输沙平衡程度公式，这里不再做进一步的研究。另外这里还需要特别说明以下两个问题。

第一个问题是用固定系指数概括挟沙力公式中的系指数问题。本书认为，在建立冲积河流输沙平衡程度公式时，取挟沙力公式中的系指数为固定系指数，是较为合理的。主要理由有两个，首先，用固定系指数概括挟沙力公式中的系指数问题，韩其为进行了详细的理论分析，用包括黄河、长江在内的大量国内外实测资料进行了验证。其次，在本书中用固定系指数概括挟沙力公式中的系指数，研究的问题是相对较为宏观的输沙平衡问题，在精度上满足要求即可。但如果研究的问题是相对较为微观的问题，用固定系指数概括挟沙力公式中的系指数，确实会存在较大的问题。

第二个问题是在建立冲积河流的输沙平衡程度公式时，采用了断面宽深比关系式，一般认为该经验公式的物理意义不明确，根据该式导出的公式，在物理意义上也可能会存在一些问题。首先，本书认为，该经验公式的物理意义应该是较为明确的。本书的研究表明，断面河相关系系数 ζ 是表示单位河长、一侧河岸单位面积上的河底与河岸切应力之比的开方值。具体分析如下，把河道断面简化为矩形断面，河宽、水深和河长分别用 B、h 和 L 表示，如果假设水流和河床之间的切应力在河床上是均匀分布的，那么可用 $B\times L$ 表示水流对河底的切应力之和，用 $h\times L$ 表示水流对一侧河岸作用的切应力之和。河底与河岸的切应力之比为 B/h。河底与河岸切应力作用在一侧河岸上，则单位面积河岸上的河底与河岸切应力之比为

$$\frac{\left(\dfrac{B}{h}\right)}{hL}=\frac{B}{h^2L} \tag{3-16}$$

因此，单位河长、单位面积河岸上的河底与河岸切应力之比为 B/h^2，再开方得 $\sqrt{B}/h$，即为断面河相关系系数 ζ。其次，在建立输沙平衡程度公式时，最后断面河相关系系数 ζ 又被 $\sqrt{B}/h$ 替代，因此本书中采用断面宽深比关系式，并没有对导出公式的物理意义形成过多的影响。

3.3　以黄河下游 6 个河段为例的冲积河流输沙平衡程度过程

根据冲积河流输沙平衡程度公式，可以定量表达冲积河流输沙平衡程度过程。这里的计算以黄河下游的 6 个河段为例。根据系统论观点，可以把任何一个冲积河流系统按河段分为数个二级冲积河流系统。本章选择两个水文站之间

的河段为研究对象，把每一个河段都看做是一个相对独立的冲积河流系统。以此观点，黄河下游有花园口、夹河滩、高村、孙口、艾山、泺口和利津 7 个水文站，如图 3-5 所示，可以把 7 个水文站之间的 6 个河段看成是 6 个冲积河流。

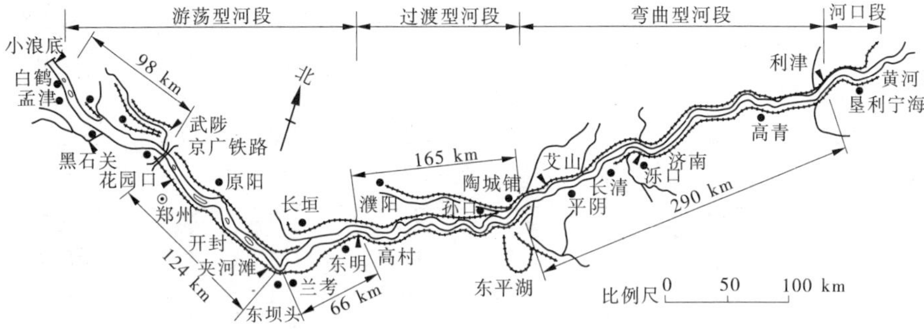

图 3-5　黄河下游 7 个水文站的位置及各河段实际形成的河型(高季章等,2004)

根据冲积河流输沙平衡程度公式，分别计算 6 个冲积河流的月冲积河流输沙平衡程度数时，公式中的流量、含沙量、沉速、水深、河宽、比降和糙率均采用月平均值。在具体计算时，月平均水深、河宽、流量、悬移质含沙量、悬移质平均粒径、水温均采用河段进出口断面的平均值。认为河床比降等于水面比降，用河段上下游两个水文站的水位差除以河段长得该河段平均水面比降。在河段水深、河宽、流量和比降已知的情况下，用均匀流公式反求出河段糙率。泥沙沉速计算，采用以下张瑞瑾沉速公式[54,60]

$$\omega = \sqrt{\left(13.95\,\frac{\nu}{d}\right)^2 + 1.09\,\frac{\gamma_S - \gamma}{\gamma}gd} - 13.95\,\frac{\nu}{d} \tag{3-17}$$

式中：ω 为泥沙沉速；d 为泥沙粒径；ν 为液体运动黏滞系数；γ_S、γ 分别为泥沙密实容重、清水容重。

需要说明的是，黄河下游年内水温变化较大，例如，1972 年黄河下游 7 个水文站断面的月均水温[71]见表 3-1，求沉速时应该考虑温度的年内变化。

利用花园口、夹河滩、高村、孙口、艾山、泺口和利津 7 个水文站的 1972 年、1973 年、1975 年、1976 年、1978 年、1979 年、1980 年、1982 年、1985 年、1987 年、1988 年和 1991 ~ 2000 年水文年鉴及黄河水利委员会实测资料[71]，根据冲积河流输沙平衡程度公式，计算 6 个河段 21 年的月输沙平衡程度数。黄河下游 6 个河段 21 年的月输沙平衡程度数计算总表见附录，计算结果见表 3-2。

根据冲积河流河型成因的输沙平衡程度理论假说，短时间段的冲积河流输沙平衡程度数在长时间段内随时间的变化过程，即为该长时间段内冲积河流河型形成的原因。表 3-2 列出的 6 个河段月输沙平衡程度数在 21 年内随时间的变化过程，即为 6 个河段在 21 年内形成各自河型的原因。

表 3-1　1972 年黄河下游 7 个水文站断面的月均水温　　（单位:℃）

月份	花园口	夹河滩	高村	孙口	艾山	泺口	利津	各站平均
1	0.0	1.0	0.3	0.4	0.3	0.1	0.4	0.4
2	2.3	2.6	2.7	0.2	3.2	2.4	1.4	2.1
3	9.5	10.5	9.5	7.7	7.2	8.8	11.0	9.2
4	16.2	15.3	11.9	10.5	9.5	17.3	10.5	13.0
5	20.8	18.9	18.2	19.8	18.2	19.9	15.7	18.8
6	25.3	25.8	25.3	22.5	22.4	23.8	20.9	23.7
7	26.4	28.2	27.8	24.6	27.2	25.4	27.3	26.7
8	24.7	27.0	27.2	21.9	24.4	23.8	26.9	25.1
9	20.8	20.6	22.0	19.2	19.9	21.4	20.4	20.6
10	16.0	19.9	16.3	14.6	16.3	15.4	15.4	16.3
11	13.2	10.8	8.4	4.6	10.2	10.9	11.6	10.0
12	0.8	2.3	1.8	2.4	0.2	3.9	2.6	2.0

表 3-2　黄河下游 6 个河段 21 年的月输沙平衡程度数计算结果

河段	年份	1 月	2 月	3 月	4 月	5 月	6 月	7 月	8 月	9 月	10 月	11 月	12 月
花夹河段	1972	1.075	1.418	1.829	2.684	1.133	1.531	0.883	2.385	1.242	1.571	2.282	1.416
	1973	0.549	0.732	1.576	1.692	1.095	0.896	1.166	0.329	0.515	1.621	1.174	0.956
	1975	1.360	1.366	0.871	0.920	1.011	1.254	0.414	1.168	1.635	1.684	2.781	2.605
	1976	1.324	2.127	2.299	2.461	3.645	1.519	3.216	1.675	1.047	0.819	1.384	1.623
	1978	1.201	1.793	1.725	0.916	0.799	0.615	0.160	0.583	2.029	1.550	2.891	2.219
	1979	1.203	1.208	2.005	1.106	1.946	2.938	2.396	1.022	1.588	1.826	0.999	0.857
	1980	1.808	1.392	1.991	1.529	1.561	1.599	1.361	1.985	4.446	4.239	1.456	0.909
	1982	1.645	1.696	2.445	2.068	1.586	2.181	2.178	2.030	2.497	4.024	3.241	2.562
	1985	4.376	2.458	2.705	6.670	2.200	2.538	3.687	2.548	1.741	4.408	4.240	1.595
	1987	3.338	1.759	4.440	3.986	4.248	4.115	2.495	2.086	5.382	4.856	5.835	3.312
	1988	3.558	2.765	1.339	2.608	4.778	5.068	2.268	1.381	2.545	3.381	3.307	2.709
	1991	4.078	3.289	3.909	3.939	3.810	0.879	0.253	0.879	0.688	2.489	1.935	2.450
	1992	0.624	0.478	0.936	0.627	0.666	1.221	0.479	0.127	0.298	1.122	1.108	1.128
	1993	3.325	3.461	2.941	4.126	1.964	2.777	1.009	1.684	4.516	2.354	2.468	2.450
	1994	2.451	3.164	2.638	2.374	2.265	2.477	0.780	0.427	1.450	2.364	2.644	3.119
	1995	4.807	2.537	3.329	3.720	3.457	3.482	0.495	1.518	2.390	4.021	4.703	4.585
	1996	2.261	1.712	2.595	3.965	6.752	3.795	0.550	0.750	3.468	5.136	4.884	2.015
	1997	2.425	3.455	2.431	5.130	4.100	1.521	0.449	0.429	2.662	2.841	1.981	3.217
	1998	2.271	3.095	2.338	2.995	2.831	3.429	0.493	2.071	4.148	5.841	3.190	2.908
	1999	3.159	3.929	5.140	4.531	3.699	5.464	1.114	3.155	2.756	3.026	2.005	2.267
	2000	2.154	1.792	1.890	2.248	2.143	3.232	1.909	1.352	2.712	2.012	2.403	1.700

续表 3-2

河段	年份	1 月	2 月	3 月	4 月	5 月	6 月	7 月	8 月	9 月	10 月	11 月	12 月
夹高河段	1972	0. 634	1. 312	1. 497	2. 084	1. 509	1. 412	1. 386	2. 486	1. 109	2. 066	2. 555	0. 915
	1973	0. 734	0. 847	2. 041	1. 755	1. 907	1. 202	2. 246	0. 721	0. 682	2. 147	2. 399	0. 759
	1975	1. 816	1. 825	1. 553	1. 072	1. 968	1. 973	1. 932	1. 609	2. 056	0. 884	1. 834	1. 080
	1976	1. 821	2. 864	2. 617	2. 167	3. 603	1. 971	2. 045	2. 194	1. 593	1. 250	2. 008	2. 931
	1978	1. 111	2. 064	1. 769	1. 478	1. 317	0. 791	0. 338	0. 930	1. 616	1. 030	1. 790	2. 004
	1979	1. 835	0. 955	2. 865	1. 975	2. 611	1. 607	2. 025	1. 008	1. 604	1. 744	1. 794	1. 002
	1980	1. 842	1. 521	2. 214	1. 807	2. 953	2. 634	0. 441	1. 739	3. 029	3. 194	3. 701	2. 645
	1982	2. 833	2. 530	2. 677	3. 807	2. 675	3. 755	2. 086	0. 622	3. 466	4. 834	3. 784	3. 360
	1985	4. 025	2. 817	2. 573	3. 982	4. 344	2. 414	4. 859	2. 856	1. 520	1. 183	3. 359	1. 605
	1987	2. 403	3. 243	5. 141	4. 234	3. 478	2. 851	2. 380	2. 858	3. 049	4. 828	4. 497	4. 296
	1988	4. 457	2. 581	0. 671	4. 190	4. 556	6. 229	2. 393	2. 214	2. 285	2. 384	3. 798	2. 190
	1991	2. 465	3. 804	4. 089	5. 374	4. 045	2. 571	0. 725	2. 075	2. 884	3. 245	2. 532	3. 396
	1992	2. 437	1. 846	4. 245	5. 444	3. 110	3. 239	1. 540	1. 241	2. 631	3. 817	3. 325	3. 154
	1993	3. 635	3. 229	3. 831	5. 189	3. 214	2. 942	1. 732	2. 126	3. 995	2. 991	2. 343	2. 236
	1994	2. 691	3. 070	3. 430	3. 434	3. 855	2. 476	1. 329	0. 901	1. 652	3. 057	4. 390	3. 287
	1995	2. 662	3. 063	3. 816	4. 544	8. 835	3. 228	1. 142	1. 645	2. 855	5. 631	4. 205	3. 690
	1996	1. 992	2. 174	2. 371	4. 693	9. 409	4. 199	1. 090	0. 365	4. 152	5. 230	5. 076	3. 283
	1997	2. 510	3. 102	2. 849	5. 630	3. 718	0. 277	0. 101	0. 898	3. 334	3. 725	2. 300	2. 727
	1998	1. 762	2. 590	3. 435	3. 743	4. 452	3. 112	1. 594	3. 591	3. 680	4. 977	3. 689	2. 561
	1999	2. 617	3. 303	5. 291	5. 562	3. 972	3. 495	2. 563	4. 840	5. 046	3. 394	2. 656	2. 704
	2000	2. 272	1. 344	2. 797	3. 767	3. 813	3. 875	3. 784	2. 432	3. 958	2. 970	2. 110	2. 350
高孙河段	1972	0. 785	1. 372	0. 899	1. 737	1. 474	1. 677	1. 289	1. 840	0. 886	1. 532	1. 264	0. 575
	1973	0. 807	0. 886	1. 152	1. 518	0. 052	1. 435	1. 848	0. 956	0. 836	2. 180	3. 081	0. 744
	1975	1. 785	2. 086	1. 723	1. 163	2. 244	2. 131	1. 887	1. 666	1. 347	0. 676	2. 209	0. 842
	1976	1. 317	2. 185	2. 885	2. 288	2. 382	2. 262	1. 883	1. 411	2. 334	2. 344	1. 779	2. 039
	1978	1. 352	2. 875	2. 072	2. 226	2. 555	2. 752	1. 158	1. 145	1. 558	1. 659	2. 178	0. 884
	1979	1. 292	0. 737	2. 225	2. 136	2. 301	2. 560	2. 244	1. 269	1. 769	2. 477	2. 262	2. 529
	1980	1. 817	2. 027	3. 908	3. 497	4. 071	3. 992	0. 816	1. 786	3. 952	3. 283	4. 642	2. 274
	1982	2. 077	2. 341	3. 505	6. 328	3. 610	7. 244	4. 831	0. 665	5. 886	5. 528	3. 711	3. 316
	1985	2. 740	3. 068	3. 569	3. 371	4. 074	4. 133	3. 944	2. 470	1. 987	2. 197	3. 176	0. 264
	1987	2. 208	2. 458	4. 512	4. 791	3. 914	3. 223	2. 446	1. 833	2. 032	2. 928	3. 119	2. 464
	1988	2. 320	2. 614	2. 563	5. 418	4. 896	7. 276	1. 877	2. 129	3. 004	2. 832	3. 083	2. 558
	1991	2. 187	2. 249	2. 628	4. 892	3. 641	2. 674	0. 469	1. 457	3. 490	2. 029	4. 043	2. 608
	1992	2. 640	2. 355	2. 968	4. 118	3. 838	2. 181	0. 552	1. 844	3. 025	3. 936	2. 034	1. 429
	1993	1. 459	1. 135	0. 907	1. 078	2. 517	1. 497	2. 821	2. 661	4. 535	2. 350	1. 561	1. 901
	1994	2. 152	2. 595	3. 852	4. 384	4. 969	4. 013	2. 675	1. 768	2. 349	0. 677	0. 860	2. 230
	1995	1. 260	1. 942	2. 714	4. 041	3. 987	7. 440	0. 522	1. 407	2. 807	3. 112	2. 817	2. 078
	1996	1. 644	1. 609	1. 100	2. 480	2. 559	1. 941	0. 938	0. 469	5. 147	4. 334	3. 793	1. 520
	1997	1. 177	2. 299	2. 590	3. 902	2. 254	0. 911	0. 040	0. 869	2. 524	0. 921	1. 391	2. 334
	1998	2. 602	1. 156	2. 301	2. 757	2. 547	3. 557	1. 824	3. 040	2. 950	2. 357	2. 073	1. 410
	1999	1. 609	1. 874	3. 503	7. 418	2. 144	1. 366	1. 663	3. 611	6. 528	2. 515	1. 365	1. 283
	2000	2. 403	1. 001	1. 541	2. 176	1. 283	3. 404	4. 321	3. 135	2. 660	3. 965	3. 303	3. 210

续表 3-2

河段	年份	1月	2月	3月	4月	5月	6月	7月	8月	9月	10月	11月	12月
孙艾河段	1972	0.824	0.871	0.788	0.904	0.518	0.760	0.743	1.903	0.687	0.860	1.145	0.691
	1973	0.723	1.054	0.991	1.077	0.028	0.832	1.383	0.702	0.911	1.374	1.608	0.864
	1975	0.887	1.221	0.954	0.820	1.116	0.833	0.560	0.872	0.859	0.410	1.511	0.776
	1976	0.784	0.778	1.723	1.326	1.431	1.432	1.107	0.510	0.476	3.383	1.216	1.320
	1978	0.445	0.791	0.850	1.516	1.635	1.054	0.459	0.658	0.824	1.061	1.228	0.460
	1979	0.544	0.345	0.785	1.178	1.608	1.705	1.751	0.909	1.593	1.751	1.701	1.338
	1980	0.867	0.632	0.949	1.297	2.129	1.918	0.857	0.995	1.599	1.229	2.465	0.963
	1982	0.775	1.150	1.581	2.849	1.952	3.249	3.966	0.981	4.091	3.607	3.460	1.818
	1985	1.519	1.428	1.848	3.821	4.191	3.276	0.562	2.165	1.325	1.681	3.068	1.360
	1987	0.820	0.884	1.498	1.286	2.747	2.858	1.804	1.764	2.070	2.263	1.846	0.129
	1988	0.830	1.051	0.989	1.705	2.702	2.366	1.395	1.321	2.810	2.573	2.896	1.994
	1991	1.027	0.888	1.020	1.630	1.752	1.616	0.453	0.873	2.188	1.261	2.514	1.183
	1992	1.479	3.431	1.456	1.278	1.051	0.246	0.303	0.900	1.575	2.361	1.416	0.965
	1993	0.930	0.594	0.492	0.698	1.287	0.357	1.280	1.624	1.935	1.635	1.369	0.819
	1994	0.796	0.976	1.961	1.829	2.116	1.023	1.325	1.057	1.923	1.439	1.419	1.309
	1995	0.554	0.740	0.514	0.934	0.517	0.134	0.094	0.999	1.613	2.077	1.108	1.084
	1996	1.696	1.768	0.393	0.862	0.461	0.819	0.531	0.625	2.840	2.293	1.521	0.676
	1997	0.452	0.780	0.909	1.669	0.991	0.166	1.000	0.466	0.736	0.115	0.570	2.994
	1998	3.739	0.522	0.961	1.003	0.880	1.018	0.569	1.309	1.597	0.973	0.804	0.564
	1999	0.475	1.317	1.303	3.550	1.185	0.707	0.890	1.663	2.133	1.015	1.604	1.251
	2000	1.568	0.502	0.501	1.122	0.888	1.347	1.519	0.638	0.707	1.466	0.918	1.031
艾泺河段	1972	0.515	0.792	0.530	0.631	0.568	0.530	0.389	0.943	0.638	0.772	0.909	0.585
	1973	0.985	1.288	0.822	0.667	0.518	0.588	1.516	0.525	0.765	1.431	1.397	3.573
	1975	0.824	0.860	0.957	0.555	0.311	0.460	0.353	0.720	1.014	0.914	1.442	0.883
	1976	0.674	0.483	0.880	0.473	0.717	0.884	0.672	0.881	0.924	1.952	1.064	1.415
	1978	0.578	0.986	1.134	0.734	0.990	0.884	0.482	0.551	0.961	1.337	0.655	0.612
	1979	0.830	0.504	0.683	0.574	0.987	1.125	0.878	0.804	1.342	1.485	1.246	0.751
	1980	1.354	0.550	0.852	1.274	1.832	1.975	0.748	1.298	1.355	1.198	1.728	0.932
	1982	0.664	0.767	1.021	1.711	1.199	1.801	1.888	1.584	3.077	3.028	2.637	1.440
	1985	1.500	0.918	1.231	2.264	0.627	2.115	1.475	1.817	0.990	1.728	2.313	0.902
	1987	1.408	1.738	2.405	1.762	2.633	2.905	1.967	1.517	1.895	3.190	2.230	0.261
	1988	1.438	1.678	1.322	1.901	1.933	4.029	1.556	1.274	2.843	2.953	2.056	2.025
	1991	0.963	1.230	1.369	1.827	1.199	1.399	0.938	0.839	1.692	0.836	1.571	1.144
	1992	1.903	3.225	1.175	1.318	1.622	0.302	0.444	0.929	1.229	1.174	0.791	0.873
	1993	2.028	1.164	0.956	1.135	1.379	0.548	0.818	1.549	1.416	0.822	0.816	0.777
	1994	1.185	0.927	1.042	1.402	1.310	0.194	1.072	1.225	0.980	1.039	1.393	1.073
	1995	1.011	1.041	0.846	0.949	0.166	1.000	0.075	0.663	1.137	1.735	1.125	0.869
	1996	2.174	2.970	0.695	1.150	0.341	0.131	0.523	1.740	1.900	1.839	1.165	0.907
	1997	1.542	0.648	1.071	1.190	1.123	1.000	1.000	0.238	0.560	0.085	0.671	3.661
	1998	2.899	0.724	1.370	1.383	0.765	0.771	0.321	1.039	1.030	1.040	1.108	1.177
	1999	1.104	1.700	1.582	2.294	1.699	1.076	0.883	1.125	2.283	1.200	1.653	2.186
	2000	1.594	0.730	0.703	1.091	1.382	1.787	1.789	0.921	1.133	1.509	1.061	1.036

续表 3-2

河段	年份	1月	2月	3月	4月	5月	6月	7月	8月	9月	10月	11月	12月
泺利河段	1972	0.868	1.269	0.740	0.710	1.261	0.416	0.648	1.259	0.963	1.035	0.963	0.895
	1973	0.553	1.731	0.745	0.675	0.508	0.516	5.300	0.665	0.713	1.323	1.484	3.437
	1975	0.962	1.026	1.889	0.639	0.306	0.241	0.896	0.934	1.193	1.019	1.699	0.880
	1976	0.849	0.889	0.986	0.541	0.570	0.810	0.751	1.090	1.358	2.109	1.288	1.271
	1978	1.032	1.040	1.899	0.570	1.823	2.137	0.896	0.505	0.967	1.669	1.069	1.192
	1979	0.709	0.584	0.981	0.925	0.701	1.258	0.799	1.015	1.458	1.871	1.403	0.919
	1980	2.342	1.605	1.312	1.281	1.389	1.952	0.904	1.492	1.777	1.933	1.815	1.674
	1982	1.548	1.344	1.136	2.134	1.087	1.667	2.688	2.018	3.313	3.292	1.900	2.102
	1985	3.062	0.884	1.225	1.419	2.734	1.990	1.596	2.188	0.746	1.704	2.673	0.592
	1987	1.929	2.772	3.066	3.589	2.331	3.958	2.119	0.947	2.144	2.112	2.442	3.047
	1988	3.540	5.341	2.096	3.459	2.340	6.640	1.938	1.054	2.596	3.004	1.755	2.908
	1991	1.253	1.974	1.577	2.170	0.754	1.792	0.727	0.984	2.078	0.907	1.683	1.625
	1992	2.771	3.298	1.687	2.213	1.219	1.000	0.447	1.399	1.730	1.810	0.902	1.256
	1993	2.426	3.237	1.034	1.667	1.390	0.111	0.932	1.798	2.024	1.058	1.087	1.485
	1994	3.041	1.917	1.240	1.313	1.215	1.000	1.698	1.990	1.151	1.104	1.057	1.516
	1995	2.772	2.964	14.313	2.088	0.294	1.000	0.074	0.799	1.477	1.438	1.859	1.263
	1996	4.254	1.009	0.513	0.803	0.206	1.000	0.400	1.622	2.319	0.777	1.222	1.211
	1997	5.130	0.920	1.252	1.154	1.574	1.000	1.000	0.116	0.319	0.229	0.947	7.384
	1998	2.057	0.416	2.448	2.609	0.753	1.439	0.343	1.677	0.715	1.119	3.449	2.865
	1999	1.900	0.939	2.408	3.030	3.281	2.371	0.865	0.919	4.956	1.879	2.871	2.182
	2000	2.878	2.115	3.101	2.280	3.092	3.815	3.203	2.488	2.948	1.996	1.713	2.314

3.4 小　结

(1)建立了冲积河流河型成因的研究方法体系,为河型成因研究提供了有力的工具。在建立冲积河流河型成因的输沙平衡程度理论假说时,哲学方法、一般科学方法和专门科学方法相互配合,对该假说的建立提供了有效支撑。

(2)建立了冲积河流河型成因的输沙平衡程度理论假说。该假说认为,在地球内力作用一定的条件下,冲积河流河型是由冲积河流输沙平衡程度过程所形成的,冲积河流河型不同的成因是由于冲积河流输沙平衡程度过程的不同。特别说明,本章中的“冲积河流输沙平衡程度过程”一词,其含义为冲积河流输沙平衡程度及其过程。

根据系统论,认为输水输沙和形成河型是冲积河流系统所具有的两个基本功能。由于河型是河流系统本身的功能,系统的外部条件只是系统的输入信号,输入信号只是通过系统才能对系统功能的结果产生影响,功能是由系统内部的有机联系或结构所决定的,系统对功能具有决定性,由此本书认为系统的外部条件不可能是河段河流系统河型形成的根本原因。根据哲学方法的内因与外因的辩证关系，即外因是变化的条件，内因是变化的根据，外因通过内因而起作用，由此认为系统的外部条件不可能是河段河流系统河型形成的根本原因。

根据河床演变基本原理，Δt 时段的输沙平衡程度，与 Δt 时段的河床稳定程度之间存在着对应关系。根据随机过程概念，Δt 时段输沙平衡程度及其过程与河床稳定总体特征之间存在着对应关系。又由于长时间内的河床稳定总体特征、河床几何形态及物质组成总体特征和河床演变规律总体特征之间存在着对应关系。因此，不论根据河床的任何一个总体特征对河型进行分类，实质上都可以归结为根据 Δt 时段输沙平衡程度及其过程对河型进行分类。由此认为，Δt 时段输沙平衡程度及其过程的不同是冲积河流河段河流系统形成不同河型的根本原因。

逻辑推理的三段论公理认为，对一类事物的全部有所断定，则对该类事物的部分也就有所断定。根据河流地貌学理论，河道是由河道水流对河道的侵蚀、堆积、不侵蚀不堆积三种作用过程所形成的，由于河床属于河道，河型是河床的分类，因此河型是由河道水流对河道的侵蚀、堆积、不侵蚀不堆积三种作用过程所形成的。由于冲积河流中河道水流对河道的侵蚀、堆积、不侵蚀不堆积三种作用均起因于冲积河流输沙平衡程度，因此冲积河流河型是由冲积河流输沙平衡程度过程形成的。因此，冲积河流河型的不同只能是起因于其冲积河流输沙平衡程度过程的不同。

(3)建立了冲积河流输沙平衡程度公式，定量地表达了冲积河流河型成因的输沙平衡程度理论假说。根据冲积河流输沙平衡程度公式，可以计算出冲积河流在短时段内的输沙平衡程度数。根据冲积河流河型成因的输沙平衡程度理论假说，短时间段的冲积河流输沙平衡程度数在长时间段内随时间的变化过程，即为该长时间段内冲积河流河型形成的原因。本章以月为短时间段，计算了黄河下游6个河段在21年内的月输沙平衡程度数，各河段的月输沙平衡程度数在21年内随时间的变化过程，即为各河段河型的形成原因。

(4)假说的验证与应用。如果本章假说经过验证是正确的，就可以形成冲积河流河型成因的输沙平衡程度理论。假说验证的主要途径应该是广泛的应用，如果本章假说可以有效地解决河型分类、河型预测和河型控制问题，应该说该假说是正确的。但在假说应用时，由于输沙平衡程度数的数据量一般较为巨大，需要有合适的数学方法与其配套，进一步研究的重点应该是选择有效的数学方法，进行假说的应用验证。

第 4 章　冲积河流河型自然分类的模糊聚类方法

4.1　河型分类的基本概念

4.1.1　河型分类的规则

分类是各学科普遍运用的基本研究方法之一，合理的河型分类与其他学科一样，其分类也应该符合四条规则，即每一次分类都必须用同一分类依据标准进行，分类的各个子项必须互不相容，各子项之和必须等于母项，分类应该按一定层次逐级进行。据集合论理论，河型的分类问题在数学上是一个集合的划分问题[15-17]。如果冲积河流河型的集合 G 是彼此不相交的子集 G_i 的并集，则称 $\{G_i\}$ 是集合 G 的一个划分(即分类)。这说明一个合理的河型分类应该符合下面两个条件

$$\bigcup_{i=1}^{n} G_i = G \tag{4-1}$$

$$\bigcap_{i=1}^{n} G_i = \varnothing \tag{4-2}$$

式中：$\varnothing$ 为空集。

4.1.2　河型分类的依据

关于河型的分类问题研究，可以借鉴植物分类学和动物分类学的基本理论和方法。植物分类学[64,65]是植物学科中最古老和最具综合性的一门分支学科，它的任务不仅要识别物种、鉴定名称，而且还要阐明物种之间的亲缘关系和分类系统，进而研究物种的起源、分布中心、演化过程和演化趋势。动物分类学[66,67]是动物学的一门分支学科，它主要研究动物的种类、种类之间的亲缘关系、动物界起源和演化等，主要根据自然界动物的形态、身体内部构造、胚胎发育的特点、生理习性、生活的地理环境等特征，进行综合研究，将特征相同或相似的动物归为一类，给它们命名，这就是动物分类学所研究的内容。在植物学的发展史上，植物分类方法一般分为人为分类法和自然分类法两大类型。所谓人为分类法是指依据人为选取的植物在习性、形态或用途上的一两个特点对植物进行分类的方法。所谓自然分类法是指依据植物之间亲缘关系的远近疏密程度对植物进行分类的方法，自然分类法认为植物种类是连续的，不同种类的生物之间存在着亲缘关系。这类分类方法基本上反映了植物界的自然类缘关系，所以称之为自然分类法。

类似地，河型的分类方法也可以分为河型人为分类法和河型自然分类法，河型人为分类法是指依据人为选取的河床形态、河床演变规律或用途上的一两个特点对河床进行分类的方法。河型自然分类法是指依据河型成因对河床进行分类的方法，自然分类法认为河型（河床类型）是连续的，不同类型的河床之间存在着成因相似关系。这类分类方法基本上反映了河床的自然成因关系，所以称之为河型自然分类法。河型人为分类法便于现场和图片的河型识别，但人为因素明显，不利于揭示河型之间的内在联系。河型自然分类法，由于根据成因关系进行分类，有利于揭示不同河型之间的内在联系与区别，可以为河型预测、河型控制以及河床演变规律的研究提供线索和依据。一般情况下，河型自然分类法的分类结果可以覆盖人为分类的分类结果。

根据河型自然分类法概念和冲积河流河型成因的输沙平衡程度理论假说，表 3-2 中所列 21 年的月冲积河流输沙平衡程度数，即为相应时间段内黄河下游河型自然分类的依据。一般情况下，$W=1.0$，对应于冲积河流的冲淤平衡状态；$W>1.0$，对应于冲积河流的冲刷状态；$W<1.0$，对应于冲积河流的淤积状态。如果直接采用冲积河流输沙平衡程度数对冲积河流河型进行自然分类，可能会扩大冲刷的影响，减小淤积的影响。为了同量级地反映冲刷和淤积对河型的影响，可以对输沙平衡程度数进行冲淤标准化处理。具体采用的方法是，首先求出平衡程度数中的 $W<1.0$ 数据的倒数，使其形成大于 1.0 的数，然后和原来 $W\geq 1.0$ 的数一起组成所谓的冲淤标准化冲积河流输沙平衡程度数，以冲淤标准化冲积河流输沙平衡程度数过程作为河型自然分类的依据。

4.1.3　河型分类的数学方法

在确定了河型分类规则和分类依据以后，定量的河型分类需要采用合理的数学方法。数学是研究事物的数量关系和空间形式的一门科学，河型分类采用的数学方法可以分为确定性数学方法、随机性数学方法和模糊数学方法三大类。目前数学科学主要有高等代数、数论、欧式几何、非欧式几何、拓扑学、微分几何、分形几何、代数几何学、微积分学、实变函数论、复变函数论、泛函分析、常微分方程、偏微分方程、概率和数理统计、数理逻辑、模糊数学、运筹学、计算数学、数学物理学等分支学科。传统的河型分类定量计算方法一般采用随机性数学方法中的数理统计计算方法，但本书作者认为河型分类定量计算方法采用模糊数学计算方法可能更为合理有效。

4.2　河型分类的数理统计方法

4.2.1　河型分类数理统计方法的基本概念

传统的河型分类方法一般采用数理统计方法[18-23]。根据河型自然分类法概念和冲积河流河型成因的输沙平衡程度理论假说，可以依据标准化输沙平衡程度数过程进行河型自然分类。以冲淤标准化冲积河流输沙平衡程度数过程作为数据样本，一般用样本均值和样本标准差作为样本特征值来反映样本的特征，以样本特征进行河型自然分类。

样本均值的计算公式为

$$E(W) = \frac{1}{n}\sum_{i=1}^{n} W_i \tag{4-3}$$

样本标准差的计算公式为

$$\sigma(W) = \sqrt{\frac{1}{n-1}\sum_{i=1}^{n}(W_i - E(W))^2} \tag{4-4}$$

以上两式中：$E(W)$为冲积河流输沙平衡程度数样本的均值；$\sigma(W)$为冲积河流输沙平衡程度数样本的标准差；W_i为冲积河流输沙平衡程度数；n为每个河段的输沙平衡程度数的总个数。

由于样本标准差是所有样本数据与其均值的离差平方的平均数的平方根，它主要反映样本中各数据平均偏离均值的程度。直接把样本标准差应用在冲积河流输沙平衡程度数样本特征统计中，并不能反映河流偏离输沙平衡的程度，因此用冲积河流输沙平衡时的平衡程度数1.0代替样本均值，根据式(4-4)得到以下样本平衡标准差公式

$$\sigma_1(W) = \sqrt{\frac{1}{n-1}\sum_{i=1}^{n}(W_i - 1)^2} \tag{4-5}$$

用样本平衡标准差表达冲积河流输沙平衡程度数样本中各数据平均偏离输沙平衡的程度。

4.2.2　黄河下游6个河段的特征值统计

4.2.2.1　黄河下游21年数据的分组

据黄河1919年以来水文观测资料统计，黄河下游在1972年以前，除1938年在花园口扒口改道、1960年6月由于花园口枢纽大坝截流和1960年12月由于三门峡枢纽关闸蓄水造成黄河下游断流外，没有出现过断流现象，黄河自然断流始于1972年。根据中国环境公报数据，20世纪70～80年代的年均断流天数为15 d，90年代的年均断流天数为100 d。70～80年代平均断流长度为250 km，80年代为256 km，90年代为427 km。各年份的断流情况统计见表4-1。

由于各个年份断流天数的不同，相同的标准化月冲积河流输沙平衡程度数对河床的实际作用时间是有一定差别的，为了体现其中的差别，根据断流天数的多少，把表3-2的21年数据分为3组。第1组数据为20世纪70～80年代的数据，共有11年；第2组数据为20世纪90年代的数据，共有10年；第3组数据为2000年的数据。由于小浪底水库1999年10月开始运用，根据小浪底水库运用前后的资料，把表3-2的21年数据分为2组。第1组数据为小浪底水库运用前

的20年数据；第2组为小浪底水库运用后1年的数据，即2000年数据。最后，根据表3-2数据，把小浪底水库运用前的数据分为11年、9年、20年3组，相应的11年、9年和20年冲淤标准化月输沙平衡程度数计算结果分别见表4-2、表4-3和表4-4。

表4-1　黄河下游各年份断流情况统计

序号	年份	断流次数（次）	全日断流天数（d）	间歇断流天数（d）	合计断流天数（d）	断流长度（km）
1	1972	3	15	4	19	310
2	1974	2	18	2	20	316
3	1975	2	11	2	13	278
4	1976	1	6	2	8	166
5	1978	4		5	5	104
6	1979	2	19	2	21	278
7	1980	3	4	4	8	104
8	1981	5	26	10	36	662
9	1982	1	8	2	10	278
10	1983	1	3	2	5	104
11	1987	2	14	3	17	216
12	1988	2	3	2	5	150
13	1989	3	19	5	24	277
14	1991	2	13	3	16	131
15	1992	5	73	10	83	303
16	1993	5	49	11	60	278
17	1994	4	66	8	74	308
18	1995	3	117	5	122	683
19	1996	6	123	13	136	578
20	1997	13	202	24	226	704
21	1998	16	114	28	142	
22	1999				42	
23	2000	0	0	0	0	0

表4-2　黄河下游6个河段11年的冲淤标准化月输沙平衡程度数计算结果(从大到小顺序排列)

序号	花夹河段	夹高河段	高孙河段	孙艾河段	艾泺河段	泺利河段
1	6.670	6.229	19.416	36.284	4.029	6.640
2	6.250	5.141	7.276	7.728	3.825	5.341
3	6.034	4.859	7.244	4.191	3.573	5.300
4	5.458	4.834	6.328	4.091	3.219	4.155
5	5.068	4.828	5.886	3.966	3.190	3.958
6	4.784	4.556	5.528	3.821	3.077	3.589
7	4.778	4.497	5.418	3.607	3.028	3.540
8	4.446	4.457	4.896	3.460	2.953	3.459
9	4.440	4.344	4.831	3.383	2.905	3.437
10	4.408	4.296	4.791	3.276	2.843	3.313
11	4.376	4.234	4.642	3.249	2.837	3.292
12	4.240	4.190	4.512	3.068	2.637	3.273
13	4.239	4.025	4.133	2.899	2.633	3.066
14	4.042	3.982	4.074	2.896	2.568	3.062
15	4.024	3.807	4.071	2.858	2.405	3.047
16	3.926	3.798	3.992	2.849	2.313	3.004
17	3.913	3.784	3.952	2.810	2.264	2.908
18	3.687	3.755	3.944	2.747	2.230	2.772
19	3.645	3.701	3.914	2.702	2.173	2.734
20	3.558	3.603	3.908	2.573	2.115	2.688
21	3.511	3.478	3.792	2.465	2.114	2.673
22	3.381	3.466	3.711	2.440	2.076	2.596
23	3.313	3.360	3.610	2.366	2.070	2.442
24	3.307	3.359	3.569	2.263	2.056	2.403
25	3.241	3.243	3.505	2.248	2.025	2.342
26	3.216	3.194	3.497	2.179	1.986	2.340
27	3.040	3.049	3.371	2.172	1.975	2.331
28	2.938	3.029	3.316	2.165	1.967	2.188
29	2.891	2.956	3.283	2.129	1.952	2.144
30	2.781	2.953	3.223	2.101	1.941	2.137
31	2.765	2.931	3.176	2.070	1.933	2.134
32	2.709	2.865	3.119	1.994	1.929	2.119
33	2.705	2.864	3.083	1.959	1.905	2.112

续表 4-2

序号	花夹河段	夹高河段	高孙河段	孙艾河段	艾泺河段	泺利河段
34	2.684	2.858	3.081	1.952	1.901	2.109
35	2.608	2.856	3.068	1.931	1.895	2.102
36	2.605	2.851	3.004	1.918	1.888	2.096
37	2.562	2.833	2.928	1.903	1.887	2.018
38	2.548	2.817	2.885	1.848	1.886	1.990
39	2.545	2.677	2.875	1.846	1.832	1.982
40	2.538	2.675	2.832	1.839	1.818	1.968
41	2.497	2.645	2.752	1.818	1.817	1.952
42	2.461	2.634	2.740	1.804	1.814	1.938
43	2.458	2.617	2.614	1.787	1.803	1.937
44	2.445	2.611	2.563	1.779	1.801	1.933
45	2.415	2.581	2.560	1.764	1.762	1.929
46	2.398	2.573	2.558	1.751	1.762	1.900
47	2.396	2.555	2.555	1.751	1.743	1.899
48	2.385	2.530	2.529	1.723	1.738	1.889
49	2.299	2.486	2.477	1.705	1.731	1.871
50	2.282	2.414	2.470	1.705	1.728	1.847
51	2.268	2.403	2.464	1.701	1.728	1.823
52	2.219	2.399	2.458	1.681	1.711	1.815
53	2.200	2.393	2.446	1.635	1.710	1.807
54	2.181	2.384	2.382	1.608	1.701	1.777
55	2.178	2.380	2.344	1.608	1.678	1.755
56	2.127	2.285	2.341	1.599	1.635	1.755
57	2.068	2.270	2.334	1.593	1.595	1.753
58	2.030	2.246	2.320	1.582	1.585	1.731
59	2.029	2.214	2.301	1.581	1.584	1.712
60	2.025	2.214	2.288	1.520	1.568	1.704
61	2.005	2.194	2.274	1.520	1.556	1.699
62	1.991	2.190	2.262	1.516	1.526	1.690
63	1.985	2.167	2.262	1.511	1.517	1.674
64	1.946	2.147	2.244	1.498	1.516	1.669
65	1.942	2.086	2.244	1.457	1.506	1.667
66	1.829	2.084	2.226	1.446	1.500	1.605

续表 4-2

序号	花夹河段	夹高河段	高孙河段	孙艾河段	艾泺河段	泺利河段
67	1.826	2.066	2.225	1.432	1.499	1.596
68	1.821	2.064	2.209	1.431	1.488	1.565
69	1.808	2.056	2.208	1.428	1.485	1.548
70	1.793	2.045	2.197	1.425	1.483	1.543
71	1.741	2.041	2.185	1.395	1.475	1.503
72	1.725	2.025	2.180	1.383	1.464	1.492
73	1.715	2.008	2.178	1.382	1.442	1.484
74	1.696	2.004	2.136	1.374	1.440	1.482
75	1.692	1.975	2.131	1.360	1.438	1.458
76	1.690	1.973	2.129	1.345	1.431	1.427
77	1.684	1.971	2.086	1.338	1.415	1.419
78	1.675	1.968	2.077	1.326	1.408	1.411
79	1.645	1.932	2.072	1.325	1.397	1.408
80	1.635	1.907	2.039	1.321	1.394	1.403
81	1.626	1.842	2.032	1.320	1.389	1.402
82	1.623	1.835	2.027	1.317	1.362	1.389
83	1.621	1.834	1.987	1.297	1.355	1.358
84	1.599	1.825	1.887	1.290	1.354	1.351
85	1.595	1.821	1.883	1.289	1.342	1.344
86	1.588	1.816	1.877	1.286	1.337	1.342
87	1.586	1.807	1.848	1.285	1.336	1.340
88	1.576	1.794	1.840	1.275	1.332	1.332
89	1.571	1.790	1.833	1.274	1.322	1.323
90	1.561	1.769	1.817	1.269	1.307	1.312
91	1.550	1.755	1.786	1.264	1.304	1.288
92	1.531	1.744	1.785	1.229	1.298	1.281
93	1.529	1.739	1.779	1.228	1.296	1.271
94	1.519	1.616	1.769	1.221	1.288	1.269
95	1.456	1.609	1.738	1.219	1.274	1.261
96	1.418	1.607	1.737	1.219	1.274	1.259
97	1.416	1.607	1.723	1.216	1.263	1.258
98	1.392	1.605	1.677	1.213	1.246	1.251
99	1.384	1.604	1.666	1.213	1.244	1.234

续表 4-2

序号	花夹河段	夹高河段	高孙河段	孙艾河段	艾泺河段	泺利河段
100	1.381	1.593	1.659	1.205	1.231	1.225
101	1.366	1.578	1.558	1.202	1.216	1.193
102	1.366	1.553	1.532	1.201	1.214	1.192
103	1.361	1.521	1.518	1.178	1.205	1.178
104	1.360	1.520	1.505	1.176	1.199	1.152
105	1.339	1.509	1.480	1.167	1.198	1.137
106	1.324	1.497	1.474	1.163	1.173	1.136
107	1.254	1.490	1.435	1.163	1.162	1.131
108	1.252	1.478	1.411	1.157	1.138	1.125
109	1.242	1.467	1.372	1.154	1.137	1.117
110	1.221	1.412	1.357	1.150	1.134	1.116
111	1.208	1.386	1.352	1.148	1.134	1.116
112	1.203	1.386	1.347	1.146	1.132	1.107
113	1.201	1.363	1.343	1.145	1.132	1.090
114	1.174	1.318	1.317	1.131	1.131	1.088
115	1.168	1.317	1.292	1.127	1.125	1.087
116	1.167	1.312	1.289	1.116	1.109	1.081
117	1.166	1.264	1.273	1.107	1.100	1.070
118	1.148	1.250	1.269	1.106	1.094	1.069
119	1.133	1.202	1.264	1.100	1.090	1.056
120	1.133	1.183	1.239	1.097	1.082	1.054
121	1.116	1.180	1.225	1.077	1.073	1.040
122	1.106	1.131	1.196	1.061	1.064	1.039
123	1.100	1.111	1.187	1.054	1.060	1.039
124	1.095	1.109	1.163	1.054	1.045	1.039
125	1.092	1.092	1.158	1.054	1.040	1.035
126	1.087	1.080	1.152	1.051	1.021	1.034
127	1.075	1.076	1.145	1.049	1.015	1.032
128	1.047	1.072	1.131	1.039	1.014	1.026
129	1.046	1.047	1.129	1.019	1.014	1.019
130	1.022	1.030	1.129	1.011	1.013	1.019
131	1.011	1.008	1.113	1.009	1.010	1.015
132	1.001	1.002	1.046	1.005	1.010	1.014

表 4-3　黄河下游 6 个河段 9 年的冲淤标准化月输沙平衡程度数计算结果(从大到小顺序排列)

序号	花夹河段	夹高河段	高孙河段	孙艾河段	艾泺河段	泺利河段
1	7.874	9.901	25.000	10.638	13.333	14.313
2	6.752	9.409	7.440	8.696	11.765	13.514
3	5.841	8.835	7.418	7.463	7.634	9.009
4	5.464	5.631	6.528	6.024	6.024	8.621
5	5.140	5.630	5.147	4.065	5.155	7.384
6	5.136	5.562	4.969	3.739	4.202	5.130
7	5.130	5.444	4.892	3.550	3.661	4.956
8	4.884	5.374	4.535	3.431	3.311	4.854
9	4.807	5.291	4.384	3.300	3.225	4.367
10	4.703	5.230	4.334	2.994	3.115	4.254
11	4.585	5.189	4.118	2.840	2.970	3.449
12	4.531	5.076	4.043	2.801	2.933	3.401
13	4.516	5.046	4.041	2.545	2.899	3.298
14	4.148	4.977	4.013	2.514	2.294	3.281
15	4.126	4.840	3.987	2.361	2.283	3.237
16	4.100	4.693	3.936	2.293	2.252	3.135
17	4.078	4.544	3.902	2.212	2.186	3.041
18	4.021	4.452	3.852	2.208	2.174	3.030
19	3.965	4.390	3.838	2.188	2.028	2.964
20	3.953	4.245	3.793	2.169	1.912	2.915
21	3.939	4.205	3.641	2.146	1.903	2.871
22	3.929	4.199	3.611	2.133	1.900	2.865
23	3.909	4.152	3.557	2.116	1.839	2.772
24	3.810	4.089	3.503	2.105	1.827	2.771
25	3.795	4.045	3.490	2.077	1.825	2.609
26	3.720	3.995	3.112	2.033	1.786	2.500
27	3.699	3.972	3.040	1.961	1.740	2.448
28	3.482	3.855	3.025	1.946	1.735	2.426
29	3.468	3.831	2.968	1.935	1.700	2.408
30	3.461	3.817	2.950	1.934	1.699	2.404
31	3.457	3.816	2.821	1.923	1.692	2.371

续表 4-3

序号	花夹河段	夹高河段	高孙河段	孙艾河段	艾泺河段	泺利河段
32	3.455	3.804	2.817	1.916	1.653	2.319
33	3.429	3.743	2.807	1.883	1.622	2.237
34	3.356	3.725	2.757	1.829	1.582	2.213
35	3.329	3.718	2.714	1.805	1.571	2.182
36	3.325	3.690	2.675	1.773	1.549	2.170
37	3.289	3.689	2.674	1.768	1.543	2.088
38	3.217	3.680	2.661	1.757	1.542	2.078
39	3.190	3.635	2.640	1.754	1.508	2.057
40	3.164	3.610	2.628	1.752	1.490	2.024
41	3.159	3.591	2.608	1.696	1.439	1.990
42	3.155	3.495	2.602	1.684	1.416	1.974
43	3.119	3.435	2.595	1.669	1.402	1.949
44	3.095	3.434	2.590	1.663	1.399	1.917
45	3.026	3.430	2.559	1.635	1.393	1.900
46	2.995	3.396	2.547	1.630	1.383	1.879
47	2.941	3.394	2.524	1.624	1.381	1.859
48	2.908	3.334	2.517	1.616	1.379	1.810
49	2.841	3.325	2.515	1.613	1.370	1.798
50	2.831	3.303	2.480	1.604	1.369	1.792
51	2.777	3.287	2.357	1.600	1.318	1.730
52	2.756	3.283	2.355	1.597	1.310	1.698
53	2.662	3.245	2.350	1.575	1.307	1.687
54	2.644	3.239	2.349	1.521	1.297	1.683
55	2.638	3.229	2.334	1.479	1.287	1.677
56	2.595	3.228	2.301	1.479	1.264	1.667
57	2.537	3.214	2.299	1.456	1.230	1.625
58	2.489	3.154	2.254	1.439	1.229	1.622
59	2.477	3.112	2.249	1.433	1.225	1.577
60	2.468	3.110	2.230	1.419	1.225	1.574
61	2.451	3.102	2.187	1.416	1.222	1.516
62	2.450	3.070	2.181	1.414	1.217	1.485

续表 4-3

序号	花夹河段	夹高河段	高孙河段	孙艾河段	艾泺河段	泺利河段
63	2.450	3.063	2.152	1.369	1.200	1.477
64	2.431	3.057	2.144	1.359	1.199	1.439
65	2.425	2.991	2.132	1.351	1.196	1.438
66	2.390	2.942	2.132	1.325	1.192	1.399
67	2.374	2.884	2.078	1.317	1.190	1.399
68	2.364	2.855	2.073	1.309	1.185	1.390
69	2.354	2.849	2.034	1.309	1.182	1.376
70	2.342	2.740	2.029	1.303	1.177	1.328
71	2.338	2.727	1.942	1.287	1.175	1.326
72	2.331	2.704	1.941	1.282	1.174	1.313
73	2.271	2.691	1.916	1.280	1.165	1.287
74	2.267	2.662	1.901	1.278	1.164	1.263
75	2.265	2.656	1.874	1.261	1.151	1.256
76	2.261	2.631	1.844	1.256	1.150	1.253
77	2.227	2.617	1.824	1.251	1.145	1.252
78	2.092	2.590	1.812	1.244	1.144	1.252
79	2.088	2.571	1.768	1.221	1.137	1.245
80	2.071	2.563	1.663	1.221	1.135	1.240
81	2.028	2.561	1.644	1.185	1.133	1.222
82	2.020	2.532	1.609	1.183	1.125	1.219
83	2.015	2.510	1.609	1.160	1.125	1.215
84	2.005	2.476	1.561	1.145	1.123	1.211
85	1.981	2.465	1.520	1.136	1.108	1.156
86	1.964	2.437	1.497	1.126	1.104	1.154
87	1.935	2.371	1.477	1.124	1.103	1.151
88	1.818	2.343	1.459	1.111	1.079	1.119
89	1.712	2.300	1.457	1.108	1.076	1.109
90	1.684	2.236	1.429	1.100	1.076	1.104
91	1.603	2.174	1.410	1.084	1.073	1.103
92	1.595	2.126	1.407	1.075	1.072	1.088
93	1.521	2.075	1.391	1.071	1.071	1.087

续表 4-3

序号	花夹河段	夹高河段	高孙河段	孙艾河段	艾泺河段	泺利河段
94	1.518	1.992	1.366	1.057	1.066	1.087
95	1.502	1.846	1.365	1.051	1.054	1.073
96	1.453	1.762	1.283	1.041	1.046	1.065
97	1.450	1.732	1.260	1.036	1.042	1.058
98	1.333	1.652	1.177	1.028	1.041	1.057
99	1.282	1.645	1.163	1.027	1.040	1.056
100	1.221	1.594	1.156	1.025	1.039	1.034
101	1.138	1.540	1.151	1.023	1.039	1.016
102	1.138	1.379	1.135	1.020	1.038	1.009
103	1.128	1.329	1.103	1.018	1.030	1.000
104	1.122	1.241	1.100	1.015	1.020	1.000
105	1.114	1.142	1.098	1.009	1.011	1.000
106	1.108	1.114	1.086	1.003	1.000	1.000
107	1.068	1.110	1.078	1.001	1.000	1.000
108	1.009	1.090	1.066	1.000	1.000	1.000

表 4-4　黄河下游 6 个河段 20 年的冲淤标准化月输沙平衡程度数计算结果(从大到小顺序排列)

序号	花夹河段	夹高河段	高孙河段	孙艾河段	艾泺河段	泺利河段
1	7.874	9.901	25.000	35.714	13.333	14.313
2	6.752	9.409	19.231	10.638	11.765	13.514
3	6.670	8.835	7.440	8.696	7.634	9.009
4	6.250	6.229	7.418	7.752	6.024	8.621
5	5.841	5.631	7.276	7.463	5.155	7.384
6	5.835	5.630	7.244	6.024	4.202	6.640
7	5.464	5.562	6.528	4.191	4.029	5.341
8	5.382	5.444	6.328	4.091	3.831	5.300
9	5.140	5.374	5.886	4.065	3.661	5.130
10	5.136	5.291	5.528	3.966	3.573	4.956
11	5.130	5.230	5.418	3.821	3.311	4.854
12	5.068	5.189	5.147	3.739	3.225	4.367
13	4.884	5.141	4.969	3.607	3.215	4.254

续表 4-4

序号	花夹河段	夹高河段	高孙河段	孙艾河段	艾泺河段	泺利河段
14	4.856	5.076	4.896	3.550	3.190	4.149
15	4.807	5.046	4.892	3.460	3.115	3.958
16	4.778	4.977	4.831	3.431	3.077	3.589
17	4.703	4.859	4.791	3.383	3.028	3.540
18	4.585	4.840	4.642	3.300	2.970	3.459
19	4.531	4.834	4.535	3.276	2.953	3.449
20	4.516	4.828	4.512	3.249	2.933	3.437
21	4.446	4.693	4.384	3.068	2.905	3.401
22	4.440	4.556	4.334	2.994	2.899	3.313
23	4.408	4.544	4.133	2.899	2.843	3.298
24	4.376	4.497	4.118	2.896	2.833	3.292
25	4.248	4.457	4.074	2.858	2.637	3.281
26	4.240	4.452	4.071	2.849	2.633	3.268
27	4.239	4.390	4.043	2.840	2.571	3.237
28	4.148	4.344	4.041	2.810	2.405	3.135
29	4.126	4.296	4.013	2.801	2.313	3.066
30	4.115	4.245	3.992	2.747	2.294	3.062
31	4.100	4.234	3.987	2.702	2.283	3.047
32	4.078	4.205	3.952	2.573	2.264	3.041
33	4.024	4.199	3.944	2.545	2.252	3.030
34	4.021	4.190	3.936	2.514	2.230	3.004
35	3.986	4.152	3.914	2.465	2.186	2.964
36	3.965	4.089	3.908	2.439	2.174	2.915
37	3.953	4.045	3.902	2.366	2.174	2.908
38	3.939	4.025	3.852	2.361	2.115	2.871
39	3.929	3.995	3.838	2.293	2.114	2.865
40	3.909	3.982	3.793	2.263	2.075	2.772
41	3.810	3.972	3.788	2.247	2.070	2.772
42	3.795	3.855	3.711	2.212	2.056	2.771
43	3.720	3.831	3.641	2.208	2.028	2.734
44	3.699	3.817	3.611	2.188	2.025	2.688

续表 4-4

序号	花夹河段	夹高河段	高孙河段	孙艾河段	艾泺河段	泺利河段
45	3.687	3.816	3.610	2.179	1.984	2.673
46	3.645	3.807	3.569	2.174	1.975	2.609
47	3.558	3.804	3.557	2.169	1.967	2.596
48	3.482	3.798	3.505	2.165	1.952	2.500
49	3.468	3.784	3.503	2.146	1.942	2.448
50	3.461	3.755	3.497	2.133	1.933	2.442
51	3.457	3.743	3.490	2.129	1.931	2.426
52	3.455	3.725	3.371	2.116	1.912	2.408
53	3.429	3.718	3.316	2.105	1.905	2.404
54	3.381	3.701	3.283	2.101	1.903	2.404
55	3.356	3.690	3.223	2.077	1.901	2.371
56	3.338	3.689	3.176	2.070	1.900	2.342
57	3.329	3.680	3.119	2.033	1.895	2.340
58	3.325	3.635	3.112	1.994	1.888	2.331
59	3.312	3.610	3.083	1.961	1.887	2.319
60	3.307	3.603	3.081	1.961	1.887	2.237
61	3.289	3.591	3.068	1.952	1.839	2.213
62	3.241	3.495	3.040	1.946	1.832	2.188
63	3.217	3.478	3.025	1.935	1.827	2.182
64	3.216	3.466	3.004	1.934	1.825	2.170
65	3.190	3.435	2.968	1.931	1.818	2.144
66	3.164	3.434	2.950	1.923	1.817	2.137
67	3.159	3.430	2.928	1.918	1.815	2.134
68	3.155	3.396	2.885	1.916	1.802	2.119
69	3.119	3.394	2.875	1.903	1.801	2.112
70	3.095	3.360	2.832	1.883	1.786	2.109
71	3.040	3.359	2.821	1.848	1.762	2.102
72	3.026	3.334	2.817	1.846	1.761	2.096
73	2.995	3.325	2.807	1.838	1.742	2.088
74	2.941	3.303	2.757	1.829	1.740	2.078
75	2.938	3.287	2.752	1.818	1.738	2.057

续表 4-4

序号	花夹河段	夹高河段	高孙河段	孙艾河段	艾泺河段	泺利河段
76	2.908	3.283	2.740	1.805	1.735	2.024
77	2.891	3.245	2.714	1.804	1.730	2.018
78	2.841	3.243	2.675	1.786	1.728	1.990
79	2.831	3.239	2.674	1.779	1.728	1.990
80	2.781	3.229	2.661	1.773	1.711	1.980
81	2.777	3.228	2.640	1.768	1.709	1.974
82	2.765	3.214	2.628	1.764	1.701	1.969
83	2.756	3.194	2.614	1.757	1.700	1.952
84	2.709	3.154	2.608	1.754	1.699	1.949
85	2.705	3.112	2.602	1.752	1.692	1.938
86	2.684	3.110	2.595	1.751	1.678	1.938
87	2.662	3.102	2.590	1.751	1.653	1.933
88	2.644	3.070	2.563	1.723	1.634	1.929
89	2.638	3.063	2.560	1.705	1.622	1.917
90	2.608	3.057	2.559	1.705	1.595	1.900
91	2.605	3.049	2.558	1.701	1.585	1.900
92	2.595	3.029	2.555	1.696	1.584	1.899
93	2.562	2.991	2.547	1.684	1.582	1.889
94	2.548	2.959	2.529	1.681	1.571	1.879
95	2.545	2.953	2.524	1.669	1.567	1.871
96	2.538	2.942	2.517	1.663	1.556	1.859
97	2.537	2.931	2.515	1.635	1.549	1.848
98	2.497	2.884	2.480	1.635	1.543	1.823
99	2.495	2.865	2.477	1.630	1.542	1.815
100	2.489	2.864	2.470	1.624	1.527	1.810
101	2.477	2.858	2.464	1.616	1.517	1.808
102	2.468	2.856	2.458	1.613	1.516	1.798
103	2.461	2.855	2.446	1.608	1.508	1.792
104	2.458	2.851	2.382	1.608	1.506	1.777
105	2.451	2.849	2.357	1.604	1.500	1.755
106	2.450	2.833	2.355	1.600	1.499	1.754

续表 4-4

序号	花夹河段	夹高河段	高孙河段	孙艾河段	艾泺河段	泺利河段
107	2.450	2.817	2.350	1.599	1.490	1.754
108	2.445	2.740	2.349	1.597	1.488	1.731
109	2.431	2.727	2.344	1.593	1.485	1.730
110	2.425	2.704	2.341	1.582	1.484	1.712
111	2.415	2.691	2.334	1.581	1.475	1.704
112	2.396	2.677	2.334	1.575	1.464	1.699
113	2.390	2.675	2.320	1.521	1.442	1.698
114	2.385	2.662	2.301	1.520	1.440	1.689
115	2.374	2.656	2.301	1.519	1.439	1.687
116	2.364	2.645	2.299	1.516	1.438	1.683
117	2.354	2.634	2.288	1.511	1.431	1.677
118	2.342	2.631	2.274	1.498	1.416	1.674
119	2.338	2.617	2.262	1.479	1.415	1.669
120	2.331	2.617	2.262	1.479	1.408	1.667
121	2.299	2.611	2.254	1.456	1.402	1.667
122	2.282	2.590	2.249	1.456	1.399	1.625
123	2.271	2.581	2.244	1.447	1.397	1.622
124	2.268	2.573	2.244	1.439	1.395	1.605
125	2.267	2.571	2.230	1.433	1.393	1.596
126	2.265	2.563	2.226	1.432	1.389	1.577
127	2.261	2.561	2.225	1.431	1.383	1.574
128	2.227	2.555	2.209	1.428	1.381	1.565
129	2.219	2.532	2.208	1.425	1.379	1.548
130	2.200	2.530	2.197	1.419	1.370	1.543
131	2.181	2.510	2.187	1.416	1.369	1.516
132	2.178	2.486	2.185	1.414	1.362	1.504
133	2.127	2.476	2.181	1.395	1.355	1.492
134	2.092	2.465	2.180	1.383	1.354	1.485
135	2.088	2.437	2.178	1.383	1.342	1.484
136	2.086	2.414	2.152	1.374	1.337	1.481
137	2.071	2.403	2.144	1.369	1.337	1.477

续表 4-4

序号	花夹河段	夹高河段	高孙河段	孙艾河段	艾泺河段	泺利河段
138	2.068	2.399	2.136	1.360	1.332	1.458
139	2.030	2.393	2.132	1.359	1.322	1.439
140	2.029	2.384	2.132	1.351	1.318	1.438
141	2.028	2.380	2.131	1.346	1.310	1.427
142	2.020	2.371	2.129	1.338	1.307	1.419
143	2.015	2.343	2.086	1.326	1.307	1.410
144	2.005	2.300	2.078	1.325	1.304	1.408
145	2.005	2.285	2.077	1.325	1.298	1.403
146	1.991	2.268	2.073	1.321	1.297	1.403
147	1.985	2.246	2.072	1.320	1.295	1.399
148	1.981	2.236	2.039	1.317	1.288	1.399
149	1.964	2.214	2.034	1.316	1.287	1.390
150	1.946	2.214	2.032	1.309	1.274	1.389
151	1.942	2.194	2.029	1.309	1.274	1.376
152	1.935	2.190	2.027	1.303	1.264	1.358
153	1.829	2.174	1.987	1.297	1.263	1.351
154	1.826	2.167	1.942	1.290	1.246	1.344
155	1.821	2.147	1.941	1.289	1.244	1.342
156	1.818	2.126	1.916	1.287	1.231	1.340
157	1.808	2.086	1.901	1.286	1.230	1.332
158	1.793	2.084	1.887	1.285	1.229	1.328
159	1.759	2.075	1.883	1.282	1.225	1.326
160	1.741	2.066	1.877	1.280	1.225	1.323
161	1.725	2.064	1.874	1.278	1.222	1.313
162	1.715	2.056	1.848	1.276	1.217	1.312
163	1.712	2.045	1.844	1.274	1.217	1.288
164	1.696	2.041	1.840	1.269	1.214	1.287
165	1.692	2.025	1.833	1.264	1.205	1.281
166	1.684	2.008	1.824	1.261	1.200	1.271
167	1.684	2.004	1.817	1.256	1.199	1.269
168	1.675	1.992	1.812	1.251	1.199	1.263

续表 4-4

序号	花夹河段	夹高河段	高孙河段	孙艾河段	艾泺河段	泺利河段
169	1.645	1.975	1.786	1.244	1.198	1.261
170	1.635	1.973	1.785	1.229	1.196	1.259
171	1.626	1.971	1.779	1.228	1.192	1.258
172	1.623	1.968	1.769	1.221	1.190	1.256
173	1.621	1.932	1.768	1.221	1.185	1.253
174	1.603	1.907	1.739	1.221	1.182	1.252
175	1.599	1.846	1.737	1.220	1.177	1.252
176	1.595	1.842	1.723	1.220	1.175	1.252
177	1.595	1.835	1.677	1.216	1.174	1.245
178	1.588	1.834	1.666	1.214	1.174	1.240
179	1.586	1.825	1.663	1.214	1.165	1.235
180	1.576	1.821	1.659	1.205	1.164	1.225
181	1.571	1.816	1.644	1.202	1.163	1.222
182	1.561	1.807	1.609	1.200	1.151	1.219
183	1.550	1.794	1.609	1.185	1.150	1.215
184	1.531	1.790	1.561	1.183	1.145	1.211
185	1.529	1.769	1.558	1.178	1.144	1.193
186	1.521	1.762	1.532	1.176	1.139	1.192
187	1.519	1.755	1.520	1.167	1.137	1.178
188	1.518	1.744	1.518	1.164	1.136	1.156
189	1.502	1.739	1.504	1.163	1.135	1.154
190	1.456	1.732	1.497	1.160	1.135	1.152
191	1.453	1.652	1.479	1.157	1.134	1.151
192	1.450	1.645	1.477	1.153	1.133	1.136
193	1.418	1.616	1.474	1.150	1.133	1.136
194	1.416	1.609	1.459	1.148	1.131	1.131
195	1.392	1.608	1.457	1.147	1.131	1.125
196	1.384	1.607	1.435	1.145	1.125	1.119
197	1.381	1.605	1.429	1.145	1.125	1.117
198	1.366	1.604	1.411	1.136	1.125	1.116
199	1.366	1.594	1.410	1.131	1.123	1.116

续表 4-4

序号	花夹河段	夹高河段	高孙河段	孙艾河段	艾泺河段	泺利河段
200	1.361	1.593	1.407	1.127	1.109	1.109
201	1.360	1.577	1.391	1.126	1.108	1.106
202	1.339	1.553	1.372	1.124	1.104	1.104
203	1.333	1.540	1.366	1.116	1.103	1.103
204	1.324	1.521	1.365	1.111	1.100	1.090
205	1.282	1.520	1.357	1.108	1.094	1.088
206	1.254	1.509	1.352	1.107	1.089	1.088
207	1.252	1.497	1.347	1.106	1.082	1.087
208	1.242	1.490	1.344	1.100	1.079	1.087
209	1.221	1.478	1.317	1.100	1.076	1.087
210	1.221	1.466	1.292	1.098	1.076	1.081
211	1.208	1.412	1.289	1.084	1.073	1.073
212	1.203	1.387	1.283	1.077	1.073	1.071
213	1.201	1.386	1.274	1.075	1.072	1.069
214	1.174	1.379	1.269	1.071	1.071	1.065
215	1.168	1.362	1.264	1.061	1.066	1.058
216	1.167	1.329	1.260	1.057	1.064	1.057
217	1.166	1.318	1.239	1.054	1.060	1.056
218	1.148	1.317	1.225	1.054	1.054	1.056
219	1.138	1.312	1.196	1.054	1.046	1.054
220	1.138	1.264	1.188	1.051	1.045	1.040
221	1.133	1.250	1.177	1.051	1.042	1.040
222	1.133	1.241	1.163	1.048	1.041	1.038
223	1.128	1.202	1.163	1.041	1.041	1.038
224	1.122	1.183	1.158	1.038	1.040	1.035
225	1.116	1.181	1.156	1.036	1.039	1.034
226	1.114	1.142	1.152	1.028	1.039	1.034
227	1.108	1.131	1.151	1.027	1.038	1.032
228	1.106	1.114	1.145	1.025	1.030	1.026
229	1.100	1.111	1.135	1.023	1.021	1.019
230	1.095	1.110	1.131	1.020	1.020	1.019

续表 4-4

序号	花夹河段	夹高河段	高孙河段	孙艾河段	艾泺河段	泺利河段
231	1.092	1.109	1.129	1.019	1.015	1.016
232	1.087	1.093	1.129	1.018	1.014	1.015
233	1.075	1.090	1.112	1.015	1.014	1.014
234	1.068	1.080	1.103	1.011	1.013	1.009
235	1.047	1.075	1.100	1.009	1.011	1.000
236	1.046	1.072	1.098	1.009	1.010	1.000
237	1.022	1.047	1.086	1.005	1.010	1.000
238	1.011	1.030	1.078	1.003	1.000	1.000
239	1.009	1.008	1.066	1.001	1.000	1.000
240	1.001	1.002	1.046	1.000	1.000	1.000

4.2.2.2　黄河下游 6 个河段 3 组样本的特征值

根据河型自然分类法概念和冲积河流河型成因的输沙平衡程度理论假说，表 4-2、表 4-3和表 4-4 中 11 年、9 年和 20 年冲淤标准化月输沙平衡程度数即为河型自然分类的依据。可以统计 11 年、9 年和 20 年的特征值，根据特征值对河型进行自然分类。

在数据计算时很难避免出现错误，根据表 4-2、表 4-3 和表 4-4 中的数据情况，认为严重偏离整个数据群的数据是不可靠的。为了修正这个可能的错误，在表 4-2中用各河段的第 2 大数据替代第 1 大数据，在表 4-3 和表 4-4 中用第 3 大数据替代第 1 大和第 2 大数据，以此作为统计的数据样本。利用修正后的表 4-2、表 4-3和表 4-4 数据，根据式(4-3)和式(4-5)得到的样本特征值见表 4-5。

表 4-5　黄河下游 6 个河段 3 组冲淤标准化输沙平衡程度数样本的特征值

项目	河段名称					
	花夹河段	夹高河段	高孙河段	孙艾河段	艾泺河段	泺利河段
河段长度(km)	106	83	130	63	108	174
实际形成的河型	游荡	游荡	过渡型	上过渡下弯曲	弯曲	弯曲
11 年样本均值	2.263	2.359	2.548	1.804	1.672	1.846
9 年样本均值	2.871	3.374	2.611	1.848	1.751	2.212
20 年样本均值	2.547	2.820	2.577	1.838	1.708	2.016
11 年样本平衡标准差	1.738	1.708	2.036	1.311	0.906	1.228
9 年样本平衡标准差	2.221	2.786	2.101	1.485	1.498	2.081
20 年样本平衡标准差	1.990	2.262	2.064	1.461	1.208	1.679

4.2.3　河型分类数理统计方法的缺陷

根据表 4-5 的样本特征值，对于同一条河流（或同一个河段），随着所采用的数据样本不同，相同特征量的统计值会发生变化。随着实测资料年数的增多，确定河段的同一特征量的数值是变化的。从表 4-5 就可以看出，对于同一河型随着统计样本的变化，河型的特征量界限值就会变化，很难确定出清晰的河型界限值。其实，4 种基本河型的实测资料永远只是其总体的一个样本，利用 4 种基本河型实测资料，采用统计方法，得到的河型界限值永远都是估计值，不可能是准确值。

由于采用统计方法很难得到河型的确切界限值，因此采用统计方法对河型进行分类几乎是不可能的事情。例如，根据表 4-5 的特征值，把高孙河段和孙艾河段合理地划归入 4 种基本河型中的一种是很困难的。如果采用 11 年样本平衡标准差对河型进行分类，游荡河型的 11 年样本平衡标准差的范围为 1.708 ~ 1.738，弯曲河型的 11 年样本平衡标准差的范围为 0.906 ~ 1.228，孙艾河段的样本平衡标准差为 1.311，高孙河段的样本平衡标准差为 2.036。孙艾河段是游荡河型还是弯曲河型很难判断，高孙河段是游荡河型还是弯曲河型也很难确定。若说孙艾河段和高孙河段都是过渡河型，但两个河段的样本平衡标准差相差太大，在理论上就很难解释清楚什么是过渡河型；另外冲积河流 4 种基本河型中根本不存在“过渡河型”，“过渡河型”的出现只能说明河型划分采用的数学方法出现了问题。

其实关于河型的界限值问题，一直存在争论。一些学者认为基本河型之间的界限值是存在的[163-165]，基于这种观点，河型的分类似乎可以采用数理统计方法来进行研究。但也有一些学者认为河型之间的界限值可能不存在，河型之间的转化也许是渐进的[166-168]，基于这种观点，河型界限值很可能是缺失的，采用数理统计方法对河型进行分类似乎是“无效的”。本书认为，由于河型分类首先是从概念描述开始的，对每一种河型只是进行特征描述，并没有给出每一种河型的确切定义，虽然每种河型的特征描述都比较确切，但是河型特征的外延并不清晰，外延不清晰的概念实际上是模糊概念。又由于不论根据何种依据对冲积河流进行分类，依据的差异从一种河型到另一种河型，中间经历了一个从“量变”到“质变”的连续过程，一种河型与另一种河型之间并没有清晰的界限。因此，河型的分类问题具有模糊性，需要采用模糊数学方法[10-14]来进行研究，采用数理统计方法对河型进行分类应该是无效的。

4.3　冲积河流自然分类的河流模糊等价矩阵聚类方法

如果采用冲淤标准化输沙平衡程度数数据表达冲积河流，那么根据河型自然分类法概念和冲积河流河型成因的输沙平衡程度理论假说，对冲积河流河型的自然分类等价于对冲积河流的自然分类，即河型分类等价于河流分类。

任意一条冲积河流可以用冲淤标准化输沙平衡程度数数据样本 x_i 表达，即

$$x_i = \{W_{i1}, W_{i2}, \cdots, W_{ik}, \cdots, W_{im}\} \tag{4-6}$$

则冲积河流论域可以用集合 X 表达为

$$X = \{x_1, x_2, \cdots, x_i, \cdots, x_n\} \tag{4-7}$$

以上两式中：m 为数据样本中冲淤标准化输沙平衡程度数的总个数；n 为冲积河流论域中河流的总个数。

冲积河流的分类问题在数学上是一个集合的划分问题[15-17]。现在遇到的问题是采用何种数学方法对冲积河流集合进行划分。由于河型概念是模糊概念，河型之间没有明确的界限，河型之间的关系为模糊关系。由此认为，冲积河流集合的划分应该采用河流模糊等价矩阵聚类方法[169,170]。

4.3.1　河流模糊集合的基本概念

4.3.1.1　河流模糊集合与河流隶属函数的概念

河流集合一般分为河流普通集合和河流模糊集合。河流普通集合是指具有特定明确概念所描述属性的河流的全体，河流模糊集合是指具有特定模糊概念所描述属性的河流的全体。由于 4 种基本河型的概念是模糊概念，因此 4 种基本河型中任意一种河型的河流集合都属于河流模糊集合。

设冲积河流论域 X 为全集，则从 X 到 $[0,1]$ 的函数统称为河流隶属函数。设 A 为全集 X 上的一个河流模糊集合（$A \subseteq X$），那么河流模糊集合 A 的隶属函数为 $\mu_A(x): X \to [0,1]$，其中 $[0,1]$ 表示河流隶属函数的取值范围为 0 到 1 的闭区间。当 $\mu_A(x) \in \{0,1\}$，$\mu_A(x)$ 仅仅取 0、1 值时，河流模糊集合 A 的隶属函数 $\mu_A(x)$ 退化为河流特征函数 $f_A(x)$，河流模糊集合 A 退化为河流普通集合 A。

4.3.1.2　河流模糊集合的截集

设 A 为冲积河流论域 X 上的一个河流模糊集合，且 $\lambda \in [0,1]$。如果 $A_\lambda = \{x | x \in X, \mu_A(x) \geqslant \lambda\}$，则称 A_λ 为河流模糊集合上的一个 λ 截集，称 λ 为置信水平。A_λ 是一个河流普通集合。对于任何 $x \in X$，如果 $\mu_A(x) \geqslant \lambda$，就说 $x \in A_\lambda$，即在 λ 水平上，$x \in A_\lambda$，即 $f_A(x) = 1$；如果 $\mu_A(x) < \lambda$，就说 $x \notin A_\lambda$，即在 λ 水平上，$x \notin A_\lambda$，即 $f_A(x) = 0$。

谢鉴衡[62]等对国内 19 条河流中的 53 个冲积河流短河段进行了河型判别，判定 46 个河段属于 4 种基本河型中的一种，有 7 个河段被判定属于过渡河型。任意一种河型的河流集合都是模糊集合，他明确判定某河段属于游荡河型，实际是在游荡河型的河流模糊集合基础上，进行一定置信水平的截集，从而得到了明确结果。7 个过渡河型的出现证实了河型界限模糊性的存在。

4.3.2　河流模糊关系及其合成

4.3.2.1　河流模糊关系

在某种程度上说，所谓河流关系是指“关于河流之间的联系”，如果河流之间的关系具有某种性质，就称这种河流关系为具有某种性质的河流关系。根据

关系之间是否具有模糊性，把关系分为普通关系和模糊关系。如果河流之间的关系是明确的，就称这种河流关系为河流明确关系，也称为河流普通关系。如果河流之间的关系具有模糊性，就称这种河流关系为河流模糊关系。根据讨论河流的多少，可以把河流之间的关系分为河流二元关系和河流 n 元关系。两个河流之间的关系称为河流二元关系，n 个河流之间的关系称为河流 n 元关系。集合 X 中的两个元素之间的关系称为集合 X 上的二元关系，集合 X 中 n 个元素之间的关系称为集合 X 上的 n 元关系。

为了方便于河流模糊二元关系的表达，引入有序对和直积概念。由两个河流对象 x 和 y 按一定的顺序排列成的二元组叫做河流有序对，记作 $\langle x,y\rangle$。其中 x 是它的第一元素，y 是它的第二元素。任意两个河流集合 A、B 的直积定义为 $A\times B=\{\langle x,y\rangle \mid (x\in A),(y\in B)\}$，简称为河流直积。直积概念之所以使用"积"的概念，一个简单的理由是，如果两个集合都是有限集，那么其直积的元素个数是两集合元素个数之积。

从河流集合 U 到河流集合 V 的河流模糊关系定义为直积 $U\times V$ 的模糊子集 R，$R\subseteq U\times V$。R 的隶属函数 $\mu_R(u,v)$ 确定了 U 中元素 u 与 V 中元素 v 之间的模糊关系程度，U 到 V 的一个河流模糊关系 R 可以表示为 $R(U\times V)=\{(u,v),(\mu_R(u,v)\mid(u,v)\in U\times V)\}$。特别地，当 $U=V$ 时，$U\times U$ 的模糊子集 $R(R\subseteq U\times U)$ 称为 U 上的河流模糊关系。

4.3.2.2　河流模糊关系的合成

设 R、Q 分别为 $U\times V$、$V\times W$ 上的河流模糊关系，河流模糊关系 R 与 Q 的合成指 U 到 W 上的河流模糊关系，记作 $R\circ Q$，其隶属函数为 $\mu_{R\circ Q}(u,w)=\bigvee_{v\in V}(\mu_R(u,v)\wedge\mu_Q(v,w))$。

4.3.3　河流模糊矩阵及其运算

4.3.3.1　河流模糊矩阵

对于有限河流论域 $U=\{u_1,u_2,\cdots,u_m\}$ 和 $V=\{v_1,v_2,\cdots,v_n\}$，若河流模糊矩阵 R 中的元素为 $r_{ij}=\mu_R(u_i,v_j)$，则模糊矩阵 $R=(r_{ij})_{m\times n}$ 表示从 U 到 V 的一个河流模糊关系 R。对于有限河流论域 $U=\{u_1,u_2,\cdots,u_m\}$ 和 $V=\{v_1,v_2,\cdots,v_n\}$，从 U 到 V 的一个河流模糊关系 R 可以用 $m\times n$ 阶河流模糊矩阵 R 表示，即 $R=(r_{ij})_{m\times n}$，其中，$r_{ij}=\mu_R(u_i,v_j)$，$r_{ij}\in[0,1]$，即 r_{ij} 表示 u_i 对 v_j 的 R 关系的隶属程度。

4.3.3.2　河流模糊矩阵乘积

对于有限河流模糊关系的合成可以用河流模糊矩阵乘积表示。设 $R=(r_{ik})_{m\times l}$、$Q=(q_{kj})_{l\times n}$ 分别为 $U\times V$、$V\times W$ 上的河流模糊矩阵，则河流模糊矩阵 R 与 Q 的乘积记为

$$R\circ Q=S=(s_{ij})_{m\times n} \tag{4-8}$$

其中

$$s_{ij}=\bigvee_{k=1}^{l}(r_{ik}\wedge q_{kj}) \tag{4-9}$$

式中：$i=1,2,\cdots,m;j=1,2,\cdots,n;k=1,2,\cdots,l$；“$\vee$”表示逻辑加（即取大）；“$\wedge$”表示逻辑乘（即取小）。

特别地，当 R 为 $U\times V$ 上的河流模糊关系，则 $R^2=R\circ R,R^n=R^{n-1}\circ R;R^m\circ R^n=R^{m+n},(R^m)^n=R^{mn}$。

河流模糊矩阵乘积 $R\circ Q$ 的计算过程与普通矩阵乘法的计算过程是一样的，但要把加法改为取大，乘法改为取小。

所谓矩阵是指实数的矩形方阵。由 $m\times n$ 个数排成的 m 行 n 列的矩阵 A 一般记为

$$A=\begin{bmatrix} a_{11} & \cdots & a_{1j} & \cdots & a_{1n}\\ \vdots & & \vdots & & \vdots\\ a_{i1} & \cdots & a_{ij} & \cdots & a_{in}\\ \vdots & & \vdots & & \vdots\\ a_{m1} & \cdots & a_{mj} & \cdots & a_{mn}\end{bmatrix} \tag{4-10}$$

其中，a_{ij}为矩阵 A 的元素，第一个下标 i 表示元素所在的行，第二个下标 j 表示元素所在的列。当 $m\neq n$ 时，称 A 为 $m\times n$ 矩阵；当 $m=n$ 时，称 A 为 $n\times n$ 矩阵；当 $m=1$ 时，矩阵 A 称为行矩阵；当 $n=1$ 时，矩阵 A 称为列矩阵。

由 $m\times n$ 个数排成的 m 行 n 列的矩阵 A 也可以记为 $A=(a_{ij})_{m\times n}$，或简记为 $A=(a_{ij})$。两个矩阵相乘的条件为，第一个矩阵的列数等于第二个矩阵的行数。设 A 是 $1\times n$ 的矩阵，B 是 $n\times 1$ 的矩阵，这时 A 是一个行矩阵，B 是一个列矩阵，将行矩阵和列矩阵相乘记为 AB，AB 的定义为

$$AB=[a_{11}\quad a_{12}\quad \cdots\quad a_{1n}]\begin{bmatrix} b_{11}\\ b_{21}\\ \vdots\\ b_{n1}\end{bmatrix}=[a_{11}b_{11}+a_{12}b_{21}+\cdots+a_{1n}b_{n1}] \tag{4-11}$$

一般地，设 A 是 $m\times p$ 矩阵，B 是 $p\times n$ 矩阵，矩阵 A 和 B 的乘积 AB 可以定义为

$$AB=\begin{bmatrix} a_{11} & a_{12} & \cdots & a_{1p}\\ \vdots & \vdots & & \vdots\\ a_{i1} & a_{i2} & \cdots & a_{ip}\\ \vdots & \vdots & & \vdots\\ a_{m1} & a_{m2} & \cdots & a_{mp}\end{bmatrix}\begin{bmatrix} b_{11} & \cdots & b_{1j} & \cdots & b_{1n}\\ b_{21} & \cdots & b_{2j} & \cdots & b_{2n}\\ \vdots & & \vdots & & \vdots\\ b_{p1} & \cdots & b_{pj} & \cdots & b_{pn}\end{bmatrix}=\begin{bmatrix} c_{11} & \cdots & c_{1j} & \cdots & c_{1n}\\ \vdots & & \vdots & & \vdots\\ c_{i1} & \cdots & c_{ij} & \cdots & c_{in}\\ \vdots & & \vdots & & \vdots\\ c_{m1} & \cdots & c_{mj} & \cdots & c_{mn}\end{bmatrix} \tag{4-12}$$

其中，$c_{ij}=a_{i1}b_{1j}+a_{i2}b_{2j}+\cdots+a_{ip}b_{pj};i=1,2,\cdots,m;j=1,2,\cdots,n$。这就是说，一个

$m\times p$ 的矩阵 A 与一个 $p\times n$ 的矩阵 B 的乘积 AB 是一个 $m\times n$ 矩阵。

如果 A 是 $m\times p$ 模糊矩阵，B 是 $p\times n$ 模糊矩阵，模糊矩阵 A 和 B 的乘积记为 $A\circ B$，$A\circ B$的定义为

$$\begin{bmatrix} a_{11} & a_{12} & \cdots & a_{1p} \\ \vdots & \vdots & & \vdots \\ a_{i1} & a_{i2} & \cdots & a_{ip} \\ \vdots & \vdots & & \vdots \\ a_{m1} & a_{m2} & \cdots & a_{mp} \end{bmatrix} \circ \begin{bmatrix} b_{11} & \cdots & b_{1j} & \cdots & b_{1n} \\ b_{21} & \cdots & b_{2j} & \cdots & b_{2n} \\ \vdots & & \vdots & & \vdots \\ b_{p1} & \cdots & b_{pj} & \cdots & b_{pn} \end{bmatrix} = \begin{bmatrix} c_{11} & \cdots & c_{1j} & \cdots & c_{1n} \\ \vdots & & \vdots & & \vdots \\ c_{i1} & \cdots & c_{ij} & \cdots & c_{in} \\ \vdots & & \vdots & & \vdots \\ c_{m1} & \cdots & c_{mj} & \cdots & c_{mn} \end{bmatrix} \tag{4-13}$$

其中

$$c_{ij} = \bigvee_{k=1}^{p} (a_{ip} \wedge b_{pj}) \tag{4-14}$$

即

$$c_{ij} = (a_{i1} \wedge b_{1j}) \vee (a_{i2} \wedge b_{2j}) \vee (\cdots) \vee (a_{ip} \wedge b_{pj}) \tag{4-15}$$

式中：$i=1,2,\cdots,m$；$j=1,2,\cdots,n$；$k=1,2,\cdots,p$。

4.3.3.3　河流模糊矩阵的截矩阵

河流模糊集合 A 的 λ 截集的概念可以推广到河流模糊矩阵 R 中。给定的河流模糊矩阵 $R=(r_{ij})_{m\times n}$，对于任意的 $\lambda\in[0,1]$，称 $R_\lambda=((r_{ij})_\lambda)_{m\times n}$为河流模糊矩阵 R 的 λ 截矩阵，其中

$$(r_{ij})_\lambda = \begin{cases} 1 & r_{ij} \geqslant \lambda \\ 0 & r_{ij} < \lambda \end{cases} \tag{4-16}$$

4.3.4　河流分类的河流模糊等价矩阵聚类方法

4.3.4.1　河流普通等价关系与河流集合的划分

设河流的论域为集合 A，R 为 A 上的普通关系，$R\subseteq A\times A$。若对于 A 上的每个元素 x，都有 $\langle x,x\rangle\in R$，称 A 上的普通关系 R 具有自反性；对于 A 中任意元素 x 和 y，若 $\langle x,y\rangle\in R$，则 $\langle y,x\rangle\in R$，称 A 上的普通关系 R 具有对称性；对于 A 中任意元素 x、y、z，若 $\langle x,y\rangle\in R$，$\langle y,z\rangle\in R$，则 $\langle x,z\rangle\in R$，称 A 上的普通关系 R 具有传递性。设 R 是河流集合 A 上普通二元关系，若 R 具有自反性和对称性，则称 R 为 A 上的河流普通相似关系；若 R 具有自反性、对称性和传递性，则称 R 为 A 上的河流普通等价关系[10-14]。

设 R 为非空集合 A 上的河流普通等价关系。若 $\langle a,b\rangle\in R$，称 a 等价于 b；若 $\langle a,b\rangle\in R$、$\langle a,c\rangle\in R$，则 a、b、c 彼此等价。元素 a 的等价类是集合 A 中所有与 a 等价的元素构成的集合。对任意的 $a\in A$，集合 $[a]_R=\{x\mid x\in A\wedge\langle a,x\rangle\in R\}$ 称为由元素 a 形成的关于 R 的河流等价类，简称为 a 的河流等价类，简记为 $[a]$。以 R 的所有河流等价类作为元素的集合称为 A 关于 R 的河流商集，记做 A/R，即 $A/R=\{[x]_R\mid x\in A\}$。

如果把一个河流集合 A 分成若干个叫做分块的非空河流子集，使得 A 中的每

个元素至少属于一个分块,那么这些分块的全体构成的集合叫做河流集合 A 的一个覆盖。如果 A 中每个元素属于且仅属于一个分块,那么这些分块的全体构成的集合叫做河流集合 A 的一个划分。河流集合的划分可以确切定义如下。设 A 是非空河流集合,若 $B=\{B_1,B_2,\cdots,B_n\}$,$B_i\subseteq A$,$B_i\neq\varnothing$。如果满足如下两式

$$\bigcup_{i=1}^{n} B_i = A \tag{4-17}$$

$$B_i\cap B_j=\varnothing,(i\neq j) \tag{4-18}$$

则称集合 B 是河流集合 A 的划分。如果满足式(4-17),不满足式(4-18),则称 B 为 A 的覆盖。

若 $B=\{B_1,B_2,\cdots,B_m\}$ 与 $C=\{C_1,C_2,\cdots,C_n\}$ 是同一个集合 A 的两个划分,则所有的 $B_i\cap C_j=\varnothing$ 组成的集合,称为是原来两种划分的交叉划分。交叉划分也是原集合 A 的一种划分。若对任意一个 B_i 均有 C_j 使 $B_i\subseteq C_j$,则称 $B=\{B_1,B_2,\cdots,B_m\}$ 为 $C=\{C_1,C_2,\cdots,C_n\}$ 的加细。任何两种划分的交叉划分,都是原来两种划分的加细。

由非空河流集合 A 的河流商集和河流集合划分的概念不难看出,非空河流集合 A 上的等价关系为 R,由 R 产生的河流等价类都是 A 的非空子集,不同的河流等价类之间不相交,并且所有河流等价类的并集等于 A。因此,所有河流等价类的集合,即河流商集 A/R,就是河流集合 A 的一个划分。由此可知,非空河流集合 A 上的一个河流普通等价关系 R 可确定 A 的一个划分,河流集合 A 上的河流普通等价关系 R 与河流集合 A 的划分之间存在一一对应的关系。

4.3.4.2　河流模糊等价矩阵及其截矩阵

设河流论域为由 n 个元素组成的有限集合 U,U 上存在一个河流模糊关系 R,与河流模糊关系 R 对应的河流模糊矩阵为 $R=(r_{ij})_{n\times n}$。若河流模糊矩阵满足①自反性,即 $i=j$ 时 $r_{ij}=1$;②对称性,即 $r_{ij}=r_{ji}$;③$R\circ R\subseteq R$。则称 $R=(r_{ij})_{n\times n}$ 是一个河流模糊等价矩阵,其对应的河流模糊关系为河流模糊等价关系。若河流模糊矩阵仅仅满足自反性和对称性,则称该河流模糊矩阵为河流模糊相似矩阵。

对于没有某种性质的模糊关系,可以用扩充一些序偶的办法得到具有该性质的新关系,这种运算称为模糊关系的闭包运算[10-14]。设 R 是 A 上的二元关系,如果有另一个关系 R_1 满足:R_1 具有传递性;$R_1\supseteq R$;对于任何具有传递性的关系 R_2,如果有 $R_2\supseteq R$ 就有 $R_2\supseteq R_1$。则称关系 R_1 为 R 的传递闭包。设 R 是河流 $U=\{u_1,u_2,\cdots,u_n\}$ 上的河流模糊相似关系,对应的 n 阶河流模糊相似矩阵存在一个最小的自然数 $k(k\leqslant n)$,使得 R^k 为河流模糊等价矩阵,且对于大于 k 的任意自然数 z,恒有 $R^z=R^k$。这时,称 R^k 为河流模糊相似矩阵 R 的传递闭包。可以通过求传递闭包的方法,将 n 阶河流模糊相似矩阵 R 改造为河流模糊等价矩阵。具体的做法是依次求 R 平方,即求 $R\to R^2\to R^4\cdots$,当第一次出现 $R^k\circ R^k=R^k$ 时,表明 R^k 已经具有传递性,R^k 就是所求的传递闭包。

由于河流模糊等价矩阵 R 的 λ 截矩阵 R_λ 是普通集合，因此河流模糊等价矩阵 R 的 λ 截矩阵 R_λ 是河流普通等价矩阵。

4.3.4.3　河流分类的河流模糊等价矩阵聚类方法及计算步骤

河流分类的河流模糊等价矩阵聚类方法实质上是一种河型分类模式，其计算步骤如下：

(1)建立论域上的河流模糊相似矩阵。设论域为河流集合 $X=\{x_1,x_2,\cdots,x_n\}$，其中每个元素 x_i 为 i 河流的一个数据样本。首先建立河流集合 X 上的河流二元关系矩阵。X 上的二元关系为直集 $X\times X$，即

$$X\times X=\{\langle x_i,x_j\rangle \mid (x_i\in X,x_j\in X);i=1,2,\cdots,n;j=1,2,\cdots,n\} \tag{4-19}$$

其中，i 表示直积元素有序对的第一元素序号，j 表示直积元素有序对的第二元素序号。

X 上的二元关系用 $n\times n$ 阶关系矩阵表示为

$$X\times X=\begin{bmatrix} \langle x_1,x_1\rangle & \cdots & \langle x_1,x_j\rangle & \cdots & \langle x_1,x_n\rangle \\ \vdots & & \vdots & & \vdots \\ \langle x_i,x_1\rangle & \cdots & \langle x_i,x_j\rangle & \cdots & \langle x_i,x_n\rangle \\ \vdots & & \vdots & \vdots & \\ \langle x_n,x_1\rangle & \cdots & \langle x_n,x_j\rangle & \cdots & \langle x_n,x_n\rangle \end{bmatrix} \tag{4-20}$$

X 上的河流相似关系 R 可以用 $n\times n$ 阶河流模糊相似矩阵 $R=(r_{ij})_{n\times n}$ 表示，即

$$R=\begin{bmatrix} r_{11} & \cdots & r_{1j} & \cdots & r_{1n} \\ \vdots & & \vdots & & \vdots \\ r_{i1} & \cdots & r_{ij} & \cdots & r_{in} \\ \vdots & & \vdots & & \vdots \\ r_{n1} & \cdots & r_{nj} & \cdots & r_{nn} \end{bmatrix} \tag{4-21}$$

其中，r_{ij}表示河流 x_i 与 x_j 的模糊相似隶属度。即 $r_{ij}=\mu_R(x_i,x_j)$，$r_{ij}\in[0,1]$。

设每个河流的数据样本为 m 维向量，即 $x_i=\{W_{i1},W_{i2},\cdots,W_{ik},\cdots,W_{im}\}$，根据河流数据样本的数据，可以求出河流相似隶属度 r_{ij}。河流相似隶属 r_{ij}的计算方法，一般有相似系数方法、距离方法和主观评价方法。距离方法一般有绝对值倒数方法、绝对值指数方法和直接距离方法。直接距离方法计算 r_{ij}的公式[10-14]如下

$$r_{ij}=1-C\sum_{k=1}^{m}\mid W_{ik}-W_{kj}\mid \tag{4-22}$$

其中 C 为适当选取的系数，其选取的原则是使 $0\leqslant r_{ij}\leqslant 1$ 成立。本书建议 C 按下面公式计算

$$C = \frac{1}{1.1\left[\max\left(\sum_{k=1}^{m} | W_{ik} - W_{kj} |\right)\right]} \tag{4-23}$$

(2)建立河流论域上的河流模糊等价矩阵。将论域上的河流模糊相似矩阵改造为河流模糊等价矩阵。首先判别河流模糊相似矩阵 R 是否为河流模糊等价矩阵,若 $R \circ R \subseteq R$ 成立,则河流模糊相似矩阵 R 是河流模糊等价矩阵。如果河流模糊相似矩阵 R 不是河流模糊等价矩阵,通过求 R 的传递闭包方法得到河流模糊等价矩阵。即第一次出现 $R^k \circ R^k = R^k$ 时,R^k 就是河流模糊相似矩阵 R 对应的河流模糊等价矩阵。

(3)河流分类的计算模式。设河流模糊等价矩阵的元素集合中有 n 个元素,λ 值分别取 n 个元素的值,可以得到 n 个河流模糊等价矩阵 R 的 λ 截矩阵,即得到 n 个河流普通等价矩阵。由于河流集合 X 上的河流普通等价矩阵与集合 X 上的河流划分是一一对应的,因此可以得到河流论域集合 X 上的 n 种河流划分,即得到了 n 种河流聚类的集合,也就是得到了 n 种河流分类或河型分类。

4.3.4.4　河型判别的河流模糊等价矩阵聚类方法及计算步骤

河型判别的河流模糊等价矩阵聚类方法实质上是河流分类的河流模糊等价矩阵聚类方法的一种应用。根据河型分类方法可以进行河型判别,依据河型分类的河流模糊等价矩阵聚类方法,可以得到河型判别的河流模糊等价矩阵聚类方法,该方法的计算步骤如下。

选择4种基本河型的典型河流各3条,每条河流均用同一指标的样本数据表示。根据河流分类的河流模糊等价矩阵聚类方法中第(1)、(2)、(3)计算步骤,把河流聚为4类,如果每种基本河型的3条典型河流都聚集在同一类,则称选择的数据为河型判别标准数据。把待判别河型的河流样本数据与标准数据一起聚为4类,与该河流同为一类的典型河流的河型即为该河流的河型。

4.4　黄河下游河型自然分类的模糊聚类方法计算结果

4.4.1　利用11年资料的计算结果

采用冲积河流自然分类的河流模糊等价矩阵聚类方法,利用表4-2的11年冲淤标准化月输沙平衡程度数,对黄河下游6个河段进行河型自然分类。花夹河段、夹高河段、高孙河段、孙艾河段、艾泺河段和泺利河段6个河段分别用 $x_1 \sim x_6$ 表示,待分类河段的全体可以表示为集合 X。

$$X = \{x_1, x_2, x_3, x_4, x_5, x_6\} \tag{4-24}$$

每个河段用冲淤标准化月输沙平衡程度数 W 表示如下

$$x_i = (W_{i1}, W_{i2}, \cdots, W_{ik}, \cdots, W_{i132}) \tag{4-25}$$

计算得到的黄河6个河段的模糊相似矩阵为

$$R=\begin{bmatrix}1.000 & 0.814 & 0.615 & 0.264 & 0.391 & 0.579\\ 0.814 & 1.000 & 0.710 & 0.136 & 0.287 & 0.458\\ 0.615 & 0.710 & 1.000 & 0.095 & 0.008 & 0.195\\ 0.264 & 0.136 & 0.095 & 1.000 & 0.599 & 0.653\\ 0.391 & 0.287 & 0.008 & 0.599 & 1.000 & 0.799\\ 0.579 & 0.458 & 0.195 & 0.653 & 0.799 & 1.000\end{bmatrix} \tag{4-26}$$

据式(4-26)计算得到的模糊等价矩阵为

$$R^4=\begin{bmatrix}1.000 & 0.814 & 0.710 & 0.579 & 0.579 & 0.579\\ 0.814 & 1.000 & 0.710 & 0.579 & 0.579 & 0.579\\ 0.710 & 0.710 & 1.000 & 0.579 & 0.579 & 0.579\\ 0.579 & 0.579 & 0.579 & 1.000 & 0.653 & 0.653\\ 0.579 & 0.579 & 0.579 & 0.653 & 1.000 & 0.799\\ 0.579 & 0.579 & 0.579 & 0.653 & 0.799 & 1.000\end{bmatrix} \tag{4-27}$$

在国内,一般冲积河流分为 4 种基本河型;在国外,冲积河流分为 3 种基本河型。根据国内 4 种基本河型分类体系,可以仅取河型分为 1 ~4 类的截矩阵进行河型聚类分析,又由于河型分为 1 类没有实际意义,因此仅取河型分为 2 ~4 类的截矩阵进行河型聚类分析。根据模糊等价矩阵式(4-27)得到的河型分为 2 ~4 类的截矩阵如下

$$R^4_{0.653}=\begin{bmatrix}1 & 1 & 1 & 0 & 0 & 0\\ 1 & 1 & 1 & 0 & 0 & 0\\ 1 & 1 & 1 & 0 & 0 & 0\\ 0 & 0 & 0 & 1 & 1 & 1\\ 0 & 0 & 0 & 1 & 1 & 1\\ 0 & 0 & 0 & 1 & 1 & 1\end{bmatrix} \tag{4-28}$$

$$R^4_{0.710}=\begin{bmatrix}1 & 1 & 1 & 0 & 0 & 0\\ 1 & 1 & 1 & 0 & 0 & 0\\ 1 & 1 & 1 & 0 & 0 & 0\\ 0 & 0 & 0 & 1 & 0 & 0\\ 0 & 0 & 0 & 0 & 1 & 1\\ 0 & 0 & 0 & 0 & 1 & 1\end{bmatrix} \tag{4-29}$$

$$R^4_{0.799}=\begin{bmatrix}1 & 1 & 0 & 0 & 0 & 0\\ 1 & 1 & 0 & 0 & 0 & 0\\ 0 & 0 & 1 & 0 & 0 & 0\\ 0 & 0 & 0 & 1 & 0 & 0\\ 0 & 0 & 0 & 0 & 1 & 1\\ 0 & 0 & 0 & 0 & 1 & 1\end{bmatrix} \tag{4-30}$$

比较黄河下游 6 个河段河型模糊聚类结果与实际河型分类，根据截矩阵式(4-28)、4 种基本河型分类体系、以及黄河下游在小浪底水库运用前不存在顺直和分汊河型的实际，可以判定花夹河段、夹高河段和高孙河段均为游荡河型，孙艾河段、艾泺河段和泺利河段为弯曲河型。从式(4-29)和式(4-30)可以看出，随着置信水平的提高，河型可以进一步分为 3 类、4 类，超出了 4 种基本河型分类体系的河型，可用“过渡型”、“过渡型 A”和“过渡型 B”的概念来描述。黄河下游 6 个河段实际河型分类与河型模糊聚类分析结果的对比见表 4-6，从表 4-6 可以看出，用模糊聚类分析方法把黄河下游 6 个河段聚为 4 类河型的结果与黄河下游河型的实际分类完全相同。这说明，本书建立的冲积河流河型成因的输沙平衡程度理论假说、冲积河流输沙平衡公式，以及冲积河流自然分类的河流模糊等价矩阵聚类方法应该是正确的。

表 4-6　黄河下游 6 个河段实际河型分类与河型模糊聚类计算结果的对比

项目	河段名称					
	花夹河段	夹高河段	高孙河段	孙艾河段	艾泺河段	泺利河段
河段长度(km)	106	83	130	63	108	174
实际河型分类	游荡	游荡	过渡型	上过渡下弯曲	弯曲	弯曲
河型聚为 4 类	游荡	游荡	(过渡型 A)	(过渡型 B)	弯曲	弯曲
河型聚为 3 类	游荡	游荡	游荡	(过渡型)	弯曲	弯曲
河型聚为 2 类	游荡	游荡	游荡	弯曲	弯曲	弯曲

4.4.2　利用 9 年资料的计算结果

采用冲积河流自然分类的河流模糊等价矩阵聚类方法，利用表 4-3 的 9 年冲淤标准化月输沙平衡程度数，对黄河下游 6 个河段进行河型自然分类。计算得到的模糊相似矩阵如下

$$R=\begin{bmatrix}1.000 & 0.706 & 0.698 & 0.320 & 0.225 & 0.402\\0.706 & 1.000 & 0.454 & 0.090 & 0.006 & 0.201\\0.698 & 0.454 & 1.000 & 0.456 & 0.392 & 0.579\\0.320 & 0.090 & 0.456 & 1.000 & 0.878 & 0.751\\0.225 & 0.006 & 0.392 & 0.878 & 1.000 & 0.723\\0.402 & 0.201 & 0.579 & 0.751 & 0.723 & 1.000\end{bmatrix} \tag{4-31}$$

计算得到的模糊等价矩阵如下

$$R^4=\begin{bmatrix}1.000 & 0.706 & 0.698 & 0.579 & 0.579 & 0.579\\ 0.706 & 1.000 & 0.698 & 0.579 & 0.579 & 0.579\\ 0.698 & 0.698 & 1.000 & 0.579 & 0.579 & 0.579\\ 0.579 & 0.579 & 0.579 & 1.000 & 0.878 & 0.751\\ 0.579 & 0.579 & 0.579 & 0.878 & 1.000 & 0.751\\ 0.579 & 0.579 & 0.579 & 0.751 & 0.751 & 1.000\end{bmatrix} \tag{4-32}$$

取置信度为 0.579、0.698、0.706、0.751、0.878、1.000 得到的 6 个截矩阵如下

$$R^4_{0.579}=\begin{bmatrix}1&1&1&1&1&1\\1&1&1&1&1&1\\1&1&1&1&1&1\\1&1&1&1&1&1\\1&1&1&1&1&1\\1&1&1&1&1&1\end{bmatrix} \tag{4-33}$$

$$R^4_{0.698}=\begin{bmatrix}1&1&1&0&0&0\\1&1&1&0&0&0\\1&1&1&0&0&0\\0&0&0&1&1&1\\0&0&0&1&1&1\\0&0&0&1&1&1\end{bmatrix} \tag{4-34}$$

$$R^4_{0.706}=\begin{bmatrix}1&1&0&0&0&0\\1&1&0&0&0&0\\0&0&1&0&0&0\\0&0&0&1&1&1\\0&0&0&1&1&1\\0&0&0&1&1&1\end{bmatrix} \tag{4-35}$$

$$R^4_{0.751}=\begin{bmatrix}1&0&0&0&0&0\\0&1&0&0&0&0\\0&0&1&0&0&0\\0&0&0&1&1&1\\0&0&0&1&1&1\\0&0&0&1&1&1\end{bmatrix} \tag{4-36}$$

$$R_{0.878}^{4}=\begin{bmatrix}1&0&0&0&0&0\\0&1&0&0&0&0\\0&0&1&0&0&0\\0&0&0&1&1&0\\0&0&0&1&1&0\\0&0&0&0&0&1\end{bmatrix}\tag{4-37}$$

$$R_{1.000}^{4}=\begin{bmatrix}1&0&0&0&0&0\\0&1&0&0&0&0\\0&0&1&0&0&0\\0&0&0&1&0&0\\0&0&0&0&1&0\\0&0&0&0&0&1\end{bmatrix}\tag{4-38}$$

从式(4-33)~式(4-38)可以看出,黄河下游花夹河段、夹高河段、高孙河段、孙艾河段、艾泺河段和泺利河段6个河段的集合,取不同的相似程度,可以划分为1~6类的河型分类。所取的相似程度越高,划分的类别越多;所取的相似程度越低,划分的类别越少。从式(4-33)可以看出,取置信度为0.579,即取相似程度为57.9%,黄河下游6个河段相同,即为同一种河型。从式(4-34)可以看出,取置信度为0.698,黄河下游6个河段中,花夹河段、夹高河段和高孙河段为同一类河型即游荡河型,孙艾河段、艾泺河段和泺利河段为同一类河型即弯曲河型。从式(4-35)可以看出,取置信度为0.706,黄河下游6个河段中,花夹河段、夹高河段为同一种河型即游荡河型,高孙河段为一类独立河型即所谓的过渡河型,孙艾河段、艾泺河段和泺利河段为同一类河型即弯曲河型。从式(4-36)可以看出,取置信度为0.751,黄河下游6个河段中,花夹河段、夹高河段和高孙河段各为一类独立河型,孙艾河段、艾泺河段和泺利河段为同一类河型。从式(4-37)可以看出,取置信度为0.878,黄河下游6个河段中,花夹河段、夹高河段、高孙河段和泺利河段各为一类独立河型,孙艾河段和艾泺河段为同一类河型。从式(4-38)可以看出,如果取置信度为1.000,即取相似程度为100%,黄河下游6个河段中,花夹河段、夹高河段、高孙河段、孙艾河段、艾泺河段和泺利河段各为一类独立河型。

以上计算表明,采用冲积河流自然分类的河流模糊等价矩阵聚类方法,利用9年资料,把黄河下游分为3类的河型聚类结果,与黄河现在的河型实际分类接近。由此也可以说明,本书建立的河型成因假说、输沙平衡公式和河流模糊等价矩阵聚类方法具有一定的正确性。

4.4.3　利用20年资料的计算结果

采用冲积河流自然分类的河流模糊等价矩阵聚类方法,利用表4-4的20年冲淤标准化月输沙平衡程度数,对黄河下游6个河段进行河型自然分类,计算得

到的模糊相似矩阵如下

$$R=\begin{bmatrix}1.000 & 0.753 & 0.786 & 0.202 & 0.205 & 0.413\\0.753 & 1.000 & 0.647 & 0.005 & 0.004 & 0.217\\0.786 & 0.647 & 1.000 & 0.253 & 0.158 & 0.411\\0.202 & 0.005 & 0.253 & 1.000 & 0.806 & 0.751\\0.205 & 0.004 & 0.158 & 0.806 & 1.000 & 0.726\\0.413 & 0.217 & 0.411 & 0.751 & 0.726 & 1.000\end{bmatrix} \tag{4-39}$$

计算得到的模糊等价矩阵如下

$$R^4=\begin{bmatrix}1.000 & 0.753 & 0.786 & 0.413 & 0.413 & 0.413\\0.753 & 1.000 & 0.753 & 0.413 & 0.413 & 0.413\\0.786 & 0.753 & 1.000 & 0.413 & 0.413 & 0.413\\0.413 & 0.413 & 0.413 & 1.000 & 0.806 & 0.751\\0.413 & 0.413 & 0.413 & 0.806 & 1.000 & 0.751\\0.413 & 0.413 & 0.413 & 0.751 & 0.751 & 1.000\end{bmatrix} \tag{4-40}$$

取置信度为 0.413、0.751、0.753、0.786、0.806、1.000 得到的 6 个截矩阵如下

$$R^4_{0.413}=\begin{bmatrix}1 & 1 & 1 & 1 & 1 & 1\\1 & 1 & 1 & 1 & 1 & 1\\1 & 1 & 1 & 1 & 1 & 1\\1 & 1 & 1 & 1 & 1 & 1\\1 & 1 & 1 & 1 & 1 & 1\\1 & 1 & 1 & 1 & 1 & 1\end{bmatrix} \tag{4-41}$$

$$R^4_{0.751}=\begin{bmatrix}1 & 1 & 1 & 0 & 0 & 0\\1 & 1 & 1 & 0 & 0 & 0\\1 & 1 & 1 & 0 & 0 & 0\\0 & 0 & 0 & 1 & 1 & 1\\0 & 0 & 0 & 1 & 1 & 1\\0 & 0 & 0 & 1 & 1 & 1\end{bmatrix} \tag{4-42}$$

$$R^4_{0.753}=\begin{bmatrix}1 & 1 & 1 & 0 & 0 & 0\\1 & 1 & 1 & 0 & 0 & 0\\1 & 1 & 1 & 0 & 0 & 0\\0 & 0 & 0 & 1 & 1 & 0\\0 & 0 & 0 & 1 & 1 & 0\\0 & 0 & 0 & 0 & 0 & 1\end{bmatrix} \tag{4-43}$$

$$R^4_{0.786}=\begin{bmatrix}1&0&1&0&0&0\\0&1&0&0&0&0\\1&0&1&0&0&0\\0&0&0&1&1&0\\0&0&0&1&1&0\\0&0&0&0&0&1\end{bmatrix}\tag{4-44}$$

$$R^4_{0.806}=\begin{bmatrix}1&0&0&0&0&0\\0&1&0&0&0&0\\0&0&1&0&0&0\\0&0&0&1&1&0\\0&0&0&1&1&0\\0&0&0&0&0&1\end{bmatrix}\tag{4-45}$$

$$R^4_{1.000}=\begin{bmatrix}1&0&0&0&0&0\\0&1&0&0&0&0\\0&0&1&0&0&0\\0&0&0&1&0&0\\0&0&0&0&1&0\\0&0&0&0&0&1\end{bmatrix}\tag{4-46}$$

从式(4-28)～式(4-30)、式(4-33)～式(4-38)和式(4-41)～式(4-46)可以看出,采用冲积河流自然分类的河流模糊等价矩阵聚类方法,利用11年、9年和20年3组数据,得到的黄河下游6河段的3～5类河型分类的结果不尽相同,这说明,冲积河流自然分类的河流模糊等价矩阵聚类方法具有一定的灵敏度,可以有效地反映由于冲淤标准化输沙平衡程度数过程的变化引起的河型变化。采用冲积河流自然分类的河流模糊等价矩阵聚类方法,利用11年、9年和20年3组数据,得到的黄河下游6个河段的2类河型分类的结果完全相同,由此表明,对于冲积河流集合的4种基本河型划分,冲积河流自然分类的河流模糊等价矩阵聚类方法具有足够的可靠性。

4.5　3条河流河型自然分类的模糊聚类方法计算结果

采用冲积河流自然分类的河流模糊等价矩阵聚类方法,利用水文年鉴资料,对黄河、渭河和汉江3条河流的8个河段河型进行自然分类。把黄河花夹河段、夹高河段、高孙河段、孙艾河段、艾泺河段、泺利河段、渭河咸阳河段[72]和汉江皇碾河段(即汉江皇家港—碾盘山河段)[73]分别表示为$x_1\sim x_8$,得到的模糊相似矩阵、模糊等价矩阵和截矩阵分别如下

$$R=\begin{bmatrix}1.000 & 0.801 & 0.680 & 0.444 & 0.354 & 0.528 & 0.683 & 0.725\\0.801 & 1.000 & 0.810 & 0.300 & 0.210 & 0.385 & 0.749 & 0.597\\0.680 & 0.810 & 1.000 & 0.124 & 0.034 & 0.209 & 0.729 & 0.421\\0.444 & 0.300 & 0.124 & 1.000 & 0.856 & 0.897 & 0.349 & 0.656\\0.354 & 0.210 & 0.034 & 0.856 & 1.000 & 0.806 & 0.259 & 0.613\\0.528 & 0.385 & 0.209 & 0.897 & 0.806 & 1.000 & 0.429 & 0.728\\0.683 & 0.749 & 0.729 & 0.349 & 0.259 & 0.429 & 1.000 & 0.623\\0.725 & 0.597 & 0.421 & 0.656 & 0.613 & 0.728 & 0.623 & 1.000\end{bmatrix} \tag{4-47}$$

$$R^4=\begin{bmatrix}1.000 & 0.801 & 0.801 & 0.725 & 0.725 & 0.725 & 0.749 & 0.725\\0.801 & 1.000 & 0.810 & 0.725 & 0.725 & 0.725 & 0.749 & 0.725\\0.801 & 0.810 & 1.000 & 0.725 & 0.725 & 0.725 & 0.749 & 0.725\\0.725 & 0.725 & 0.725 & 1.000 & 0.856 & 0.897 & 0.725 & 0.728\\0.725 & 0.725 & 0.725 & 0.856 & 1.000 & 0.856 & 0.725 & 0.728\\0.725 & 0.725 & 0.725 & 0.897 & 0.856 & 1.000 & 0.725 & 0.728\\0.749 & 0.749 & 0.749 & 0.725 & 0.725 & 0.725 & 1.000 & 0.725\\0.725 & 0.725 & 0.725 & 0.728 & 0.728 & 0.728 & 0.725 & 1.000\end{bmatrix} \tag{4-48}$$

$$R^4_{0.728}=\begin{bmatrix}1&1&1&0&0&0&1&0\\1&1&1&0&0&0&1&0\\1&1&1&0&0&0&1&0\\0&0&0&1&1&1&0&1\\0&0&0&1&1&1&0&1\\0&0&0&1&1&1&0&1\\1&1&1&0&0&0&1&0\\0&0&0&1&1&1&0&1\end{bmatrix} \tag{4-49}$$

$$R^4_{0.749}=\begin{bmatrix}1&1&1&0&0&0&1&0\\1&1&1&0&0&0&1&0\\1&1&1&0&0&0&1&0\\0&0&0&1&1&1&0&0\\0&0&0&1&1&1&0&0\\0&0&0&1&1&1&0&0\\1&1&1&0&0&0&1&0\\0&0&0&0&0&0&0&1\end{bmatrix} \tag{4-50}$$

$$R_{0.801}^{4}=\begin{bmatrix}1&1&1&0&0&0&0&0\\1&1&1&0&0&0&0&0\\1&1&1&0&0&0&0&0\\0&0&0&1&1&1&0&0\\0&0&0&1&1&1&0&0\\0&0&0&1&1&1&0&0\\0&0&0&0&0&0&1&0\\0&0&0&0&0&0&0&1\end{bmatrix} \tag{4-51}$$

根据已有知识和式(4-49)~式(4-51)的聚类结果,对8个河段河型进行聚类结果分析:①在仅已知花夹河段、夹高河段和高孙河段为游荡河型,孙艾河段、艾泺河段和泺利河段为弯曲河型的条件下,由3个截矩阵得出的把河型分为2类、3类和4类的结果都可能是正确的。②把8个河段不存在顺直河型作为已知条件,根据4种基本河型分类体系,把8个河段河型分为4类的结果肯定是不正确的,即式(4-51)的分类结果可以排除。③如果再加上已知皇碾河段为分汊河型的条件,那么只有把8个河段分为3类的结果是正确的,即只有式(4-50)的分类结果是正确的,由此可以判定渭河咸阳河段为游荡河型。

4.6　基于河型模糊聚类结果的基本河型关系分析

4.6.1　游荡河型与弯曲河型在总体输沙平衡程度方面的关系

在4种基本河型分类体系条件下,河型聚类结果表明,黄河下游花夹河段、夹高河段、高孙河段3个河段为游荡河型,孙艾河段、艾泺河段、泺利河段3河段为弯曲河型。利用表4-5数据,对黄河下游游荡河型与弯曲河型的冲淤标准化输沙平衡程度数样本特征值进行比较,见表4-7。从表4-7可以看出,在黄河下游,游荡河型的冲淤标准化输沙平衡程度数样本的均值在2.5以上,弯曲河型的冲淤标准化输沙平衡程度数样本的均值在2.1以下。由此可知,在总体输沙平衡程度方面,弯曲河型的输沙平衡程度高于游荡河型的。

表4-7　黄河下游游荡河型与弯曲河型的冲淤标准化输沙平衡程度数样本特征值比较

项目	河段名称					
	花夹河段	夹高河段	高孙河段	孙艾河段	艾泺河段	泺利河段
河段长度(km)	106	83	130	63	108	174
实际形成的河型	游荡	游荡	过渡型	上过渡下弯曲	弯曲	弯曲
河型聚为2类的结果	游荡	游荡	游荡	弯曲	弯曲	弯曲
20年样本均值	2.547	2.820	2.577	1.838	1.708	2.016
20年样本平衡标准差	1.990	2.262	2.064	1.461	1.208	1.679

4.6.2 游荡河型与弯曲河型在输沙平衡程度数构成比例方面的关系

从表4-4可以看出,20年游荡河型与弯曲河型的冲淤标准化月输沙平衡程度数样本的数据各为720个。为了消除计算错误和特殊情况的影响,把游荡河型和弯曲河型的数据样本分别按从大到小的顺序,分别剔除20个最大数据。分别用700个数据作为游荡与弯曲河型的数据样本,统计得到黄河下游游荡河型与弯曲河型各组冲淤标准化月输沙平衡程度数出现的频率,见表4-8。如果把输沙平衡程度数为1.0~2.0的数据组称为小数据组,把输沙平衡程度数为2.0~6.0的数据组称为大数据组,则样本由小数据组和大数据组构成。从表4-8可以看出,游荡河型的输沙平衡程度数小数据组数据约占样本的2/5,大数据组数据约占样本的3/5。弯曲河型的输沙平衡程度数小数据组数据约占样本的4/5,大数据组数据约占样本的1/5。由此可知,在保证率为97%(即700/720)的条件下,游荡河型与弯曲河型在输沙平衡程度数的构成比例方面的关系为,弯曲河型的输沙平衡程度数小数据组数据约为游荡河型的2倍,游荡河型的输沙平衡程度数大数据组数据约为弯曲河型的3倍。

表4-8 黄河下游游荡与弯曲河型各组冲淤标准化月输沙平衡程度数出现频率统计结果

样本标准化输沙平衡程度数分组	样本集合元素符号	游荡河型(%)	弯曲河型(%)
1.0~1.5	a_1	19.43	52.43
1.5~2.0	a_2	17.14	25.00
2.0~2.5	a_3	19.86	10.00
2.5~3.0	a_4	13.86	5.14
3.0~3.5	a_5	10.14	4.43
3.5~4.0	a_6	8.00	1.57
4.0~4.5	a_7	5.43	1.14
4.5~5.0	a_8	3.43	0.29
5.0~5.5	a_9	2.28	0.00
5.5~6.0	a_{10}	0.43	0.00
1.0~2.0	$a_1 \sim a_2$	36.57	77.43
1.0~2.5	$a_1 \sim a_3$	56.43	87.43
1.0~3.0	$a_1 \sim a_4$	70.29	92.57
1.0~3.5	$a_1 \sim a_5$	80.43	97.00
1.0~4.0	$a_1 \sim a_6$	88.43	98.57
1.0~4.5	$a_1 \sim a_7$	93.86	99.71
1.0~5.0	$a_1 \sim a_8$	97.29	100.00
1.0~5.5	$a_1 \sim a_9$	99.57	100.00
1.0~6.0	$a_1 \sim a_{10}$	100.00	100.00
1.0~2.0	$a_1 \sim a_2$	36.57	77.43
2.0~6.0	$a_3 \sim a_{10}$	63.43	22.57

4.6.3 游荡河型与弯曲河型在输沙平衡程度数集合方面的关系

根据集合概念，把样本中的各组数据作为样本的元素。从表 4-8 可知，黄河下游游荡河型冲淤标准化月输沙平衡程度数样本的集合为

$$A_1 = \{a_1, a_2, a_3, a_4, a_5, a_6, a_7, a_8, a_9, a_{10}\} \tag{4-52}$$

黄河下游弯曲河型冲淤标准化月输沙平衡程度数样本的集合为

$$A_2 = \{a_1, a_2, a_3, a_4, a_5, a_6, a_7, a_8\} \tag{4-53}$$

集合 A_1 与 A_2 存在如下关系

$$A_2 \subset A_1 \tag{4-54}$$

$$A_1 \cup A_2 = A_1 \tag{4-55}$$

$$A_1 \cap A_2 = A_2 \tag{4-56}$$

$$A_1 - A_2 = \{a_9, a_{10}\} \tag{4-57}$$

由此表明，在保证率为 97% 的条件下，在冲淤标准化月输沙平衡程度数的集合关系方面，游荡河型包含弯曲河型，弯曲河型与游荡河型的并集为游荡河型，弯曲河型与游荡河型的交集为弯曲河型，游荡河型比弯曲河型多了一些数值较大的冲淤标准化月输沙平衡程度数。

从以上分析可以看出，基于河型模糊聚类结果，利用不同基本河型的冲淤标准化月输沙平衡程度数数据，通过研究游荡河型与弯曲河型在总体输沙平衡程度方面的关系、游荡河型与弯曲河型在输沙平衡程度数构成比例方面的关系、以及游荡河型与弯曲河型在输沙平衡程度数集合方面的关系，可以揭示出不同基本河型之间的内在联系与区别。

4.7 小　结

(1)本章建立了河型分类的规则、依据以及选用合理数学方法的基本概念，认为河型自然分类法的分类依据为河型的成因。如果采用冲淤标准化输沙平衡程度数数据表达冲积河流，那么依据冲积河流河型成因的输沙平衡程度理论假说，对冲积河流河型的自然分类等价于对冲积河流的自然分类。本书认为，任意一种河型的河流集合都是河流模糊集合，河型之间的关系为模糊关系，由此提出了冲积河流自然分类的河流模糊等价矩阵聚类方法。本书的研究理清了河流模糊等价矩阵聚类方法包含的计算理论及其关系，从而形成了由 16 个基础理论点组成的完整计算理论主线，即河流集合、河流模糊集合、河流模糊关系、河流直积、河流模糊关系性质、河流模糊相似隶属度、矩阵、河流模糊相似矩阵、河流模糊等价矩阵、河流模糊等价矩阵的截矩阵、河流普通等价矩阵、河流等价类、河流商集、河流集合的划分、河型分类模式以及河型判别模式。

(2)根据冲积河流自然分类的河流模糊等价矩阵聚类方法，对黄河下游 6 个河段河型进行自然分类，以及对黄河、渭河和汉江 3 条河流的 8 个河段河型进行自然分类的计算结果表明，把冲积河流自然分类的河流模糊等价矩阵聚类方

法用于对冲积河流集合的4种基本河型划分，有足够的可靠性。至于冲积河流自然分类的河流模糊等价矩阵聚类方法存在计算量巨大的问题，可以通过编写计算程序予以解决，本书的计算实际上也经历了“手工计算”和“程序计算”两个阶段，由于聚类程序编写不是本书研究的重点内容，所以没有给出河流模糊等价矩阵聚类的计算程序。

（3）根据聚类结果，通过研究游荡河型与弯曲河型在总体输沙平衡程度方面的关系、游荡河型与弯曲河型在输沙平衡程度数构成比例方面的关系、以及游荡河型与弯曲河型在输沙平衡程度数集合方面的关系，可以揭示出不同基本河型之间的内在联系与区别。到现在为止，我们至少知道，在总体输沙平衡程度方面，弯曲河型的输沙平衡程度高于游荡河型。在保证率为97%的条件下，弯曲河型的输沙平衡程度数小数据组数据约为游荡河型的2倍，游荡河型的输沙平衡程度数大数据组数据约为弯曲河型的3倍；在冲淤标准化月输沙平衡程度数的集合关系方面，游荡河型包含弯曲河型。

（4）根据河型分类数理统计方法的基本理论概念以及应用情况，本书认为采用河型分类数理统计方法很难得到河型的界限值，采用数理统计方法对河型进行分类似乎是无效的。

第 5 章　冲积河流河型预测的模糊聚类方法及其应用

5.1　冲积河流河型预测的模糊聚类方法

根据冲积河流河型自然分类的模糊聚类方法，如果可以预测未来的冲积河流输沙平衡程度数，从理论上讲，就可以进行河型预测。但是，冲积河流输沙平衡程度公式含有 Q、S、ω、h、B、J 和 n 共 7 个量，基于目前的研究水平，预测 h、B、J 和 n 还很难实现。在有水库控制的条件下，预测未来的 Q、S 和 ω 应该是可以实现的，因此本书的河型预测研究以 Q、S 和 ω 可以预测为前提条件。

为了分析方便，可以把式(5-1)冲积河流输沙平衡程度公式进行分项表达

$$W = \left(\frac{J}{n^2}\right)\left(\frac{h^{2/5}}{B^{1/5}}\right)\left[\frac{Q^{1/5}}{(4.61S^{1.09}\omega g)^{11/15}}\right] \tag{5-1}$$

令

$$W_1 = \frac{J}{n^2} \tag{5-2}$$

$$W_2 = \frac{h^{2/5}}{B^{1/5}} \tag{5-3}$$

$$W_3 = \frac{Q^{1/5}}{(4.61S^{1.09}\omega g)^{11/15}} \tag{5-4}$$

并分别称 W_1、W_2 和 W_3 为冲积河流输沙平衡程度公式中的河流纵向影响项、河流横向影响项和河流水沙影响项，相应的计算数据分别称为河流纵向项数、河流横向项数和河流水沙项数。

如果把冲积河流输沙平衡程度公式简化为如下形式

$$W = a\left[\frac{Q^{1/5}}{(4.61S^{1.09}\omega g)^{11/15}}\right]^b \tag{5-5}$$

如果该公式中的系数 a 和指数 b 能够确定，那么在可以预测未来的 Q、S 和 ω 情况下，就可以通过该式预测未来的冲积河流输沙平衡程度数。

为了区别根据式(5-5)与根据冲积河流输沙平衡程度公式计算得出的冲积河流输沙平衡程度数的差别，称用式(5-5)计算得出的冲积河流输沙平衡程度数为水沙项冲积河流输沙平衡程度数；并把式(5-5)改写为以下形式

$$W_S = a\left[\frac{Q^{1/5}}{(4.61S^{1.09}\omega g)^{11/15}}\right]^b \tag{5-6}$$

称式中的 W_S 为水沙项冲积河流输沙平衡程度数，简称为水沙项输沙平衡程度数。相应地，称式(5-6)为水沙项输沙平衡程度公式。

在确定了式(5-6)中的系数 a 和指数 b 之后，在可以预测冲积河流未来的 Q、S 和 ω 情况下，采用式(5-6)可以预测冲积河流未来的水沙项输沙平衡程度数，此后，基于冲积河流河型自然分类的模糊聚类方法，就可以预测冲积河流未来的河型。以上预测河型的方法，称为冲积河流河型预测的模糊聚类方法。

5.2　基于河型预测模糊聚类方法的黄河下游河型预测

5.2.1　黄河下游 6 个河段水沙项输沙平衡程度公式的系数指数统计

根据附录的黄河下游 6 个河段 21 年的月输沙平衡程度数计算总表的数据，计算得到的黄河下游 6 个河段 20 年的月水沙项数 W_3 与月冲积河流输沙平衡程度数 W 的对应关系见表 5-1 和表 5-2。根据表 5-1 和表 5-2 数据可以得到图 5-1 ~ 图 5-6，从图 5-1 ~ 图 5-6 可以看出，黄河下游 6 个河段 20 年的月水沙项数与月冲积河流输沙平衡程度数之间有较好的相关关系。根据表 5-1 和表 5-2 数据，采用统计方法[18-23]，计算得到的黄河下游 6 个河段水沙项输沙平衡程度公式的系数、指数值见表 5-3。

表 5-1　花夹河段、夹高河段和高孙河段 3 个河段的水沙项数与输沙平衡程度数的对应关系

序号	年份	月份	花夹河段		夹高河段		高孙河段	
			水沙项数	平衡程度数	水沙项数	平衡程度数	水沙项数	平衡程度数
1	1972	1	4.121	1.075	5.001	0.634	5.202	0.785
2		2	3.830	1.418	3.750	1.312	3.693	1.372
3		3	4.385	1.829	3.835	1.497	3.098	0.899
4		4	4.605	2.684	4.060	2.084	4.780	1.737
5		5	4.927	1.133	4.828	1.509	4.716	1.474
6		6	4.501	1.531	4.686	1.412	5.236	1.677
7		7	2.782	0.883	2.552	1.386	2.718	1.289
8		8	3.709	2.385	3.440	2.486	3.620	1.840
9		9	3.064	1.242	3.001	1.109	2.733	0.886
10		10	5.590	1.571	7.078	2.066	4.382	1.532
11		11	5.521	2.282	4.980	2.555	3.571	1.264
12		12	4.436	1.416	4.378	0.915	4.849	0.575

续表 5-1

序号	年份	月份	花夹河段		夹高河段		高孙河段	
			水沙项数	平衡程度数	水沙项数	平衡程度数	水沙项数	平衡程度数
13	1973	1	3. 578	0. 549	4. 988	0. 734	7. 057	0. 807
14		2	5. 910	0. 732	7. 498	0. 847	10. 830	0. 886
15		3	3. 721	1. 576	4. 900	2. 041	3. 923	1. 152
16		4	4. 040	1. 692	4. 272	1. 755	3. 465	1. 518
17		5	4. 008	1. 095	4. 414	1. 907	3. 033	0. 052
18		6	4. 038	0. 896	3. 521	1. 202	4. 517	1. 435
19		7	3. 060	1. 166	3. 084	2. 246	2. 927	1. 848
20		8	0. 804	0. 329	1. 593	0. 721	2. 099	0. 956
21		9	1. 256	0. 515	1. 337	0. 682	1. 537	0. 836
22		10	3. 825	1. 621	3. 524	2. 147	3. 288	2. 180
23		11	4. 363	1. 174	3. 982	2. 399	3. 918	3. 081
24		12	5. 728	0. 956	6. 000	0. 759	6. 395	0. 744
25	1975	1	4. 991	1. 360	4. 959	1. 816	6. 124	1. 785
26		2	4. 988	1. 366	5. 229	1. 825	5. 922	2. 086
27		3	6. 525	0. 871	7. 534	1. 553	8. 751	1. 723
28		4	5. 643	0. 920	4. 216	1. 072	3. 506	1. 163
29		5	4. 711	1. 011	4. 957	1. 968	5. 634	2. 244
30		6	6. 231	1. 254	6. 814	1. 973	6. 362	2. 131
31		7	2. 711	0. 414	4. 423	1. 932	3. 416	1. 887
32		8	3. 048	1. 168	3. 434	1. 609	2. 958	1. 666
33		9	3. 192	1. 635	3. 789	2. 056	2. 516	1. 347
34		10	3. 513	1. 684	3. 506	0. 884	3. 812	0. 676
35		11	4. 441	2. 781	3. 370	1. 834	4. 010	2. 209
36		12	8. 339	2. 605	4. 307	1. 080	4. 706	0. 842
37	1976	1	6. 742	1. 324	6. 025	1. 821	6. 060	1. 317
38		2	7. 676	2. 127	7. 247	2. 864	7. 446	2. 185
39		3	6. 682	2. 299	5. 687	2. 617	4. 560	2. 885
40		4	5. 982	2. 461	5. 035	2. 167	4. 280	2. 288
41		5	9. 082	3. 645	8. 846	3. 603	6. 995	2. 382
42		6	5. 745	1. 519	6. 205	1. 971	7. 448	2. 262
43		7	7. 428	3. 216	5. 108	2. 045	3. 575	1. 883
44		8	3. 499	1. 675	3. 384	2. 194	3. 418	1. 411
45		9	3. 696	1. 047	3. 786	1. 593	3. 838	2. 334
46		10	5. 640	0. 819	4. 836	1. 250	4. 823	2. 344
47		11	5. 982	1. 384	6. 105	2. 008	6. 332	1. 779
48		12	5. 844	1. 623	7. 402	2. 931	8. 356	2. 039

续表 5-1

序号	年份	月份	花夹河段		夹高河段		高孙河段	
			水沙项数	平衡程度数	水沙项数	平衡程度数	水沙项数	平衡程度数
49	1978	1	5.459	1.201	5.923	1.111	9.287	1.352
50		2	9.508	1.793	11.009	2.064	14.954	2.875
51		3	6.302	1.725	6.699	1.769	7.819	2.072
52		4	5.972	0.916	6.857	1.478	8.846	2.226
53		5	5.798	0.799	6.641	1.317	8.803	2.555
54		6	5.108	0.615	4.979	0.791	8.642	2.752
55		7	0.631	0.160	0.892	0.338	1.917	1.158
56		8	1.438	0.583	1.768	0.930	2.406	1.145
57		9	2.481	2.029	2.714	1.616	1.755	1.558
58		10	3.583	1.550	3.443	1.030	2.985	1.659
59		11	5.292	2.891	4.503	1.790	4.250	2.178
60		12	6.294	2.219	5.575	2.004	5.798	0.884
61	1979	1	3.681	1.203	4.098	1.835	5.373	1.292
62		2	5.897	1.208	5.057	0.955	5.251	0.737
63		3	4.599	2.005	4.334	2.865	4.595	2.225
64		4	4.903	1.106	4.598	1.975	4.397	2.136
65		5	5.921	1.946	6.445	2.611	6.041	2.301
66		6	4.212	2.938	4.887	1.607	7.425	2.560
67		7	3.829	2.396	4.345	2.025	5.735	2.244
68		8	1.859	1.022	2.340	1.008	2.267	1.269
69		9	3.992	1.588	4.209	1.604	3.603	1.769
70		10	5.093	1.826	4.773	1.744	4.585	2.477
71		11	5.318	0.999	7.053	1.794	9.022	2.262
72		12	4.837	0.857	5.629	1.002	6.299	2.529
73	1980	1	7.629	1.808	10.177	1.842	11.361	1.817
74		2	7.326	1.392	9.517	1.521	13.872	2.027
75		3	6.534	1.991	7.172	2.214	7.733	3.908
76		4	4.868	1.529	5.575	1.807	8.355	3.497
77		5	5.483	1.561	6.527	2.953	10.556	4.071
78		6	6.283	1.599	7.562	2.634	9.014	3.992
79		7	4.875	1.361	5.987	0.441	6.194	0.816
80		8	4.928	1.985	5.226	1.739	4.861	1.786
81		9	6.108	4.446	7.280	3.029	6.573	3.952
82		10	6.842	4.239	6.993	3.194	5.221	3.283
83		11	3.695	1.456	8.680	3.701	9.847	4.642
84		12	7.980	0.909	11.716	2.645	11.491	2.274

续表 5-1

序号	年份	月份	花夹河段		夹高河段		高孙河段	
			水沙项数	平衡程度数	水沙项数	平衡程度数	水沙项数	平衡程度数
85	1982	1	7. 239	1. 645	7. 987	2. 833	11. 244	2. 077
86		2	7. 338	1. 696	9. 019	2. 530	12. 909	2. 341
87		3	8. 193	2. 445	7. 676	2. 677	6. 995	3. 505
88		4	8. 970	2. 068	11. 373	3. 807	10. 630	6. 328
89		5	7. 867	1. 586	9. 792	2. 675	9. 857	3. 610
90		6	11. 710	2. 181	10. 293	3. 755	9. 704	7. 244
91		7	10. 469	2. 178	10. 386	2. 086	12. 009	4. 831
92		8	7. 032	2. 030	6. 500	0. 622	7. 124	0. 665
93		9	7. 244	2. 497	8. 036	3. 466	8. 846	5. 886
94		10	6. 938	4. 024	8. 013	4. 834	8. 299	5. 528
95		11	9. 827	3. 241	9. 479	3. 784	9. 241	3. 711
96		12	11. 233	2. 562	15. 605	3. 360	13. 355	3. 316
97	1985	1	9. 821	4. 376	11. 857	4. 025	13. 543	2. 740
98		2	8. 238	2. 458	8. 615	2. 817	10. 070	3. 068
99		3	7. 804	2. 705	8. 058	2. 573	8. 384	3. 569
100		4	12. 082	6. 670	12. 473	3. 982	11. 441	3. 371
101		5	10. 148	2. 200	13. 452	4. 344	11. 976	4. 074
102		6	11. 819	2. 538	12. 429	2. 414	12. 264	4. 133
103		7	14. 673	3. 687	16. 930	4. 859	11. 723	3. 944
104		8	6. 397	2. 548	8. 166	2. 856	6. 993	2. 470
105		9	5. 126	1. 741	5. 554	1. 520	4. 824	1. 987
106		10	8. 631	4. 408	6. 902	1. 183	6. 191	2. 197
107		11	10. 112	4. 240	8. 502	3. 359	10. 446	3. 176
108		12	11. 370	1. 595	14. 260	1. 605	15. 688	0. 264
109	1987	1	13. 998	3. 338	14. 783	2. 403	15. 464	2. 208
110		2	11. 545	1. 759	11. 945	3. 243	17. 721	2. 458
111		3	10. 858	4. 440	12. 693	5. 141	14. 293	4. 512
112		4	11. 025	3. 986	11. 757	4. 234	15. 789	4. 791
113		5	10. 017	4. 248	11. 520	3. 478	15. 261	3. 914
114		6	10. 188	4. 115	9. 926	2. 851	10. 397	3. 223
115		7	9. 356	2. 495	9. 409	2. 380	11. 160	2. 446
116		8	6. 986	2. 086	7. 239	2. 858	8. 089	1. 833
117		9	7. 126	5. 382	7. 074	3. 049	7. 150	2. 032
118		10	12. 089	4. 856	13. 167	4. 828	14. 723	2. 928
119		11	12. 038	5. 835	12. 596	4. 497	12. 352	3. 119
120		12	11. 788	3. 312	15. 289	4. 296	16. 233	2. 464

续表 5-1

序号	年份	月份	花夹河段		夹高河段		高孙河段	
			水沙项数	平衡程度数	水沙项数	平衡程度数	水沙项数	平衡程度数
121	1988	1	12. 303	3. 558	13. 180	4. 457	15. 228	2. 320
122		2	12. 304	2. 765	18. 307	2. 581	23. 302	2. 614
123		3	8. 577	1. 339	8. 749	0. 671	11. 986	2. 563
124		4	8. 984	2. 608	10. 415	4. 190	13. 251	5. 418
125		5	10. 732	4. 778	11. 327	4. 556	12. 668	4. 896
126		6	11. 508	5. 068	12. 919	6. 229	18. 281	7. 276
127		7	3. 804	2. 268	4. 616	2. 393	4. 439	1. 877
128		8	3. 032	1. 381	4. 043	2. 214	3. 879	2. 129
129		9	5. 854	2. 545	6. 595	2. 285	6. 547	3. 004
130		10	8. 916	3. 381	8. 348	2. 384	8. 066	2. 832
131		11	7. 689	3. 307	9. 878	3. 798	13. 835	3. 083
132		12	8. 295	2. 709	10. 933	2. 190	15. 080	2. 558
133	1991	1	10. 913	4. 078	11. 101	2. 465	13. 123	2. 187
134		2	8. 640	3. 289	9. 802	3. 804	9. 757	2. 249
135		3	8. 360	3. 909	7. 541	4. 089	7. 231	2. 628
136		4	8. 028	3. 939	8. 879	5. 374	8. 154	4. 892
137		5	9. 350	3. 810	10. 008	4. 045	9. 810	3. 641
138		6	2. 074	0. 879	5. 395	2. 571	5. 462	2. 674
139		7	1. 420	0. 253	6. 387	0. 725	10. 828	0. 469
140		8	1. 595	0. 879	5. 686	2. 075	6. 763	1. 457
141		9	2. 723	0. 688	8. 907	2. 884	9. 170	3. 490
142		10	6. 698	2. 489	13. 795	3. 245	22. 993	2. 029
143		11	8. 507	1. 935	17. 905	2. 532	31. 512	4. 043
144		12	7. 579	2. 450	10. 622	3. 396	15. 883	2. 608
145	1992	1	8. 662	0. 624	14. 321	2. 437	26. 448	2. 640
146		2	6. 980	0. 478	9. 071	1. 846	17. 654	2. 355
147		3	6. 547	0. 936	7. 897	4. 245	7. 281	2. 968
148		4	6. 885	0. 627	8. 977	5. 444	8. 809	4. 118
149		5	6. 289	0. 666	7. 996	3. 110	10. 949	3. 838
150		6	8. 261	1. 221	10. 834	3. 239	12. 148	2. 181
151		7	5. 680	0. 479	6. 535	1. 540	6. 940	0. 552
152		8	1. 865	0. 127	2. 211	1. 241	2. 799	1. 844
153		9	4. 421	0. 298	4. 996	2. 631	4. 852	3. 025
154		10	7. 615	1. 122	7. 627	3. 817	8. 426	3. 936
155		11	6. 955	1. 108	7. 465	3. 325	8. 490	2. 034
156		12	8. 354	1. 128	8. 596	3. 154	8. 506	1. 429

续表 5-1

序号	年份	月份	花夹河段		夹高河段		高孙河段	
			水沙项数	平衡程度数	水沙项数	平衡程度数	水沙项数	平衡程度数
157	1993	1	12. 235	3. 325	14. 655	3. 635	15. 622	1. 459
158		2	8. 061	3. 461	7. 425	3. 229	8. 293	1. 135
159		3	6. 731	2. 941	6. 368	3. 831	6. 717	0. 907
160		4	8. 107	4. 126	9. 053	5. 189	9. 865	1. 078
161		5	9. 377	1. 964	9. 245	3. 214	8. 383	2. 517
162		6	11. 747	2. 777	11. 954	2. 942	15. 575	1. 497
163		7	4. 264	1. 009	5. 706	1. 732	6. 041	2. 821
164		8	3. 476	1. 684	3. 995	2. 126	4. 142	2. 661
165		9	6. 845	4. 516	5. 772	3. 995	5. 877	4. 535
166		10	6. 167	2. 354	6. 497	2. 991	5. 141	2. 350
167		11	6. 174	2. 468	7. 101	2. 343	5. 889	1. 561
168		12	7. 031	2. 450	7. 321	2. 236	8. 212	1. 901
169	1994	1	7. 774	2. 451	7. 804	2. 691	9. 448	2. 152
170		2	7. 446	3. 164	7. 829	3. 070	9. 884	2. 595
171		3	6. 677	2. 638	6. 999	3. 430	8. 183	3. 852
172		4	7. 394	2. 374	6. 840	3. 434	7. 267	4. 384
173		5	6. 489	2. 265	7. 424	3. 855	9. 107	4. 969
174		6	12. 259	2. 477	13. 456	2. 476	26. 077	4. 013
175		7	3. 505	0. 780	4. 530	1. 329	5. 409	2. 675
176		8	1. 369	0. 427	2. 283	0. 901	2. 794	1. 768
177		9	2. 897	1. 450	3. 209	1. 652	3. 890	2. 349
178		10	6. 443	2. 364	8. 532	3. 057	2. 666	0. 677
179		11	5. 814	2. 644	7. 146	4. 390	1. 858	0. 860
180		12	5. 778	3. 119	5. 371	3. 287	5. 681	2. 230
181	1995	1	10. 949	4. 807	10. 545	2. 662	8. 792	1. 260
182		2	6. 625	2. 537	8. 552	3. 063	8. 975	1. 942
183		3	8. 979	3. 329	7. 266	3. 816	7. 262	2. 714
184		4	7. 128	3. 720	7. 731	4. 544	9. 208	4. 041
185		5	8. 305	3. 457	8. 295	8. 835	8. 052	3. 987
186		6	22. 414	3. 482	28. 785	3. 228	86. 502	7. 440
187		7	1. 568	0. 495	2. 146	1. 142	2. 075	0. 522
188		8	2. 533	1. 518	2. 385	1. 645	2. 328	1. 407
189		9	2. 946	2. 390	3. 232	2. 855	3. 478	2. 807
190		10	8. 782	4. 021	10. 364	5. 631	8. 629	3. 112
191		11	8. 203	4. 703	8. 858	4. 205	9. 288	2. 817
192		12	8. 549	4. 585	9. 617	3. 690	11. 017	2. 078

续表 5-1

序号	年份	月份	花夹河段		夹高河段		高孙河段	
			水沙项数	平衡程度数	水沙项数	平衡程度数	水沙项数	平衡程度数
193	1996	1	10. 386	2. 261	16. 787	1. 992	30. 717	1. 644
194		2	9. 459	1. 712	11. 924	2. 174	21. 797	1. 609
195		3	5. 693	2. 595	6. 168	2. 371	6. 615	1. 100
196		4	7. 480	3. 965	7. 629	4. 693	6. 602	2. 480
197		5	8. 695	6. 752	9. 199	9. 409	6. 796	2. 559
198		6	7. 710	3. 795	7. 912	4. 199	14. 220	1. 941
199		7	1. 328	0. 550	2. 106	1. 090	2. 427	0. 938
200		8	2. 864	0. 750	3. 960	0. 365	5. 353	0. 469
201		9	4. 453	3. 468	4. 970	4. 152	6. 613	5. 147
202		10	8. 381	5. 136	8. 136	5. 230	9. 539	4. 334
203		11	8. 664	4. 884	9. 054	5. 076	8. 152	3. 793
204		12	8. 911	2. 015	11. 585	3. 283	15. 104	1. 520
205	1997	1	10. 780	2. 425	17. 712	2. 510	34. 650	1. 177
206		2	8. 939	3. 455	10. 647	3. 102	19. 911	2. 299
207		3	6. 634	2. 431	6. 061	2. 849	7. 127	2. 590
208		4	8. 718	5. 130	7. 322	5. 630	6. 994	3. 902
209		5	8. 846	4. 100	9. 259	3. 718	12. 211	2. 254
210		6	12. 702	1. 521	18. 287	0. 277	52. 809	0. 911
211		7	12. 683	0. 449	12. 176	0. 101	18. 034	0. 040
212		8	1. 248	0. 429	1. 657	0. 898	2. 290	0. 869
213		9	5. 504	2. 662	6. 745	3. 334	9. 235	2. 524
214		10	7. 104	2. 841	10. 020	3. 725	12. 288	0. 921
215		11	11. 184	1. 981	14. 539	2. 300	23. 224	1. 391
216		12	10. 043	3. 217	12. 014	2. 727	19. 170	2. 334
217	1998	1	11. 436	2. 271	12. 220	1. 762	23. 823	2. 602
218		2	7. 644	3. 095	8. 443	2. 590	11. 156	1. 156
219		3	6. 543	2. 338	6. 016	3. 435	6. 906	2. 301
220		4	8. 366	2. 995	7. 311	3. 743	7. 249	2. 757
221		5	9. 221	2. 831	10. 545	4. 452	9. 270	2. 547
222		6	7. 330	3. 429	7. 138	3. 112	5. 875	3. 557
223		7	2. 508	0. 493	2. 883	1. 594	3. 060	1. 824
224		8	4. 423	2. 071	5. 164	3. 591	4. 886	3. 040
225		9	6. 583	4. 148	5. 988	3. 680	6. 729	2. 950
226		10	9. 444	5. 841	11. 841	4. 977	18. 216	2. 357
227		11	9. 890	3. 190	15. 039	3. 689	25. 847	2. 073
228		12	7. 735	2. 908	9. 430	2. 561	13. 166	1. 410

续表 5-1

序号	年份	月份	花夹河段		夹高河段		高孙河段	
			水沙项数	平衡程度数	水沙项数	平衡程度数	水沙项数	平衡程度数
229	1999	1	9. 248	3. 606	11. 668	2. 617	14. 004	1. 609
230		2	10. 176	4. 082	13. 268	3. 303	22. 970	1. 874
231		3	9. 119	5. 982	6. 329	5. 291	6. 922	3. 503
232		4	8. 413	3. 845	8. 960	5. 562	10. 175	7. 418
233		5	9. 640	3. 808	8. 417	3. 972	11. 040	2. 144
234		6	10. 372	5. 069	10. 843	3. 495	12. 463	1. 366
235		7	1. 972	1. 123	3. 069	2. 563	2. 751	1. 663
236		8	7. 307	4. 315	8. 974	4. 840	8. 211	3. 611
237		9	6. 613	3. 450	7. 576	5. 046	8. 746	6. 528
238		10	6. 808	2. 829	6. 795	3. 394	8. 168	2. 515
239		11	9. 628	2. 589	13. 117	2. 656	16. 926	1. 365
240		12	9. 312	2. 010	14. 274	2. 704	16. 704	1. 283

表 5-2　孙艾河段、艾泺河段和泺利河段 3 个河段的水沙项数与输沙平衡程度数的对应关系

序号	年份	月份	孙艾河段		艾泺河段		泺利河段	
			水沙项数	平衡程度数	水沙项数	平衡程度数	水沙项数	平衡程度数
1	1972	1	4. 597	0. 824	5. 601	0. 515	9. 886	0. 868
2		2	3. 399	0. 871	4. 585	0. 792	7. 364	1. 269
3		3	2. 828	0. 788	3. 517	0. 530	4. 191	0. 740
4		4	4. 555	0. 904	3. 173	0. 631	2. 982	0. 710
5		5	3. 081	0. 518	3. 213	0. 568	8. 690	1. 261
6		6	5. 236	0. 760	5. 429	0. 530	10. 526	0. 416
7		7	2. 636	0. 743	2. 491	0. 389	3. 494	0. 648
8		8	3. 518	1. 903	3. 502	0. 943	4. 281	1. 259
9		9	2. 681	0. 687	2. 959	0. 638	3. 277	0. 963
10		10	3. 893	0. 860	6. 479	0. 772	9. 768	1. 035
11		11	4. 479	1. 145	7. 339	0. 909	9. 309	0. 963
12		12	6. 046	0. 691	9. 392	0. 585	17. 494	0. 895

续表 5-2

序号	年份	月份	孙艾河段		艾泺河段		泺利河段	
			水沙项数	平衡程度数	水沙项数	平衡程度数	水沙项数	平衡程度数
13	1973	1	7. 145	0. 723	12. 103	0. 985	16. 588	0. 553
14		2	11. 119	1. 054	19. 672	1. 288	21. 990	1. 731
15		3	3. 883	0. 991	5. 816	0. 822	7. 866	0. 745
16		4	3. 131	1. 077	5. 711	0. 667	6. 883	0. 675
17		5	2. 610	0. 028	3. 532	0. 518	3. 628	0. 508
18		6	4. 170	0. 832	5. 208	0. 588	6. 115	0. 516
19		7	2. 851	1. 383	3. 398	1. 516	3. 342	5. 300
20		8	2. 265	0. 702	2. 762	0. 525	2. 874	0. 665
21		9	1. 728	0. 911	1. 854	0. 765	1. 776	0. 713
22		10	3. 285	1. 374	3. 650	1. 431	3. 460	1. 323
23		11	4. 090	1. 608	4. 407	1. 397	4. 238	1. 484
24		12	8. 449	0. 864	14. 794	3. 573	17. 029	3. 437
25	1975	1	6. 626	0. 887	7. 465	0. 824	7. 358	0. 962
26		2	5. 906	1. 221	6. 698	0. 860	6. 099	1. 026
27		3	9. 226	0. 954	10. 352	0. 957	13. 983	1. 889
28		4	4. 278	0. 820	4. 201	0. 555	3. 732	0. 639
29		5	4. 473	1. 116	3. 449	0. 311	2. 796	0. 306
30		6	6. 951	0. 833	6. 186	0. 460	4. 661	0. 241
31		7	1. 630	0. 560	1. 620	0. 353	2. 910	0. 896
32		8	2. 337	0. 872	2. 319	0. 720	2. 681	0. 934
33		9	2. 384	0. 859	2. 787	1. 014	2. 907	1. 193
34		10	3. 696	0. 410	3. 576	0. 914	3. 662	1. 019
35		11	4. 182	1. 511	4. 054	1. 442	4. 405	1. 699
36		12	6. 342	0. 776	6. 807	0. 883	10. 348	0. 880
37	1976	1	6. 872	0. 784	9. 196	0. 674	13. 019	0. 849
38		2	6. 163	0. 778	6. 975	0. 483	10. 180	0. 889
39		3	4. 581	1. 723	5. 632	0. 880	6. 716	0. 986
40		4	4. 062	1. 326	3. 647	0. 473	4. 221	0. 541
41		5	7. 594	1. 431	11. 607	0. 717	17. 780	0. 570
42		6	8. 341	1. 432	9. 449	0. 884	19. 476	0. 810
43		7	3. 305	1. 107	2. 986	0. 672	3. 307	0. 751
44		8	2. 902	0. 510	2. 749	0. 881	2. 777	1. 090
45		9	3. 553	0. 476	3. 926	0. 924	4. 127	1. 358
46		10	5. 609	3. 383	5. 589	1. 952	5. 743	2. 109
47		11	5. 519	1. 216	5. 692	1. 064	8. 060	1. 288
48		12	10. 660	1. 320	14. 380	1. 415	20. 645	1. 271

续表 5-2

序号	年份	月份	孙艾河段		艾泺河段		泺利河段	
			水沙项数	平衡程度数	水沙项数	平衡程度数	水沙项数	平衡程度数
49	1978	1	8. 203	0. 445	10. 353	0. 578	12. 585	1. 032
50		2	14. 620	0. 791	15. 649	0. 986	17. 516	1. 040
51		3	8. 372	0. 850	12. 509	1. 134	20. 605	1. 899
52		4	9. 356	1. 516	9. 258	0. 734	12. 539	0. 570
53		5	8. 107	1. 635	11. 343	0. 990	31. 274	1. 823
54		6	8. 250	1. 054	9. 663	0. 884	18. 250	2. 137
55		7	2. 016	0. 459	2. 424	0. 482	2. 224	0. 896
56		8	2. 689	0. 658	2. 675	0. 551	2. 301	0. 505
57		9	1. 562	0. 824	2. 194	0. 961	2. 317	0. 967
58		10	2. 684	1. 061	3. 429	1. 337	3. 799	1. 669
59		11	3. 813	1. 228	4. 449	0. 655	6. 194	1. 069
60		12	6. 218	0. 460	7. 512	0. 612	12. 596	1. 192
61	1979	1	6. 890	0. 544	9. 038	0. 830	11. 797	0. 709
62		2	5. 846	0. 345	7. 392	0. 504	13. 100	0. 584
63		3	4. 022	0. 785	4. 427	0. 683	6. 300	0. 981
64		4	3. 755	1. 178	4. 064	0. 574	4. 958	0. 925
65		5	6. 347	1. 608	8. 198	0. 987	13. 117	0. 701
66		6	8. 629	1. 705	10. 974	1. 125	24. 125	1. 258
67		7	4. 985	1. 751	4. 881	0. 878	5. 170	0. 799
68		8	2. 203	0. 909	2. 430	0. 804	2. 115	1. 015
69		9	3. 939	1. 593	3. 669	1. 342	3. 205	1. 458
70		10	4. 508	1. 751	4. 300	1. 485	4. 333	1. 871
71		11	9. 216	1. 701	8. 505	1. 246	9. 984	1. 403
72		12	6. 092	1. 338	6. 879	0. 751	7. 947	0. 919
73	1980	1	11. 216	0. 867	15. 956	1. 354	25. 540	2. 342
74		2	17. 594	0. 632	22. 185	0. 550	44. 424	1. 605
75		3	7. 271	0. 949	5. 957	0. 852	8. 660	1. 312
76		4	7. 379	1. 297	7. 484	1. 274	9. 936	1. 281
77		5	11. 655	2. 129	13. 995	1. 832	16. 295	1. 389
78		6	8. 280	1. 918	8. 024	1. 975	8. 306	1. 952
79		7	4. 393	0. 857	4. 686	0. 748	5. 629	0. 904
80		8	5. 017	0. 995	5. 615	1. 298	6. 245	1. 492
81		9	5. 786	1. 599	5. 749	1. 355	6. 126	1. 777
82		10	4. 258	1. 229	4. 848	1. 198	5. 345	1. 933
83		11	9. 220	2. 465	10. 040	1. 728	11. 392	1. 815
84		12	11. 533	0. 963	15. 332	0. 932	21. 035	1. 674

续表 5-2

序号	年份	月份	孙艾河段		艾泺河段		泺利河段	
			水沙项数	平衡程度数	水沙项数	平衡程度数	水沙项数	平衡程度数
85	1982	1	14. 892	0. 775	15. 809	0. 664	15. 254	1. 548
86		2	14. 097	1. 150	17. 102	0. 767	23. 828	1. 344
87		3	6. 752	1. 581	7. 546	1. 021	9. 004	1. 136
88		4	8. 857	2. 849	11. 484	1. 711	30. 151	2. 134
89		5	8. 832	1. 952	10. 394	1. 199	17. 318	1. 087
90		6	7. 555	3. 249	7. 446	1. 801	7. 607	1. 667
91		7	10. 914	3. 966	10. 313	1. 888	11. 907	2. 688
92		8	8. 006	0. 981	6. 850	1. 584	5. 437	2. 018
93		9	10. 069	4. 091	9. 521	3. 077	8. 072	3. 313
94		10	8. 669	3. 607	7. 582	3. 028	6. 116	3. 292
95		11	9. 191	3. 460	10. 339	2. 637	9. 436	1. 900
96		12	11. 806	1. 818	11. 936	1. 440	16. 742	2. 102
97	1985	1	15. 979	1. 519	36. 087	1. 500	178. 762	3. 062
98		2	10. 290	1. 428	10. 846	0. 918	25. 218	0. 884
99		3	7. 492	1. 848	7. 804	1. 231	10. 118	1. 225
100		4	14. 183	3. 821	17. 101	2. 264	22. 090	1. 419
101		5	11. 058	4. 191	8. 909	0. 627	9. 480	2. 734
102		6	12. 221	3. 276	11. 205	2. 115	10. 594	1. 990
103		7	9. 522	0. 562	9. 038	1. 475	10. 095	1. 596
104		8	6. 957	2. 165	6. 645	1. 817	6. 994	2. 188
105		9	4. 719	1. 325	4. 288	0. 990	4. 387	0. 746
106		10	6. 161	1. 681	5. 935	1. 728	5. 511	1. 704
107		11	9. 334	3. 068	8. 268	2. 313	9. 154	2. 673
108		12	12. 546	1. 360	11. 710	0. 902	16. 713	0. 592
109	1987	1	17. 302	0. 820	20. 639	1. 408	48. 212	1. 929
110		2	33. 696	0. 884	44. 318	1. 738	51. 424	2. 772
111		3	16. 452	1. 498	28. 873	2. 405	46. 928	3. 066
112		4	16. 685	1. 286	17. 625	1. 762	21. 544	3. 589
113		5	18. 264	2. 747	27. 738	2. 633	27. 990	2. 331
114		6	9. 937	2. 858	11. 865	2. 905	15. 431	3. 958
115		7	9. 894	1. 804	10. 910	1. 967	10. 626	2. 119
116		8	8. 318	1. 764	8. 797	1. 517	16. 377	0. 947
117		9	9. 820	2. 070	8. 891	1. 895	7. 859	2. 144
118		10	20. 322	2. 263	22. 441	3. 190	30. 536	2. 112
119		11	12. 969	1. 846	17. 566	2. 230	24. 683	2. 442
120		12	14. 147	0. 129	16. 437	0. 261	25. 592	3. 047

续表 5-2

序号	年份	月份	孙艾河段		艾泺河段		泺利河段	
			水沙项数	平衡程度数	水沙项数	平衡程度数	水沙项数	平衡程度数
121	1988	1	17. 052	0. 830	20. 458	1. 438	35. 734	3. 540
122		2	41. 776	1. 051	40. 954	1. 678	63. 138	5. 341
123		3	13. 219	0. 989	18. 881	1. 322	54. 818	2. 096
124		4	12. 352	1. 705	15. 885	1. 901	31. 342	3. 459
125		5	12. 458	2. 702	11. 368	1. 933	19. 772	2. 340
126		6	20. 310	2. 366	23. 043	4. 029	47. 641	6. 640
127		7	4. 033	1. 395	4. 537	1. 556	4. 482	1. 938
128		8	4. 091	1. 321	4. 340	1. 274	3. 379	1. 054
129		9	7. 239	2. 810	7. 515	2. 843	7. 703	2. 596
130		10	9. 156	2. 573	12. 660	2. 953	15. 705	3. 004
131		11	18. 005	2. 896	17. 304	2. 056	20. 606	1. 755
132		12	19. 113	1. 994	21. 404	2. 025	38. 423	2. 908
133	1991	1	14. 897	1. 027	19. 325	0. 963	27. 577	1. 253
134		2	8. 619	0. 888	11. 022	1. 230	18. 044	1. 974
135		3	6. 338	1. 020	7. 496	1. 369	10. 148	1. 577
136		4	6. 713	1. 630	7. 194	1. 827	7. 930	2. 170
137		5	7. 892	1. 752	9. 476	1. 199	10. 369	0. 754
138		6	4. 781	1. 616	5. 088	1. 399	4. 903	1. 792
139		7	10. 957	0. 453	10. 779	0. 938	7. 096	0. 727
140		8	6. 440	0. 873	6. 482	0. 839	5. 994	0. 984
141		9	9. 167	2. 188	11. 476	1. 692	13. 846	2. 078
142		10	25. 948	1. 261	29. 835	0. 836	40. 725	0. 907
143		11	36. 457	2. 514	38. 590	1. 571	64. 697	1. 683
144		12	15. 951	1. 183	21. 619	1. 144	40. 914	1. 625
145	1992	1	37. 237	1. 479	38. 296	1. 903	63. 786	2. 771
146		2	40. 409	3. 431	48. 183	3. 225	62. 093	3. 298
147		3	8. 670	1. 456	8. 743	1. 175	12. 547	1. 687
148		4	8. 332	1. 278	8. 843	1. 318	13. 557	2. 213
149		5	14. 499	1. 051	17. 544	1. 622	19. 169	1. 219
150		6	16. 442	0. 246	19. 920	0. 302	44. 468	1. 000
151		7	6. 696	0. 303	7. 472	0. 444	12. 590	0. 447
152		8	2. 689	0. 900	2. 793	0. 929	2. 781	1. 399
153		9	4. 489	1. 575	4. 077	1. 229	4. 481	1. 730
154		10	7. 350	2. 361	5. 914	1. 174	7. 514	1. 810
155		11	7. 641	1. 416	7. 785	0. 791	10. 770	0. 902
156		12	9. 314	0. 965	8. 497	0. 873	11. 853	1. 256

续表 5-2

序号	年份	月份	孙艾河段		艾泺河段		泺利河段	
			水沙项数	平衡程度数	水沙项数	平衡程度数	水沙项数	平衡程度数
157	1993	1	17.185	0.930	18.938	2.028	27.012	2.426
158		2	7.927	0.594	10.756	1.164	23.537	3.237
159		3	5.030	0.492	5.293	0.956	7.851	1.034
160		4	7.307	0.698	6.864	1.135	8.856	1.667
161		5	6.202	1.287	6.017	1.379	8.194	1.390
162		6	13.230	0.357	10.177	0.548	5.633	0.111
163		7	5.330	1.280	4.943	0.818	4.543	0.932
164		8	3.881	1.624	3.872	1.549	3.807	1.798
165		9	5.192	1.935	4.776	1.416	5.337	2.024
166		10	6.235	1.635	6.301	0.822	7.142	1.058
167		11	7.954	1.369	8.959	0.816	11.756	1.087
168		12	7.039	0.819	7.271	0.777	11.457	1.485
169	1994	1	11.617	1.185	8.960	0.796	22.141	3.041
170		2	9.254	0.927	9.590	0.976	14.131	1.917
171		3	7.692	1.042	7.481	1.961	8.578	1.240
172		4	5.326	1.402	5.854	1.829	4.508	1.313
173		5	6.315	1.310	7.359	2.116	5.975	1.215
174		6	22.366	0.194	20.918	1.023	—	1.000
175		7	4.920	1.072	4.752	1.325	5.108	1.698
176		8	3.095	1.225	2.649	1.057	3.468	1.990
177		9	4.033	0.980	4.131	1.923	4.246	1.151
178		10	11.440	1.039	12.101	1.439	11.341	1.104
179		11	8.619	1.393	5.838	1.419	10.839	1.057
180		12	6.667	1.073	5.470	1.309	9.068	1.516
181	1995	1	7.285	0.554	9.628	1.011	23.604	2.772
182		2	8.259	0.740	9.233	1.041	15.981	2.964
183		3	7.642	0.514	9.655	0.846	31.799	14.313
184		4	8.557	0.934	7.815	0.949	8.538	2.088
185		5	8.221	0.517	12.248	0.166	20.145	0.294
186		6	602.320	0.134	—	1.000	—	1.000
187		7	1.846	0.094	1.914	0.075	1.886	0.074
188		8	2.594	0.999	2.869	0.663	2.646	0.799
189		9	3.359	1.613	3.820	1.137	3.606	1.477
190		10	7.734	2.077	10.759	1.735	9.691	1.438
191		11	8.801	1.108	10.761	1.125	18.920	1.859
192		12	9.911	1.084	8.424	0.869	11.722	1.263

续表 5-2

序号	年份	月份	孙艾河段		艾泺河段		泺利河段	
			水沙项数	平衡程度数	水沙项数	平衡程度数	水沙项数	平衡程度数
193	1996	1	27.367	1.696	29.722	2.174	63.425	4.254
194		2	41.633	1.768	58.527	2.970	66.179	1.009
195		3	5.062	0.393	7.082	0.695	26.431	0.513
196		4	5.771	0.862	7.429	1.150	13.305	0.803
197		5	5.006	0.461	4.900	0.341	9.580	0.206
198		6	19.211	0.819	14.749	0.131	27.943	1.000
199		7	2.411	0.531	2.515	0.523	2.583	0.400
200		8	5.189	0.625	5.464	1.740	4.879	1.622
201		9	6.043	2.840	5.793	1.900	6.040	2.319
202		10	9.616	2.293	12.072	1.839	10.542	0.777
203		11	6.669	1.521	8.158	1.165	12.077	1.222
204		12	11.848	0.676	15.091	0.907	30.571	1.211
205	1997	1	29.811	0.452	30.743	1.542	99.825	5.130
206		2	28.217	0.780	42.409	0.648	111.177	0.920
207		3	5.845	0.909	5.494	1.071	7.683	1.252
208		4	6.437	1.669	7.453	1.190	9.098	1.154
209		5	10.183	0.991	10.868	1.123	20.674	1.574
210		6	167.347	0.166	—	1.000	—	1.000
211		7	—	1.000	—	1.000	—	1.000
212		8	2.497	0.466	2.790	0.238	3.726	0.116
213		9	7.538	0.736	8.116	0.560	10.579	0.319
214		10	9.316	0.115	7.936	0.085	14.297	0.229
215		11	27.559	0.570	23.798	0.671	28.741	0.947
216		12	23.541	2.994	27.468	3.661	64.525	7.384

续表 5-2

序号	年份	月份	孙艾河段		艾泺河段		泺利河段	
			水沙项数	平衡程度数	水沙项数	平衡程度数	水沙项数	平衡程度数
217	1998	1	35.727	3.739	32.634	2.899	40.871	2.057
218		2	8.075	0.522	9.029	0.724	17.082	0.416
219		3	7.054	0.961	7.597	1.370	14.509	2.448
220		4	7.513	1.003	6.953	1.383	15.045	2.609
221		5	7.623	0.880	6.934	0.765	10.451	0.753
222		6	4.333	1.018	3.623	0.771	3.713	1.439
223		7	2.567	0.569	2.837	0.321	2.757	0.343
224		8	4.310	1.309	4.776	1.039	5.460	1.677
225		9	7.340	1.597	6.923	1.030	3.901	0.715
226		10	16.581	0.973	20.168	1.040	46.141	1.119
227		11	14.586	0.804	16.282	1.108	49.054	3.449
228		12	10.175	0.564	12.021	1.177	24.996	2.865
229	1999	1	11.499	0.475	16.659	1.104	32.475	1.900
230		2	53.623	1.317	137.166	1.700	255.492	0.939
231		3	6.015	1.303	6.679	1.582	18.373	2.408
232		4	9.552	3.550	10.361	2.294	23.515	3.030
233		5	10.334	1.185	12.686	1.699	19.568	3.281
234		6	12.028	0.707	12.964	1.076	19.684	2.371
235		7	2.948	0.890	3.884	0.883	3.682	0.865
236		8	6.920	1.663	6.720	1.125	6.635	0.919
237		9	7.252	2.133	9.243	2.283	18.384	4.956
238		10	8.216	1.015	7.209	1.200	7.974	1.879
239		11	23.725	1.604	23.432	1.653	32.716	2.871
240		12	16.899	1.251	31.526	2.186	42.353	2.182

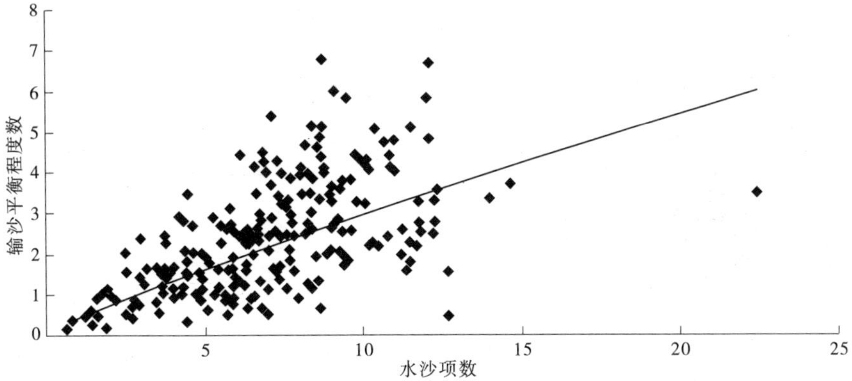

图 5-1　花夹河段水沙项数与输沙平衡程度数的关系

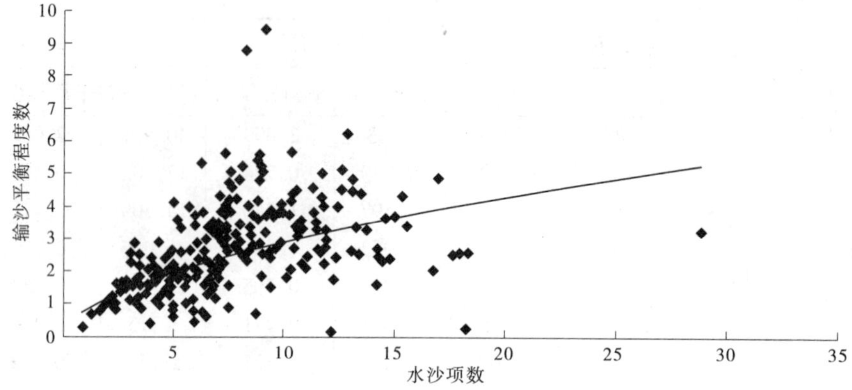

图 5-2　夹高河段水沙项数与输沙平衡程度数的关系

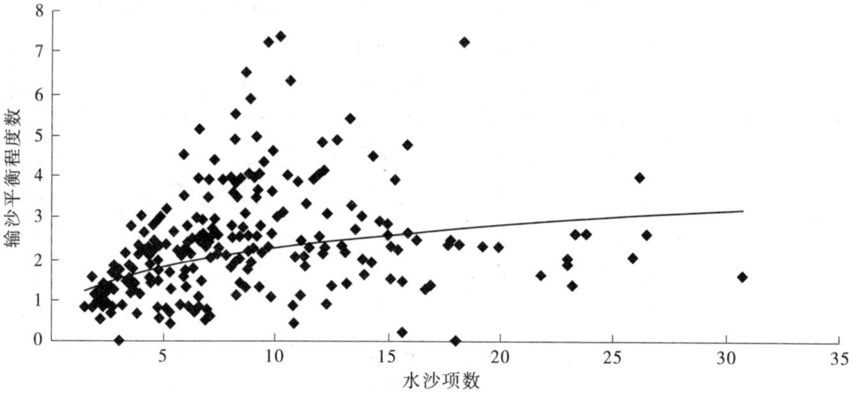

图 5-3　高孙河段水沙项数与输沙平衡程度数的关系

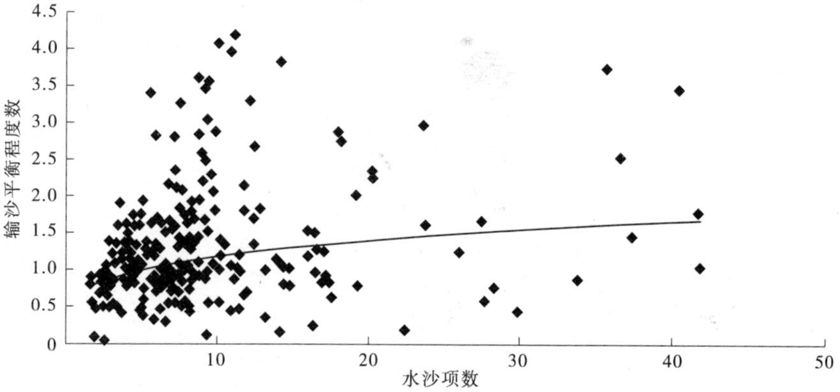

图 5-4　孙艾河段水沙项数与输沙平衡程度数的关系

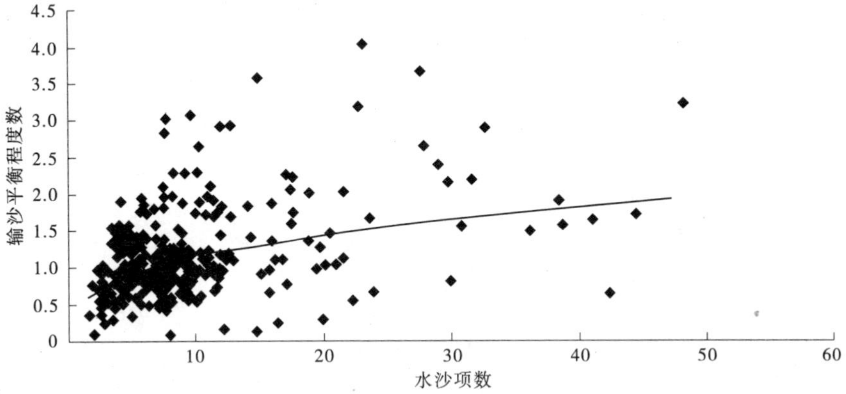

图 5-5　艾泺河段水沙项数与输沙平衡程度数的关系

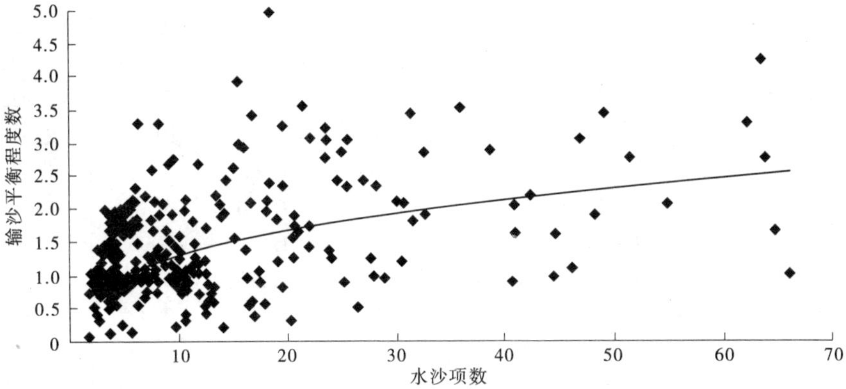

图 5-6　泺利河段水沙项数与输沙平衡程度数的关系

表 5-3　黄河下游 6 个河段水沙项输沙平衡程度公式的系数、指数值

特征值	花夹河段	夹高河段	高孙河段	孙艾河段	艾泺河段	泺利河段
系数	0. 392 8	0. 784 2	1. 086 3	0. 670 5	0. 511 1	0. 571 7
指数	0. 876 8	0. 564 9	0. 318 1	0. 245 8	0. 345 6	0. 356 7

5. 2. 2　黄河下游 6 个河段水沙项输沙平衡程度数的预测值

假设除 2000 年外的 20 年资料(见附录)中的 Q、S 和 ω 为预测值,根据水沙项输沙平衡程度公式式(5-6)和表 5-3中黄河下游6 个河段水沙项输沙平衡程度公式的系数、指数值,可以预测未来黄河下游 6 个河段的水沙项输沙平衡程度数。计算得到的黄河下游 6 个河段的 20 年水沙项输沙平衡程度数预测值见表 5-4和表 5-5。

表 5-4　花夹河段、夹高河段和高孙河段 3 个河段的 20 年水沙项输沙平衡程度数预测值

序号	年份	月份	花夹河段		夹高河段		高孙河段	
			水沙项数	水沙项平衡程度数	水沙项数	水沙项平衡程度数	水沙项数	水沙项平衡程度数
1	1972	1	4. 121	1. 360	5. 001	1. 947	5. 202	1. 836
2		2	3. 830	1. 275	3. 750	1. 655	3. 693	1. 646
3		3	4. 385	1. 436	3. 835	1. 676	3. 098	1. 557
4		4	4. 605	1. 499	4. 060	1. 731	4. 780	1. 787
5		5	4. 927	1. 590	4. 828	1. 908	4. 716	1. 779
6		6	4. 501	1. 469	4. 686	1. 877	5. 236	1. 839
7		7	2. 782	0. 963	2. 552	1. 331	2. 718	1. 493
8		8	3. 709	1. 240	3. 440	1. 576	3. 620	1. 636
9		9	3. 064	1. 048	3. 001	1. 459	2. 733	1. 496
10		10	5. 590	1. 776	7. 078	2. 369	4. 382	1. 738
11		11	5. 521	1. 757	4. 980	1. 942	3. 571	1. 629
12		12	4. 436	1. 450	4. 378	1. 806	4. 849	1. 795
13	1973	1	3. 578	1. 201	4. 988	1. 944	7. 057	2. 023
14		2	5. 910	1. 865	7. 498	2. 447	10. 830	2. 318
15		3	3. 721	1. 243	4. 900	1. 925	3. 923	1. 678
16		4	4. 040	1. 336	4. 272	1. 781	3. 465	1. 613
17		5	4. 008	1. 327	4. 414	1. 814	3. 033	1. 546
18		6	4. 038	1. 336	3. 521	1. 597	4. 517	1. 755
19		7	3. 060	1. 047	3. 084	1. 482	2. 927	1. 529
20		8	0. 804	0. 324	1. 593	1. 020	2. 099	1. 375
21		9	1. 256	0. 480	1. 337	0. 924	1. 537	1. 245
22		10	3. 825	1. 274	3. 524	1. 598	3. 288	1. 586
23		11	4. 363	1. 429	3. 982	1. 712	3. 918	1. 677
24		12	5. 728	1. 815	6. 000	2. 158	6. 395	1. 960
25	1975	1	4. 991	1. 608	4. 959	1. 938	6. 124	1. 933
26		2	4. 988	1. 607	5. 229	1. 996	5. 922	1. 913
27		3	6. 525	2. 034	7. 534	2. 454	8. 751	2. 166
28		4	5. 643	1. 791	4. 216	1. 768	3. 506	1. 619
29		5	4. 711	1. 529	4. 957	1. 937	5. 634	1. 883
30		6	6. 231	1. 954	6. 814	2. 319	6. 362	1. 957
31		7	2. 711	0. 942	4. 423	1. 816	3. 416	1. 606
32		8	3. 048	1. 044	3. 434	1. 574	2. 958	1. 534
33		9	3. 192	1. 087	3. 789	1. 664	2. 516	1. 457
34		10	3. 513	1. 182	3. 506	1. 593	3. 812	1. 663
35		11	4. 441	1. 452	3. 370	1. 558	4. 010	1. 690
36		12	8. 339	2. 522	4. 307	1. 789	4. 706	1. 778

续表 5-4

序号	年份	月份	花夹河段		夹高河段		高孙河段	
			水沙项数	水沙项平衡程度数	水沙项数	水沙项平衡程度数	水沙项数	水沙项平衡程度数
37	1976	1	6. 742	2. 093	6. 025	2. 163	6. 060	1. 927
38		2	7. 676	2. 346	7. 247	2. 401	7. 446	2. 057
39		3	6. 682	2. 077	5. 687	2. 093	4. 560	1. 760
40		4	5. 982	1. 885	5. 035	1. 954	4. 280	1. 725
41		5	9. 082	2. 718	8. 846	2. 687	6. 995	2. 017
42		6	5. 745	1. 819	6. 205	2. 199	7. 448	2. 058
43		7	7. 428	2. 279	5. 108	1. 970	3. 575	1. 629
44		8	3. 499	1. 178	3. 384	1. 561	3. 418	1. 606
45		9	3. 696	1. 236	3. 786	1. 664	3. 838	1. 666
46		10	5. 640	1. 790	4. 836	1. 910	4. 823	1. 792
47		11	5. 982	1. 885	6. 105	2. 179	6. 332	1. 954
48		12	5. 844	1. 847	7. 402	2. 430	8. 356	2. 134
49	1978	1	5. 459	1. 740	5. 923	2. 142	9. 287	2. 207
50		2	9. 508	2. 830	11. 009	3. 040	14. 954	2. 568
51		3	6. 302	1. 973	6. 699	2. 296	7. 819	2. 090
52		4	5. 972	1. 882	6. 857	2. 327	8. 846	2. 173
53		5	5. 798	1. 834	6. 641	2. 285	8. 803	2. 170
54		6	5. 108	1. 641	4. 979	1. 942	8. 642	2. 157
55		7	0. 631	0. 262	0. 892	0. 735	1. 917	1. 336
56		8	1. 438	0. 540	1. 768	1. 082	2. 406	1. 436
57		9	2. 481	0. 871	2. 714	1. 378	1. 755	1. 299
58		10	3. 583	1. 203	3. 443	1. 577	2. 985	1. 538
59		11	5. 292	1. 693	4. 503	1. 835	4. 250	1. 721
60		12	6. 294	1. 971	5. 575	2. 070	5. 798	1. 900
61	1979	1	3. 681	1. 231	4. 098	1. 740	5. 373	1. 855
62		2	5. 897	1. 861	5. 057	1. 959	5. 251	1. 841
63		3	4. 599	1. 497	4. 334	1. 796	4. 595	1. 765
64		4	4. 903	1. 583	4. 598	1. 857	4. 397	1. 740
65		5	5. 921	1. 868	6. 445	2. 247	6. 041	1. 925
66		6	4. 212	1. 386	4. 887	1. 922	7. 425	2. 056
67		7	3. 829	1. 275	4. 345	1. 798	5. 735	1. 893
68		8	1. 859	0. 677	2. 340	1. 268	2. 267	1. 409
69		9	3. 992	1. 322	4. 209	1. 766	3. 603	1. 633
70		10	5. 093	1. 637	4. 773	1. 896	4. 585	1. 763
71		11	5. 318	1. 700	7. 053	2. 364	9. 022	2. 187
72		12	4. 837	1. 565	5. 629	2. 081	6. 299	1. 951

续表 5-4

序号	年份	月份	花夹河段		夹高河段		高孙河段	
			水沙项数	水沙项平衡程度数	水沙项数	水沙项平衡程度数	水沙项数	水沙项平衡程度数
73	1980	1	7. 629	2. 333	10. 177	2. 908	11. 361	2. 353
74		2	7. 326	2. 252	9. 517	2. 800	13. 872	2. 508
75		3	6. 534	2. 037	7. 172	2. 387	7. 733	2. 082
76		4	4. 868	1. 573	5. 575	2. 070	8. 355	2. 134
77		5	5. 483	1. 746	6. 527	2. 263	10. 556	2. 299
78		6	6. 283	1. 968	7. 562	2. 459	9. 014	2. 186
79		7	4. 875	1. 575	5. 987	2. 155	6. 194	1. 940
80		8	4. 928	1. 590	5. 226	1. 996	4. 861	1. 796
81		9	6. 108	1. 920	7. 280	2. 407	6. 573	1. 977
82		10	6. 842	2. 121	6. 993	2. 353	5. 221	1. 838
83		11	3. 695	1. 236	8. 680	2. 658	9. 847	2. 249
84		12	7. 980	2. 427	11. 716	3. 149	11. 491	2. 362
85	1982	1	7. 239	2. 228	7. 987	2. 536	11. 244	2. 346
86		2	7. 338	2. 255	9. 019	2. 716	12. 909	2. 451
87		3	8. 193	2. 484	7. 676	2. 480	6. 995	2. 017
88		4	8. 970	2. 689	11. 373	3. 097	10. 630	2. 304
89		5	7. 867	2. 397	9. 792	2. 846	9. 857	2. 249
90		6	11. 710	3. 397	10. 293	2. 927	9. 704	2. 238
91		7	10. 469	3. 079	10. 386	2. 942	12. 009	2. 395
92		8	7. 032	2. 172	6. 500	2. 258	7. 124	2. 029
93		9	7. 244	2. 229	8. 036	2. 545	8. 846	2. 173
94		10	6. 938	2. 147	8. 013	2. 541	8. 299	2. 130
95		11	9. 827	2. 913	9. 479	2. 794	9. 241	2. 204
96		12	11. 233	3. 275	15. 605	3. 703	13. 355	2. 478
97	1985	1	9. 821	2. 911	11. 857	3. 170	13. 543	2. 489
98		2	8. 238	2. 496	8. 615	2. 647	10. 070	2. 265
99		3	7. 804	2. 380	8. 058	2. 549	8. 384	2. 136
100		4	12. 082	3. 491	12. 473	3. 262	11. 441	2. 359
101		5	10. 148	2. 996	13. 452	3. 405	11. 976	2. 393
102		6	11. 819	3. 425	12. 429	3. 256	12. 264	2. 411
103		7	14. 673	4. 140	16. 930	3. 877	11. 723	2. 377
104		8	6. 397	1. 999	8. 166	2. 568	6. 993	2. 017
105		9	5. 126	1. 646	5. 554	2. 066	4. 824	1. 792
106		10	8. 631	2. 600	6. 902	2. 335	6. 191	1. 940
107		11	10. 112	2. 987	8. 502	2. 627	10. 446	2. 291
108		12	11. 370	3. 310	14. 260	3. 519	15. 688	2. 608

续表 5-4

序号	年份	月份	花夹河段		夹高河段		高孙河段	
			水沙项数	水沙项平衡程度数	水沙项数	水沙项平衡程度数	水沙项数	水沙项平衡程度数
109	1987	1	13. 998	3. 972	14. 783	3. 591	15. 464	2. 596
110		2	11. 545	3. 355	11. 945	3. 184	17. 721	2. 711
111		3	10. 858	3. 179	12. 693	3. 295	14. 293	2. 532
112		4	11. 025	3. 222	11. 757	3. 155	15. 789	2. 613
113		5	10. 017	2. 962	11. 520	3. 119	15. 261	2. 585
114		6	10. 188	3. 007	9. 926	2. 868	10. 397	2. 288
115		7	9. 356	2. 790	9. 409	2. 782	11. 160	2. 340
116		8	6. 986	2. 160	7. 239	2. 399	8. 089	2. 112
117		9	7. 126	2. 198	7. 074	2. 368	7. 150	2. 031
118		10	12. 089	3. 493	13. 167	3. 364	14. 723	2. 556
119		11	12. 038	3. 480	12. 596	3. 281	12. 352	2. 417
120		12	11. 788	3. 417	15. 289	3. 660	16. 233	2. 636
121	1988	1	12. 303	3. 547	13. 180	3. 366	15. 228	2. 583
122		2	12. 304	3. 548	18. 307	4. 052	23. 302	2. 957
123		3	8. 577	2. 585	8. 749	2. 670	11. 986	2. 394
124		4	8. 984	2. 693	10. 415	2. 946	13. 251	2. 471
125		5	10. 732	3. 147	11. 327	3. 090	12. 668	2. 436
126		6	11. 508	3. 345	12. 919	3. 328	18. 281	2. 738
127		7	3. 804	1. 267	4. 616	1. 861	4. 439	1. 745
128		8	3. 032	1. 039	4. 043	1. 726	3. 879	1. 672
129		9	5. 854	1. 850	6. 595	2. 276	6. 547	1. 975
130		10	8. 916	2. 675	8. 348	2. 600	8. 066	2. 110
131		11	7. 689	2. 349	9. 878	2. 860	13. 835	2. 506
132		12	8. 295	2. 511	10. 933	3. 028	15. 080	2. 575
133	1991	1	10. 913	3. 193	11. 101	3. 055	13. 123	2. 464
134		2	8. 640	2. 602	9. 802	2. 847	9. 757	2. 242
135		3	8. 360	2. 528	7. 541	2. 455	7. 231	2. 038
136		4	8. 028	2. 440	8. 879	2. 693	8. 154	2. 118
137		5	9. 350	2. 789	10. 008	2. 881	9. 810	2. 246
138		6	2. 074	0. 745	5. 395	2. 032	5. 462	1. 864
139		7	1. 420	0. 534	6. 387	2. 235	10. 828	2. 318
140		8	1. 595	0. 591	5. 686	2. 093	6. 763	1. 995
141		9	2. 723	0. 945	8. 907	2. 697	9. 170	2. 198
142		10	6. 698	2. 081	13. 795	3. 453	22. 993	2. 945
143		11	8. 507	2. 567	17. 905	4. 002	31. 512	3. 255
144		12	7. 579	2. 320	10. 622	2. 979	15. 883	2. 618

续表 5-4

序号	年份	月份	花夹河段		夹高河段		高孙河段	
			水沙项数	水沙项平衡程度数	水沙项数	水沙项平衡程度数	水沙项数	水沙项平衡程度数
145	1992	1	8. 662	2. 608	14. 321	3. 527	26. 448	3. 079
146		2	6. 980	2. 158	9. 071	2. 725	17. 654	2. 708
147		3	6. 547	2. 040	7. 897	2. 520	7. 281	2. 043
148		4	6. 885	2. 132	8. 977	2. 709	8. 809	2. 170
149		5	6. 289	1. 970	7. 996	2. 538	10. 949	2. 326
150		6	8. 261	2. 502	10. 834	3. 013	12. 148	2. 404
151		7	5. 680	1. 801	6. 535	2. 264	6. 940	2. 012
152		8	1. 865	0. 678	2. 211	1. 228	2. 799	1. 507
153		9	4. 421	1. 446	4. 996	1. 946	4. 852	1. 795
154		10	7. 615	2. 329	7. 627	2. 471	8. 426	2. 140
155		11	6. 955	2. 151	7. 465	2. 441	8. 490	2. 145
156		12	8. 354	2. 526	8. 596	2. 644	8. 506	2. 146
157	1993	1	12. 235	3. 530	14. 655	3. 573	15. 622	2. 604
158		2	8. 061	2. 448	7. 425	2. 434	8. 293	2. 129
159		3	6. 731	2. 090	6. 368	2. 232	6. 717	1. 991
160		4	8. 107	2. 461	9. 053	2. 722	9. 865	2. 250
161		5	9. 377	2. 796	9. 245	2. 755	8. 383	2. 136
162		6	11. 747	3. 406	11. 954	3. 185	15. 575	2. 602
163		7	4. 264	1. 401	5. 706	2. 097	6. 041	1. 925
164		8	3. 476	1. 171	3. 995	1. 715	4. 142	1. 707
165		9	6. 845	2. 121	5. 772	2. 111	5. 877	1. 908
166		10	6. 167	1. 936	6. 497	2. 257	5. 141	1. 829
167		11	6. 174	1. 938	7. 101	2. 373	5. 889	1. 909
168		12	7. 031	2. 172	7. 321	2. 414	8. 212	2. 122
169	1994	1	7. 774	2. 372	7. 804	2. 503	9. 448	2. 219
170		2	7. 446	2. 284	7. 829	2. 508	9. 884	2. 251
171		3	6. 677	2. 076	6. 999	2. 354	8. 183	2. 120
172		4	7. 394	2. 270	6. 840	2. 324	7. 267	2. 041
173		5	6. 489	2. 024	7. 424	2. 434	9. 107	2. 193
174		6	12. 259	3. 536	13. 456	3. 405	26. 077	3. 065
175		7	3. 505	1. 180	4. 530	1. 841	5. 409	1. 858
176		8	1. 369	0. 517	2. 283	1. 250	2. 794	1. 506
177		9	2. 897	0. 998	3. 209	1. 515	3. 890	1. 673
178		10	6. 443	2. 012	8. 532	2. 633	2. 666	1. 484
179		11	5. 814	1. 838	7. 146	2. 382	1. 858	1. 323
180		12	5. 778	1. 829	5. 371	2. 027	5. 681	1. 888

续表 5-4

序号	年份	月份	花夹河段		夹高河段		高孙河段	
			水沙项数	水沙项平衡程度数	水沙项数	水沙项平衡程度数	水沙项数	水沙项平衡程度数
181	1995	1	10. 949	3. 203	10. 545	2. 967	8. 792	2. 169
182		2	6. 625	2. 062	8. 552	2. 636	8. 975	2. 183
183		3	8. 979	2. 691	7. 266	2. 404	7. 262	2. 041
184		4	7. 128	2. 198	7. 731	2. 490	9. 208	2. 201
185		5	8. 305	2. 513	8. 295	2. 591	8. 052	2. 109
186		6	22. 414	6. 002	28. 785	5. 233	86. 502	4. 489
187		7	1. 568	0. 583	2. 146	1. 207	2. 075	1. 370
188		8	2. 533	0. 887	2. 385	1. 281	2. 328	1. 421
189		9	2. 946	1. 013	3. 232	1. 521	3. 478	1. 615
190		10	8. 782	2. 639	10. 364	2. 938	8. 629	2. 156
191		11	8. 203	2. 486	8. 858	2. 689	9. 288	2. 207
192		12	8. 549	2. 578	9. 617	2. 817	11. 017	2. 330
193	1996	1	10. 386	3. 058	16. 787	3. 858	30. 717	3. 229
194		2	9. 459	2. 817	11. 924	3. 181	21. 797	2. 895
195		3	5. 693	1. 805	6. 168	2. 192	6. 615	1. 981
196		4	7. 480	2. 293	7. 629	2. 471	6. 602	1. 980
197		5	8. 695	2. 617	9. 199	2. 747	6. 796	1. 998
198		6	7. 710	2. 355	7. 912	2. 523	14. 220	2. 527
199		7	1. 328	0. 504	2. 106	1. 194	2. 427	1. 440
200		8	2. 864	0. 988	3. 960	1. 706	5. 353	1. 852
201		9	4. 453	1. 455	4. 970	1. 940	6. 613	1. 981
202		10	8. 381	2. 533	8. 136	2. 563	9. 539	2. 226
203		11	8. 664	2. 608	9. 054	2. 722	8. 152	2. 117
204		12	8. 911	2. 673	11. 585	3. 129	15. 104	2. 576
205	1997	1	10. 780	3. 159	17. 712	3. 977	34. 650	3. 355
206		2	8. 939	2. 681	10. 647	2. 983	19. 911	2. 813
207		3	6. 634	2. 064	6. 061	2. 170	7. 127	2. 029
208		4	8. 718	2. 623	7. 322	2. 415	6. 994	2. 017
209		5	8. 846	2. 656	9. 259	2. 757	12. 211	2. 408
210		6	12. 702	3. 648	18. 287	4. 050	52. 809	3. 837
211		7	12. 683	3. 643	12. 176	3. 218	18. 034	2. 726
212		8	1. 248	0. 477	1. 657	1. 043	2. 290	1. 414
213		9	5. 504	1. 752	6. 745	2. 305	9. 235	2. 203
214		10	7. 104	2. 192	10. 020	2. 883	12. 288	2. 413
215		11	11. 184	3. 263	14. 539	3. 557	23. 224	2. 954
216		12	10. 043	2. 969	12. 014	3. 194	19. 170	2. 779

续表 5-4

序号	年份	月份	花夹河段		夹高河段		高孙河段	
			水沙项数	水沙项平衡程度数	水沙项数	水沙项平衡程度数	水沙项数	水沙项平衡程度数
217	1998	1	11. 436	3. 327	12. 220	3. 225	23. 823	2. 978
218		2	7. 644	2. 337	8. 443	2. 617	11. 156	2. 340
219		3	6. 543	2. 039	6. 016	2. 161	6. 906	2. 009
220		4	8. 366	2. 530	7. 311	2. 413	7. 249	2. 040
221		5	9. 221	2. 755	10. 545	2. 967	9. 270	2. 206
222		6	7. 330	2. 253	7. 138	2. 380	5. 875	1. 908
223		7	2. 508	0. 880	2. 883	1. 426	3. 060	1. 550
224		8	4. 423	1. 447	5. 164	1. 982	4. 886	1. 799
225		9	6. 583	2. 050	5. 988	2. 155	6. 729	1. 992
226		10	9. 444	2. 813	11. 841	3. 168	18. 216	2. 735
227		11	9. 890	2. 929	15. 039	3. 626	25. 847	3. 057
228		12	7. 735	2. 361	9. 430	2. 786	13. 166	2. 466
229	1999	1	9. 248	2. 762	11. 668	3. 142	14. 004	2. 515
230		2	10. 176	3. 003	13. 268	3. 378	22. 970	2. 944
231		3	9. 119	2. 728	6. 329	2. 224	6. 922	2. 010
232		4	8. 413	2. 542	8. 960	2. 706	10. 175	2. 272
233		5	9. 640	2. 864	8. 417	2. 612	11. 040	2. 332
234		6	10. 372	3. 054	10. 843	3. 014	12. 463	2. 424
235		7	1. 972	0. 712	3. 069	1. 478	2. 751	1. 499
236		8	7. 307	2. 246	8. 974	2. 709	8. 211	2. 122
237		9	6. 613	2. 058	7. 576	2. 462	8. 746	2. 165
238		10	6. 808	2. 111	6. 795	2. 315	8. 168	2. 119
239		11	9. 628	2. 861	13. 117	3. 357	16. 926	2. 671
240		12	9. 312	2. 779	14. 274	3. 521	16. 704	2. 660

表 5-5　孙艾河段、艾泺河段和泺利河段 3 个河段的 20 年水沙项输沙平衡程度数预测值

序号	年份	月份	孙艾河段		艾泺河段		泺利河段	
			水沙项数	水沙项平衡程度数	水沙项数	水沙项平衡程度数	水沙项数	水沙项平衡程度数
1	1972	1	4. 597	0. 976	5. 601	0. 927	9. 886	1. 294
2		2	3. 399	0. 906	4. 585	0. 865	7. 364	1. 165
3		3	2. 828	0. 866	3. 517	0. 789	4. 191	0. 953
4		4	4. 555	0. 973	3. 173	0. 762	2. 982	0. 844
5		5	3. 081	0. 884	3. 213	0. 765	8. 690	1. 236
6		6	5. 236	1. 007	5. 429	0. 917	10. 526	1. 324
7		7	2. 636	0. 851	2. 491	0. 701	3. 494	0. 893
8		8	3. 518	0. 913	3. 502	0. 788	4. 281	0. 960
9		9	2. 681	0. 854	2. 959	0. 744	3. 277	0. 873
10		10	3. 893	0. 936	6. 479	0. 975	9. 768	1. 289
11		11	4. 479	0. 969	7. 339	1. 018	9. 309	1. 267
12		12	6. 046	1. 043	9. 392	1. 108	17. 494	1. 587
13	1973	1	7. 145	1. 087	12. 103	1. 210	16. 588	1. 557
14		2	11. 119	1. 212	19. 672	1. 431	21. 990	1. 722
15		3	3. 883	0. 936	5. 816	0. 939	7. 866	1. 193
16		4	3. 131	0. 888	5. 711	0. 933	6. 883	1. 138
17		5	2. 610	0. 849	3. 532	0. 790	3. 628	0. 905
18		6	4. 170	0. 952	5. 208	0. 904	6. 115	1. 091
19		7	2. 851	0. 867	3. 398	0. 780	3. 342	0. 879
20		8	2. 265	0. 820	2. 762	0. 726	2. 874	0. 833
21		9	1. 728	0. 767	1. 854	0. 633	1. 776	0. 702
22		10	3. 285	0. 898	3. 650	0. 800	3. 460	0. 890
23		11	4. 090	0. 948	4. 407	0. 853	4. 238	0. 957
24		12	8. 449	1. 133	14. 794	1. 297	17. 029	1. 572
25	1975	1	6. 626	1. 067	7. 465	1. 024	7. 358	1. 165
26		2	5. 906	1. 037	6. 698	0. 986	6. 099	1. 090
27		3	9. 226	1. 158	10. 352	1. 146	13. 983	1. 465
28		4	4. 278	0. 958	4. 201	0. 839	3. 732	0. 914
29		5	4. 473	0. 969	3. 449	0. 784	2. 796	0. 825
30		6	6. 951	1. 080	6. 186	0. 959	4. 661	0. 990
31		7	1. 630	0. 756	1. 620	0. 604	2. 910	0. 837
32		8	2. 337	0. 826	2. 319	0. 684	2. 681	0. 813
33		9	2. 384	0. 830	2. 787	0. 728	2. 907	0. 837
34		10	3. 696	0. 925	3. 576	0. 794	3. 662	0. 908
35		11	4. 182	0. 953	4. 054	0. 829	4. 405	0. 970
36		12	6. 342	1. 056	6. 807	0. 992	10. 348	1. 316

续表 5-5

序号	年份	月份	孙艾河段		艾泺河段		泺利河段	
			水沙项数	水沙项平衡程度数	水沙项数	水沙项平衡程度数	水沙项数	水沙项平衡程度数
37	1976	1	6. 872	1. 077	9. 196	1. 100	13. 019	1. 428
38		2	6. 163	1. 048	6. 975	1. 000	10. 180	1. 308
39		3	4. 581	0. 975	5. 632	0. 929	6. 716	1. 128
40		4	4. 062	0. 946	3. 647	0. 799	4. 221	0. 956
41		5	7. 594	1. 104	11. 607	1. 193	17. 780	1. 596
42		6	8. 341	1. 129	9. 449	1. 111	19. 476	1. 649
43		7	3. 305	0. 900	2. 986	0. 746	3. 307	0. 876
44		8	2. 902	0. 871	2. 749	0. 725	2. 777	0. 823
45		9	3. 553	0. 916	3. 926	0. 820	4. 127	0. 948
46		10	5. 609	1. 024	5. 589	0. 926	5. 743	1. 066
47		11	5. 519	1. 020	5. 692	0. 932	8. 060	1. 204
48		12	10. 660	1. 200	14. 380	1. 284	20. 645	1. 683
49	1978	1	8. 203	1. 125	10. 353	1. 146	12. 585	1. 411
50		2	14. 620	1. 296	15. 649	1. 322	17. 516	1. 587
51		3	8. 372	1. 130	12. 509	1. 224	20. 605	1. 682
52		4	9. 356	1. 162	9. 258	1. 103	12. 539	1. 409
53		5	8. 107	1. 121	11. 343	1. 183	31. 274	1. 952
54		6	8. 250	1. 126	9. 663	1. 119	18. 250	1. 611
55		7	2. 016	0. 797	2. 424	0. 694	2. 224	0. 760
56		8	2. 689	0. 855	2. 675	0. 718	2. 301	0. 770
57		9	1. 562	0. 748	2. 194	0. 671	2. 317	0. 772
58		10	2. 684	0. 855	3. 429	0. 782	3. 799	0. 920
59		11	3. 813	0. 932	4. 449	0. 856	6. 194	1. 096
60		12	6. 218	1. 051	7. 512	1. 026	12. 596	1. 411
61	1979	1	6. 890	1. 078	9. 038	1. 094	11. 797	1. 379
62		2	5. 846	1. 035	7. 392	1. 020	13. 100	1. 431
63		3	4. 022	0. 944	4. 427	0. 855	6. 300	1. 102
64		4	3. 755	0. 928	4. 064	0. 830	4. 958	1. 012
65		5	6. 347	1. 056	8. 198	1. 058	13. 117	1. 432
66		6	8. 629	1. 139	10. 974	1. 170	24. 125	1. 779
67		7	4. 985	0. 995	4. 881	0. 884	5. 170	1. 027
68		8	2. 203	0. 814	2. 430	0. 695	2. 115	0. 747
69		9	3. 939	0. 939	3. 669	0. 801	3. 205	0. 866
70		10	4. 508	0. 971	4. 300	0. 846	4. 333	0. 965
71		11	9. 216	1. 157	8. 505	1. 071	9. 984	1. 299
72		12	6. 092	1. 045	6. 879	0. 995	7. 947	1. 197

续表 5-5

序号	年份	月份	孙艾河段		艾泺河段		泺利河段	
			水沙项数	水沙项平衡程度数	水沙项数	水沙项平衡程度数	水沙项数	水沙项平衡程度数
73	1980	1	11.216	1.215	15.956	1.331	25.540	1.816
74		2	17.594	1.357	22.185	1.492	44.424	2.212
75		3	7.271	1.092	5.957	0.947	8.660	1.235
76		4	7.379	1.096	7.484	1.025	9.936	1.297
77		5	11.655	1.226	13.995	1.272	16.295	1.547
78		6	8.280	1.127	8.024	1.050	8.306	1.217
79		7	4.393	0.965	4.686	0.872	5.629	1.059
80		8	5.017	0.997	5.615	0.928	6.245	1.099
81		9	5.786	1.032	5.749	0.935	6.126	1.091
82		10	4.258	0.957	4.848	0.882	5.345	1.040
83		11	9.220	1.158	10.040	1.134	11.392	1.362
84		12	11.533	1.223	15.332	1.313	21.035	1.695
85	1982	1	14.892	1.302	15.809	1.327	15.254	1.511
86		2	14.097	1.285	17.102	1.363	23.828	1.772
87		3	6.752	1.072	7.546	1.028	9.004	1.252
88		4	8.857	1.146	11.484	1.188	30.151	1.927
89		5	8.832	1.145	10.394	1.148	17.318	1.581
90		6	7.555	1.102	7.446	1.023	7.607	1.179
91		7	10.914	1.207	10.313	1.145	11.907	1.383
92		8	8.006	1.118	6.850	0.994	5.437	1.046
93		9	10.069	1.183	9.521	1.114	8.072	1.204
94		10	8.669	1.140	7.582	1.029	6.116	1.091
95		11	9.191	1.157	10.339	1.146	9.436	1.273
96		12	11.806	1.230	11.936	1.204	16.742	1.562
97	1985	1	15.979	1.325	36.087	1.765	178.762	3.635
98		2	10.290	1.189	10.846	1.165	25.218	1.808
99		3	7.492	1.100	7.804	1.040	10.118	1.305
100		4	14.183	1.287	17.101	1.363	22.090	1.724
101		5	11.058	1.210	8.909	1.088	9.480	1.275
102		6	12.221	1.241	11.205	1.178	10.594	1.327
103		7	9.522	1.167	9.038	1.094	10.095	1.304
104		8	6.957	1.080	6.645	0.983	6.994	1.144
105		9	4.719	0.982	4.288	0.845	4.387	0.969
106		10	6.161	1.048	5.935	0.946	5.511	1.051
107		11	9.334	1.161	8.268	1.061	9.154	1.259
108		12	12.546	1.249	11.710	1.196	16.713	1.561

续表 5-5

序号	年份	月份	孙艾河段		艾泺河段		泺利河段	
			水沙项数	水沙项平衡程度数	水沙项数	水沙项平衡程度数	水沙项数	水沙项平衡程度数
109	1987	1	17. 302	1. 351	20. 639	1. 455	48. 212	2. 278
110		2	33. 696	1. 592	44. 318	1. 895	51. 424	2. 331
111		3	16. 452	1. 335	28. 873	1. 634	46. 928	2. 256
112		4	16. 685	1. 339	17. 625	1. 378	21. 544	1. 709
113		5	18. 264	1. 369	27. 738	1. 612	27. 990	1. 876
114		6	9. 937	1. 179	11. 865	1. 202	15. 431	1. 517
115		7	9. 894	1. 178	10. 910	1. 167	10. 626	1. 328
116		8	8. 318	1. 129	8. 797	1. 084	16. 377	1. 550
117		9	9. 820	1. 176	8. 891	1. 088	7. 859	1. 193
118		10	20. 322	1. 406	22. 441	1. 498	30. 536	1. 936
119		11	12. 969	1. 259	17. 566	1. 376	24. 683	1. 794
120		12	9. 233	1. 176	9. 207	1. 145	8. 541	1. 817
121	1988	1	17. 052	1. 346	20. 458	1. 451	35. 734	2. 047
122		2	41. 776	1. 678	40. 954	1. 844	63. 138	2. 508
123		3	13. 219	1. 265	18. 881	1. 411	54. 818	2. 385
124		4	12. 352	1. 244	15. 885	1. 329	31. 342	1. 954
125		5	12. 458	1. 246	11. 368	1. 184	19. 772	1. 658
126		6	20. 310	1. 406	23. 043	1. 511	47. 641	2. 268
127		7	4. 033	0. 945	4. 537	0. 862	4. 482	0. 976
128		8	4. 091	0. 948	4. 340	0. 849	3. 379	0. 883
129		9	7. 239	1. 091	7. 515	1. 026	7. 703	1. 184
130		10	9. 156	1. 156	12. 660	1. 229	15. 705	1. 527
131		11	18. 005	1. 365	17. 304	1. 369	20. 606	1. 682
132		12	19. 113	1. 385	21. 404	1. 473	38. 423	2. 101
133	1991	1	14. 897	1. 302	19. 325	1. 422	27. 577	1. 866
134		2	8. 619	1. 139	11. 022	1. 171	18. 044	1. 604
135		3	6. 338	1. 056	7. 496	1. 025	10. 148	1. 307
136		4	6. 713	1. 071	7. 194	1. 011	7. 930	1. 197
137		5	7. 892	1. 114	9. 476	1. 112	10. 369	1. 317
138		6	4. 781	0. 985	5. 088	0. 897	4. 903	1. 008
139		7	10. 957	1. 208	10. 779	1. 162	7. 096	1. 150
140		8	6. 440	1. 060	6. 482	0. 975	5. 994	1. 083
141		9	9. 167	1. 156	11. 476	1. 188	13. 846	1. 460
142		10	25. 948	1. 493	29. 835	1. 653	40. 725	2. 145
143		11	36. 457	1. 623	38. 590	1. 806	64. 697	2. 530
144		12	15. 951	1. 324	21. 619	1. 479	40. 914	2. 148

续表 5-5

序号	年份	月份	孙艾河段		艾泺河段		泺利河段	
			水沙项数	水沙项平衡程度数	水沙项数	水沙项平衡程度数	水沙项数	水沙项平衡程度数
145	1992	1	37. 237	1. 631	38. 296	1. 802	63. 786	2. 517
146		2	40. 409	1. 664	48. 183	1. 950	62. 093	2. 493
147		3	8. 670	1. 140	8. 743	1. 081	12. 547	1. 409
148		4	8. 332	1. 129	8. 843	1. 086	13. 557	1. 449
149		5	14. 499	1. 294	17. 544	1. 376	19. 169	1. 639
150		6	16. 442	1. 334	19. 920	1. 437	44. 468	2. 213
151		7	6. 696	1. 070	7. 472	1. 024	12. 590	1. 411
152		8	2. 689	0. 855	2. 793	0. 729	2. 781	0. 823
153		9	4. 489	0. 970	4. 077	0. 831	4. 481	0. 976
154		10	7. 350	1. 095	5. 914	0. 945	7. 514	1. 174
155		11	7. 641	1. 105	7. 785	1. 039	10. 770	1. 335
156		12	9. 314	1. 160	8. 497	1. 071	11. 853	1. 381
157	1993	1	17. 185	1. 349	18. 938	1. 412	27. 012	1. 853
158		2	7. 927	1. 115	10. 756	1. 162	23. 537	1. 764
159		3	5. 030	0. 997	5. 293	0. 909	7. 851	1. 192
160		4	7. 307	1. 093	6. 864	0. 995	8. 856	1. 245
161		5	6. 202	1. 050	6. 017	0. 950	8. 194	1. 211
162		6	13. 230	1. 265	10. 177	1. 140	5. 633	1. 059
163		7	5. 330	1. 012	4. 943	0. 888	4. 543	0. 981
164		8	3. 881	0. 936	3. 872	0. 816	3. 807	0. 921
165		9	5. 192	1. 005	4. 776	0. 877	5. 337	1. 039
166		10	6. 235	1. 051	6. 301	0. 966	7. 142	1. 153
167		11	7. 954	1. 116	8. 959	1. 090	11. 756	1. 377
168		12	7. 039	1. 083	7. 271	1. 015	11. 457	1. 364
169	1994	1	11. 617	1. 225	8. 960	1. 090	22. 141	1. 726
170		2	9. 254	1. 159	9. 590	1. 116	14. 131	1. 470
171		3	7. 692	1. 107	7. 481	1. 025	8. 578	1. 231
172		4	5. 326	1. 011	5. 854	0. 941	4. 508	0. 978
173		5	6. 315	1. 055	7. 359	1. 019	5. 975	1. 082
174		6	22. 366	1. 439	20. 918	1. 462	1. 000	1. 000
175		7	4. 920	0. 992	4. 752	0. 876	5. 108	1. 023
176		8	3. 095	0. 885	2. 649	0. 716	3. 468	0. 891
177		9	4. 033	0. 945	4. 131	0. 834	4. 246	0. 958
178		10	11. 440	1. 221	12. 101	1. 210	11. 341	1. 359
179		11	8. 619	1. 139	5. 838	0. 940	10. 839	1. 338
180		12	6. 667	1. 069	5. 470	0. 920	9. 068	1. 255

续表 5-5

序号	年份	月份	孙艾河段		艾泺河段		泺利河段	
			水沙项数	水沙项平衡程度数	水沙项数	水沙项平衡程度数	水沙项数	水沙项平衡程度数
181	1995	1	7.285	1.092	9.628	1.118	23.604	1.766
182		2	8.259	1.127	9.233	1.102	15.981	1.536
183		3	7.642	1.105	9.655	1.119	31.799	1.964
184		4	8.557	1.136	7.815	1.040	8.538	1.229
185		5	8.221	1.125	12.248	1.215	20.145	1.669
186		6	602.320	3.234	1.000	1.000	1.000	1.000
187		7	1.846	0.780	1.914	0.640	1.886	0.717
188		8	2.594	0.848	2.869	0.736	2.646	0.809
189		9	3.359	0.903	3.820	0.812	3.606	0.903
190		10	7.734	1.109	10.759	1.162	9.691	1.285
191		11	8.801	1.144	10.761	1.162	18.920	1.632
192		12	9.911	1.178	8.424	1.067	11.722	1.376
193	1996	1	27.367	1.512	29.722	1.650	63.425	2.512
194		2	41.633	1.677	58.527	2.086	66.179	2.550
195		3	5.062	0.999	7.082	1.005	26.431	1.838
196		4	5.771	1.032	7.429	1.022	13.305	1.439
197		5	5.006	0.996	4.900	0.885	9.580	1.280
198		6	19.211	1.386	14.749	1.295	27.943	1.875
199		7	2.411	0.832	2.515	0.703	2.583	0.802
200		8	5.189	1.005	5.464	0.919	4.879	1.006
201		9	6.043	1.043	5.793	0.938	6.040	1.086
202		10	9.616	1.170	12.072	1.209	10.542	1.324
203		11	6.669	1.069	8.158	1.056	12.077	1.390
204		12	11.848	1.231	15.091	1.306	30.571	1.936
205	1997	1	29.811	1.545	30.743	1.670	99.825	2.953
206		2	28.217	1.524	42.409	1.866	111.177	3.069
207		3	5.845	1.035	5.494	0.921	7.683	1.183
208		4	6.437	1.060	7.453	1.023	9.098	1.257
209		5	10.183	1.186	10.868	1.166	20.674	1.684
210		6	167.347	2.360	1.000	1.000	1.000	1.000
211		7	1.000	1.000	1.000	1.000	1.000	1.000
212		8	2.497	0.840	2.790	0.729	3.726	0.914
213		9	7.538	1.102	8.116	1.054	10.579	1.326
214		10	9.316	1.160	7.936	1.046	14.297	1.477
215		11	27.559	1.515	23.798	1.528	28.741	1.894
216		12	23.541	1.457	27.468	1.606	64.525	2.528

续表 5-5

序号	年份	月份	孙艾河段		艾泺河段		泺利河段	
			水沙项数	水沙项平衡程度数	水沙项数	水沙项平衡程度数	水沙项数	水沙项平衡程度数
217	1998	1	35.727	1.615	32.634	1.705	40.871	2.148
218		2	8.075	1.120	9.029	1.093	17.082	1.573
219		3	7.054	1.084	7.597	1.030	14.509	1.484
220		4	7.513	1.101	6.953	0.999	15.045	1.504
221		5	7.623	1.105	6.934	0.998	10.451	1.320
222		6	4.333	0.961	3.623	0.797	3.713	0.913
223		7	2.567	0.845	2.837	0.733	2.757	0.821
224		8	4.310	0.960	4.776	0.877	5.460	1.047
225		9	7.340	1.094	6.923	0.997	3.901	0.929
226		10	16.581	1.337	20.168	1.443	46.141	2.243
227		11	14.586	1.296	16.282	1.341	49.054	2.292
228		12	10.175	1.186	12.021	1.207	24.996	1.802
229	1999	1	11.499	1.222	16.659	1.351	32.475	1.979
230		2	53.623	1.784	137.166	2.800	255.492	4.129
231		3	6.015	1.042	6.679	0.985	18.373	1.615
232		4	9.552	1.168	10.361	1.147	23.515	1.763
233		5	10.334	1.190	12.686	1.230	19.568	1.651
234		6	12.028	1.236	12.964	1.239	19.684	1.655
235		7	2.948	0.875	3.884	0.817	3.682	0.910
236		8	6.920	1.079	6.720	0.987	6.635	1.123
237		9	7.252	1.091	9.243	1.102	18.384	1.615
238		10	8.216	1.125	7.209	1.012	7.974	1.199
239		11	23.725	1.460	23.432	1.520	32.716	1.984
240		12	16.899	1.343	31.526	1.684	42.353	2.175

5.2.3 黄河下游6个河段水沙项输沙平衡程度数预测值的冲淤标准化

根据表5-4和表5-5数据，计算得到的黄河下游6个河段的20年冲淤标准化水沙项输沙平衡程度数预测值见表5-6。

表 5-6　黄河下游 6 个河段的 20 年冲淤标准化水沙项输沙平衡程度数预测值

序号	年份	月份	花夹河段	夹高河段	高孙河段	孙艾河段	艾泺河段	泺利河段
1	1972	1	6. 002	5. 233	4. 489	3. 234	2. 800	4. 129
2		2	4. 140	4. 052	3. 837	2. 360	2. 086	3. 635
3		3	3. 972	4. 050	3. 355	1. 784	1. 950	3. 069
4		4	3. 817	4. 002	3. 255	1. 678	1. 895	2. 953
5		5	3. 648	3. 977	3. 229	1. 677	1. 866	2. 550
6		6	3. 643	3. 877	3. 079	1. 664	1. 844	2. 530
7		7	3. 548	3. 858	3. 065	1. 631	1. 806	2. 528
8		8	3. 547	3. 703	3. 057	1. 623	1. 802	2. 517
9		9	3. 536	3. 660	2. 978	1. 615	1. 765	2. 512
10		10	3. 530	3. 626	2. 957	1. 592	1. 705	2. 508
11		11	3. 493	3. 591	2. 954	1. 545	1. 684	2. 493
12		12	3. 491	3. 573	2. 945	1. 524	1. 670	2. 385
13	1973	1	3. 480	3. 557	2. 944	1. 515	1. 656	2. 331
14		2	3. 425	3. 527	2. 895	1. 512	1. 653	2. 292
15		3	3. 417	3. 521	2. 813	1. 493	1. 650	2. 278
16		4	3. 406	3. 519	2. 779	1. 460	1. 634	2. 268
17		5	3. 397	3. 453	2. 738	1. 457	1. 612	2. 256
18		6	3. 355	3. 405	2. 735	1. 439	1. 606	2. 243
19		7	3. 345	3. 405	2. 726	1. 406	1. 580	2. 213
20		8	3. 327	3. 378	2. 711	1. 406	1. 563	2. 212
21		9	3. 310	3. 366	2. 708	1. 386	1. 528	2. 175
22		10	3. 275	3. 364	2. 671	1. 385	1. 520	2. 148
23		11	3. 263	3. 357	2. 660	1. 369	1. 511	2. 148
24		12	3. 222	3. 328	2. 636	1. 365	1. 498	2. 145
25	1975	1	3. 203	3. 295	2. 618	1. 357	1. 492	2. 101
26		2	3. 193	3. 281	2. 613	1. 351	1. 490	2. 047
27		3	3. 179	3. 262	2. 608	1. 349	1. 479	1. 984
28		4	3. 159	3. 256	2. 604	1. 346	1. 473	1. 979
29		5	3. 147	3. 225	2. 602	1. 343	1. 462	1. 964
30		6	3. 086	3. 218	2. 596	1. 339	1. 462	1. 954
31		7	3. 079	3. 194	2. 585	1. 337	1. 455	1. 952
32		8	3. 058	3. 185	2. 583	1. 337	1. 451	1. 936
33		9	3. 054	3. 184	2. 576	1. 335	1. 443	1. 936
34		10	3. 007	3. 181	2. 575	1. 334	1. 441	1. 927
35		11	3. 003	3. 170	2. 568	1. 325	1. 439	1. 894
36		12	2. 996	3. 168	2. 556	1. 324	1. 437	1. 876

续表 5-6

序号	年份	月份	花夹河段	夹高河段	高孙河段	孙艾河段	艾泺河段	泺利河段
37	1976	1	2.987	3.155	2.532	1.323	1.431	1.875
38		2	2.969	3.149	2.527	1.304	1.427	1.866
39		3	2.962	3.142	2.515	1.302	1.422	1.853
40		4	2.929	3.129	2.508	1.302	1.422	1.838
41		5	2.913	3.119	2.506	1.296	1.412	1.817
42		6	2.911	3.097	2.489	1.296	1.411	1.816
43		7	2.864	3.090	2.478	1.294	1.397	1.808
44		8	2.861	3.055	2.471	1.287	1.393	1.802
45		9	2.830	3.040	2.466	1.285	1.379	1.794
46		10	2.817	3.028	2.464	1.282	1.378	1.779
47		11	2.813	3.014	2.451	1.265	1.377	1.772
48		12	2.796	3.013	2.436	1.265	1.376	1.766
49	1978	1	2.790	2.983	2.424	1.259	1.376	1.764
50		2	2.789	2.979	2.417	1.255	1.374	1.763
51		3	2.779	2.967	2.413	1.249	1.372	1.726
52		4	2.762	2.967	2.411	1.246	1.372	1.724
53		5	2.755	2.946	2.408	1.244	1.369	1.722
54		6	2.728	2.942	2.404	1.241	1.364	1.709
55		7	2.718	2.938	2.395	1.236	1.363	1.695
56		8	2.693	2.927	2.394	1.231	1.363	1.684
57		9	2.691	2.908	2.393	1.230	1.359	1.683
58		10	2.689	2.883	2.377	1.229	1.351	1.682
59		11	2.681	2.881	2.362	1.226	1.344	1.682
60		12	2.675	2.868	2.359	1.225	1.341	1.669
61	1979	1	2.673	2.860	2.353	1.223	1.340	1.658
62		2	2.656	2.847	2.346	1.222	1.331	1.655
63		3	2.639	2.846	2.340	1.221	1.329	1.651
64		4	2.623	2.817	2.340	1.220	1.327	1.649
65		5	2.617	2.800	2.332	1.215	1.322	1.639
66		6	2.608	2.794	2.330	1.212	1.313	1.632
67		7	2.608	2.786	2.326	1.211	1.312	1.615
68		8	2.602	2.782	2.318	1.210	1.307	1.615
69		9	2.600	2.757	2.318	1.208	1.306	1.611
70		10	2.585	2.755	2.304	1.207	1.297	1.604
71		11	2.578	2.747	2.299	1.205	1.295	1.596
72		12	2.567	2.725	2.291	1.202	1.284	1.587

续表 5-6

序号	年份	月份	花夹河段	夹高河段	高孙河段	孙艾河段	艾泺河段	泺利河段
73	1980	1	2.542	2.722	2.288	1.200	1.282	1.587
74		2	2.533	2.722	2.272	1.190	1.279	1.581
75		3	2.530	2.716	2.265	1.190	1.276	1.573
76		4	2.528	2.709	2.251	1.189	1.272	1.572
77		5	2.526	2.709	2.250	1.186	1.269	1.562
78		6	2.522	2.706	2.249	1.186	1.267	1.561
79		7	2.513	2.697	2.249	1.183	1.266	1.557
80		8	2.511	2.693	2.246	1.183	1.259	1.550
81		9	2.502	2.689	2.242	1.179	1.255	1.547
82		10	2.496	2.687	2.238	1.179	1.252	1.536
83		11	2.486	2.670	2.226	1.178	1.250	1.527
84		12	2.484	2.658	2.219	1.178	1.248	1.517
85	1982	1	2.461	2.647	2.207	1.178	1.239	1.511
86		2	2.448	2.644	2.207	1.176	1.232	1.504
87		3	2.440	2.636	2.206	1.176	1.230	1.484
88		4	2.427	2.633	2.204	1.175	1.229	1.477
89		5	2.397	2.627	2.203	1.171	1.225	1.470
90		6	2.380	2.617	2.201	1.170	1.224	1.465
91		7	2.372	2.612	2.198	1.170	1.224	1.460
92		8	2.361	2.600	2.193	1.170	1.220	1.449
93		9	2.355	2.591	2.187	1.170	1.215	1.439
94		10	2.349	2.568	2.186	1.168	1.210	1.432
95		11	2.346	2.563	2.183	1.167	1.210	1.431
96		12	2.337	2.549	2.173	1.162	1.209	1.428
97	1985	1	2.333	2.545	2.173	1.161	1.207	1.425
98		2	2.329	2.541	2.170	1.160	1.206	1.411
99		3	2.320	2.538	2.170	1.160	1.205	1.411
100		4	2.293	2.536	2.169	1.159	1.204	1.411
101		5	2.284	2.523	2.166	1.158	1.203	1.409
102		6	2.279	2.520	2.165	1.158	1.202	1.409
103		7	2.270	2.508	2.157	1.157	1.199	1.395
104		8	2.255	2.503	2.156	1.157	1.196	1.390
105		9	2.253	2.490	2.146	1.156	1.193	1.383
106		10	2.252	2.480	2.145	1.156	1.192	1.381
107		11	2.246	2.471	2.140	1.155	1.188	1.379
108		12	2.229	2.471	2.136	1.153	1.188	1.377

续表 5-6

序号	年份	月份	花夹河段	夹高河段	高孙河段	孙艾河段	艾泺河段	泺利河段
109	1987	1	2. 228	2. 462	2. 136	1. 148	1. 184	1. 376
110		2	2. 198	2. 459	2. 134	1. 146	1. 183	1. 364
111		3	2. 198	2. 455	2. 134	1. 145	1. 183	1. 362
112		4	2. 192	2. 454	2. 130	1. 144	1. 182	1. 359
113		5	2. 172	2. 447	2. 129	1. 143	1. 178	1. 339
114		6	2. 172	2. 441	2. 122	1. 140	1. 178	1. 338
115		7	2. 160	2. 434	2. 122	1. 140	1. 172	1. 335
116		8	2. 158	2. 434	2. 120	1. 139	1. 171	1. 328
117		9	2. 151	2. 430	2. 119	1. 139	1. 170	1. 327
118		10	2. 147	2. 415	2. 118	1. 139	1. 170	1. 326
119		11	2. 132	2. 414	2. 117	1. 136	1. 168	1. 324
120		12	2. 121	2. 413	2. 112	1. 133	1. 167	1. 324
121	1988	1	2. 121	2. 407	2. 110	1. 131	1. 166	1. 320
122		2	2. 111	2. 404	2. 109	1. 130	1. 165	1. 317
123		3	2. 096	2. 401	2. 090	1. 130	1. 162	1. 316
124		4	2. 093	2. 399	2. 082	1. 129	1. 162	1. 316
125		5	2. 090	2. 387	2. 058	1. 129	1. 162	1. 308
126		6	2. 083	2. 382	2. 057	1. 129	1. 162	1. 307
127		7	2. 081	2. 380	2. 056	1. 127	1. 160	1. 305
128		8	2. 077	2. 373	2. 043	1. 127	1. 156	1. 304
129		9	2. 076	2. 369	2. 041	1. 126	1. 148	1. 299
130		10	2. 064	2. 368	2. 041	1. 126	1. 147	1. 299
131		11	2. 062	2. 364	2. 040	1. 125	1. 147	1. 297
132		12	2. 058	2. 354	2. 038	1. 125	1. 146	1. 295
133	1991	1	2. 050	2. 353	2. 031	1. 125	1. 146	1. 294
134		2	2. 040	2. 335	2. 029	1. 121	1. 146	1. 289
135		3	2. 039	2. 327	2. 029	1. 120	1. 145	1. 285
136		4	2. 037	2. 324	2. 023	1. 118	1. 145	1. 280
137		5	2. 034	2. 319	2. 017	1. 116	1. 142	1. 275
138		6	2. 024	2. 315	2. 017	1. 115	1. 140	1. 273
139		7	2. 012	2. 305	2. 017	1. 114	1. 140	1. 267
140		8	1. 999	2. 296	2. 017	1. 114	1. 140	1. 259
141		9	1. 984	2. 285	2. 012	1. 111	1. 134	1. 257
142		10	1. 973	2. 276	2. 010	1. 109	1. 134	1. 255
143		11	1. 971	2. 264	2. 009	1. 107	1. 131	1. 252
144		12	1. 970	2. 263	1. 998	1. 107	1. 130	1. 247

续表 5-6

序号	年份	月份	花夹河段	夹高河段	高孙河段	孙艾河段	艾泺河段	泺利河段
145	1992	1	1. 968	2. 258	1. 995	1. 105	1. 126	1. 245
146		2	1. 954	2. 257	1. 992	1. 105	1. 119	1. 236
147		3	1. 938	2. 247	1. 991	1. 105	1. 119	1. 236
148		4	1. 936	2. 235	1. 981	1. 104	1. 118	1. 235
149		5	1. 934	2. 232	1. 981	1. 104	1. 116	1. 231
150		6	1. 920	2. 224	1. 980	1. 102	1. 115	1. 230
151		7	1. 885	2. 199	1. 977	1. 102	1. 114	1. 229
152		8	1. 885	2. 192	1. 975	1. 101	1. 112	1. 218
153		9	1. 882	2. 179	1. 960	1. 100	1. 111	1. 217
154		10	1. 873	2. 170	1. 957	1. 096	1. 108	1. 215
155		11	1. 868	2. 163	1. 954	1. 095	1. 106	1. 215
156		12	1. 865	2. 161	1. 951	1. 095	1. 103	1. 212
157	1993	1	1. 861	2. 158	1. 940	1. 094	1. 102	1. 211
158		2	1. 852	2. 155	1. 940	1. 093	1. 102	1. 204
159		3	1. 850	2. 155	1. 933	1. 092	1. 100	1. 204
160		4	1. 847	2. 142	1. 927	1. 092	1. 100	1. 200
161		5	1. 838	2. 111	1. 925	1. 092	1. 094	1. 199
162		6	1. 834	2. 097	1. 925	1. 091	1. 094	1. 197
163		7	1. 829	2. 093	1. 913	1. 091	1. 093	1. 197
164		8	1. 819	2. 093	1. 909	1. 087	1. 091	1. 195
165		9	1. 815	2. 081	1. 908	1. 084	1. 090	1. 195
166		10	1. 805	2. 070	1. 908	1. 083	1. 090	1. 193
167		11	1. 801	2. 070	1. 900	1. 081	1. 088	1. 193
168		12	1. 791	2. 066	1. 893	1. 080	1. 088	1. 192
169	1994	1	1. 790	2. 032	1. 888	1. 080	1. 088	1. 185
170		2	1. 776	2. 027	1. 883	1. 079	1. 087	1. 184
171		3	1. 757	1. 996	1. 864	1. 078	1. 086	1. 183
172		4	1. 752	1. 996	1. 858	1. 078	1. 086	1. 179
173		5	1. 746	1. 982	1. 855	1. 077	1. 084	1. 174
174		6	1. 740	1. 970	1. 852	1. 073	1. 081	1. 165
175		7	1. 715	1. 959	1. 841	1. 072	1. 080	1. 165
176		8	1. 700	1. 954	1. 839	1. 071	1. 079	1. 155
177		9	1. 693	1. 947	1. 838	1. 070	1. 078	1. 153
178		10	1. 692	1. 946	1. 836	1. 069	1. 076	1. 150
179		11	1. 646	1. 944	1. 829	1. 069	1. 073	1. 145
180		12	1. 641	1. 942	1. 799	1. 068	1. 072	1. 144

续表 5-6

序号	年份	月份	花夹河段	夹高河段	高孙河段	孙艾河段	艾泺河段	泺利河段
181	1995	1	1. 637	1. 942	1. 796	1. 068	1. 071	1. 142
182		2	1. 608	1. 940	1. 795	1. 068	1. 071	1. 138
183		3	1. 607	1. 938	1. 795	1. 067	1. 070	1. 138
184		4	1. 590	1. 937	1. 792	1. 065	1. 067	1. 133
185		5	1. 590	1. 925	1. 792	1. 060	1. 066	1. 128
186		6	1. 583	1. 922	1. 787	1. 060	1. 065	1. 124
187		7	1. 575	1. 910	1. 779	1. 059	1. 064	1. 123
188		8	1. 573	1. 908	1. 778	1. 058	1. 063	1. 122
189		9	1. 565	1. 896	1. 765	1. 058	1. 061	1. 120
190		10	1. 529	1. 877	1. 763	1. 057	1. 058	1. 107
191		11	1. 499	1. 861	1. 760	1. 056	1. 058	1. 105
192		12	1. 497	1. 857	1. 755	1. 056	1. 057	1. 102
193	1996	1	1. 477	1. 841	1. 745	1. 056	1. 056	1. 101
194		2	1. 475	1. 835	1. 740	1. 055	1. 056	1. 099
195		3	1. 469	1. 816	1. 738	1. 055	1. 054	1. 099
196		4	1. 455	1. 814	1. 725	1. 055	1. 053	1. 096
197		5	1. 452	1. 806	1. 721	1. 051	1. 050	1. 095
198		6	1. 450	1. 798	1. 707	1. 051	1. 046	1. 094
199		7	1. 447	1. 796	1. 690	1. 050	1. 043	1. 094
200		8	1. 446	1. 789	1. 678	1. 050	1. 040	1. 091
201		9	1. 436	1. 781	1. 677	1. 049	1. 040	1. 091
202		10	1. 429	1. 768	1. 673	1. 048	1. 039	1. 091
203		11	1. 404	1. 766	1. 672	1. 048	1. 035	1. 090
204		12	1. 401	1. 740	1. 666	1. 045	1. 030	1. 087
205	1997	1	1. 386	1. 731	1. 663	1. 045	1. 029	1. 086
206		2	1. 360	1. 726	1. 646	1. 044	1. 028	1. 086
207		3	1. 342	1. 715	1. 636	1. 043	1. 026	1. 083
208		4	1. 336	1. 712	1. 633	1. 043	1. 026	1. 082
209		5	1. 336	1. 706	1. 629	1. 042	1. 026	1. 076
210		6	1. 327	1. 676	1. 629	1. 042	1. 026	1. 066
211		7	1. 322	1. 664	1. 619	1. 041	1. 025	1. 059
212		8	1. 275	1. 664	1. 615	1. 037	1. 025	1. 059
213		9	1. 275	1. 655	1. 613	1. 036	1. 025	1. 055
214		10	1. 274	1. 598	1. 606	1. 035	1. 024	1. 051
215		11	1. 267	1. 597	1. 606	1. 035	1. 024	1. 049
216		12	1. 243	1. 593	1. 586	1. 032	1. 023	1. 047

续表 5-6

序号	年份	月份	花夹河段	夹高河段	高孙河段	孙艾河段	艾泺河段	泺利河段
217	1998	1	1.240	1.577	1.557	1.032	1.023	1.046
218		2	1.236	1.576	1.550	1.032	1.022	1.046
219		3	1.236	1.574	1.546	1.032	1.020	1.045
220		4	1.231	1.561	1.538	1.031	1.019	1.044
221		5	1.203	1.558	1.534	1.030	1.018	1.042
222		6	1.201	1.521	1.529	1.028	1.017	1.040
223		7	1.182	1.515	1.507	1.026	1.015	1.039
224		8	1.180	1.482	1.506	1.025	1.015	1.036
225		9	1.178	1.478	1.499	1.024	1.014	1.032
226		10	1.171	1.459	1.496	1.020	1.013	1.031
227		11	1.148	1.426	1.493	1.018	1.012	1.027
228		12	1.136	1.378	1.484	1.015	1.011	1.025
229	1999	1	1.127	1.361	1.457	1.012	1.008	1.025
230		2	1.087	1.331	1.440	1.011	1.006	1.023
231		3	1.062	1.281	1.436	1.008	1.005	1.022
232		4	1.058	1.268	1.421	1.007	1.005	1.019
233		5	1.048	1.250	1.414	1.005	1.005	1.012
234		6	1.047	1.228	1.409	1.005	1.003	1.010
235		7	1.044	1.207	1.375	1.005	1.002	1.008
236		8	1.039	1.194	1.370	1.004	1.001	1.006
237		9	1.038	1.082	1.336	1.003	1.000	1.000
238		10	1.013	1.082	1.323	1.003	1.000	1.000
239		11	1.012	1.043	1.299	1.001	1.000	1.000
240		12	1.002	1.020	1.245	1.000	1.000	1.000

5.2.4　黄河下游 6 个河段河型预测的模糊聚类结果

利用表 5-6 的黄河下游 6 个河段的 20 年冲淤标准化水沙项输沙平衡程度数预测值，采用冲积河流河型预测的模糊聚类方法，把花夹河段、夹高河段、高孙河段、孙艾河段、艾泺河段和泺利河段 6 个河段分别用 $x_1 \sim x_6$ 表示，计算得到的模糊相似矩阵如下

$$R = \begin{bmatrix} 1.000 & 0.808 & 0.797 & 0.190 & 0.228 & 0.418 \\ 0.808 & 1.000 & 0.731 & 0.003 & 0.041 & 0.231 \\ 0.797 & 0.731 & 1.000 & 0.256 & 0.293 & 0.484 \\ 0.190 & 0.003 & 0.256 & 1.000 & 0.955 & 0.772 \\ 0.228 & 0.041 & 0.293 & 0.955 & 1.000 & 0.809 \\ 0.418 & 0.231 & 0.484 & 0.772 & 0.809 & 1.000 \end{bmatrix} \tag{5-7}$$

计算得到的模糊等价矩阵如下

$$R^4=\begin{bmatrix}1.000&0.808&0.797&0.484&0.484&0.484\\0.808&1.000&0.797&0.484&0.484&0.484\\0.797&0.797&1.000&0.484&0.484&0.484\\0.484&0.484&0.484&1.000&0.955&0.809\\0.484&0.484&0.484&0.955&1.000&0.809\\0.484&0.484&0.484&0.809&0.809&1.000\end{bmatrix}\tag{5-8}$$

根据模糊等价矩阵，分别取置信水平为0.484、0.797、0.808、0.809、0.955和1.000，计算得到的截矩阵如下

$$R^4_{0.484}=\begin{bmatrix}1&1&1&1&1&1\\1&1&1&1&1&1\\1&1&1&1&1&1\\1&1&1&1&1&1\\1&1&1&1&1&1\\1&1&1&1&1&1\end{bmatrix}\tag{5-9}$$

$$R^4_{0.797}=\begin{bmatrix}1&1&1&0&0&0\\1&1&1&0&0&0\\1&1&1&0&0&0\\0&0&0&1&1&1\\0&0&0&1&1&1\\0&0&0&1&1&1\end{bmatrix}\tag{5-10}$$

$$R^4_{0.808}=\begin{bmatrix}1&1&0&0&0&0\\1&1&0&0&0&0\\0&0&1&0&0&0\\0&0&0&1&1&1\\0&0&0&1&1&1\\0&0&0&1&1&1\end{bmatrix}\tag{5-11}$$

$$R^4_{0.809}=\begin{bmatrix}1&0&0&0&0&0\\0&1&0&0&0&0\\0&0&1&0&0&0\\0&0&0&1&1&1\\0&0&0&1&1&1\\0&0&0&1&1&1\end{bmatrix}\tag{5-12}$$

$$R_{0.955}^{4}=\begin{bmatrix}1&0&0&0&0&0\\0&1&0&0&0&0\\0&0&1&0&0&0\\0&0&0&1&1&0\\0&0&0&1&1&0\\0&0&0&0&0&1\end{bmatrix} \tag{5-13}$$

$$R_{1.000}^{4}=\begin{bmatrix}1&0&0&0&0&0\\0&1&0&0&0&0\\0&0&1&0&0&0\\0&0&0&1&0&0\\0&0&0&0&1&0\\0&0&0&0&0&1\end{bmatrix} \tag{5-14}$$

在利用相同20年资料的条件下,比较采用冲积河流河型预测的模糊聚类方法得到的河型预测结果,与采用冲积河流自然分类的河流模糊等价矩阵聚类方法得到的河型分类结果,即比较式(5-9)~式(5-14)与式(4-41)~式(4-46)。可以看出,两种方法得到的1~6类聚类结果中,把黄河下游6个河段河型聚为1、2、5类和6类的结果是相同的,把河型聚为3类和4类的结果不完全相同。采用两种方法得到的把河型聚为3类和4类的结果不完全相同的原因是在冲积河流河型预测的模糊聚类方法中,采用了冲积河流输沙平衡程度公式的简化公式即水沙项输沙平衡程度公式,简化公式本身就具有精度降低的缺陷。但把黄河下游河型聚类为3类和4类,实际上已经超出了4种基本河型的分类体系。

由于两种方法得到的把黄河下游6个河段河型聚为2类的结果完全相同,即花夹河段、夹高河段和高孙河段为游荡河型,孙艾河段、艾泺河段和泺利河段为弯曲河型。因此,在4种基本河型分类体系前提下,对4种基本河型进行预测,冲积河流河型预测的模糊聚类方法应该是一种有效的方法。

5.3　小　结

(1)冲积河流河型预测的模糊聚类方法,依据的理论是河型成因的输沙平衡程度理论假说,依据的公式为水沙项输沙平衡程度公式,采用的数学方法为模糊等价矩阵聚类方法。初步应用的结果表明,在4种基本河型分类体系前提下,冲积河流河型预测的模糊聚类方法应该是一种有效的方法。

(2)冲积河流河型预测的模糊聚类方法实质上是基于冲积河流河型自然分类的模糊聚类方法建立的,其理论基础比较可靠。在可以预测水沙项数的前提下,本书的河型模糊预测方法可以直接投入应用。需要进一步研究的问题应该是水沙项数的预测方法,与水库运用方式结合起来进行研究可能更有利于问题的解决。

(3)基于冲积河流河型预测的模糊聚类方法,如果可以控制水沙项数,则有望得到冲积河流河型控制的模糊聚类方法。

第 6 章　冲积河流河型控制的模糊聚类方法及其应用

6.1　冲积河流河型控制的模糊聚类方法

冲积河流系统与其他系统一样，应该是可以控制的。所谓控制[33-43]，是指对事物起因、发展及结果的全过程的一种把握，其目的是掌握住对象不使其任意活动或超出范围，或使其按控制者的意愿活动。所谓模糊控制[38,39,42]，是用模糊数学的知识模仿人脑的思维方式，对模糊现象进行识别和判决，给出确定的控制量，对被控对象进行控制。这里的河型控制问题主要是讨论能否通过水库控制进入下游冲积河流的水沙过程，从而控制水库下游冲积河流河型的问题。其中需要解决的 3 个关键问题如下：

(1)河型控制指标量的选择。根据冲积河流河型成因的输沙平衡程度理论假说，如果可以控制冲积河流的输沙平衡程度过程，就可以控制冲积河流的河型。根据冲积河流输沙平衡程度公式，如果可以控制冲积河流的输沙平衡程度数过程，就可以控制冲积河流的河型，但是存在的问题是该公式中含有 Q、S、ω、h、B、J 和 n 7 个量，在目前条件下，控制 h、B、J 和 n 还很难实现。但在有水库控制的条件下，可以通过水库控制进入下游河流的水沙过程，从而控制进入下游的 Q、S、ω 过程。例如，黄河下游小浪底水库调水调沙[171,172]，实质上就是对进入下游河流的水沙(Q、S、ω)过程进行了控制。根据水沙项输沙平衡程度公式，在利用以往资料确定了公式中的系数 a 和指数 b 之后，如果可以控制冲积河流未来的水沙项数过程，就可以控制冲积河流的基本河型。因此，在目前条件下，冲积河流河型控制可以选用水沙项数作为河型控制指标量。

(2)河型控制水沙项数取值范围和各组水沙项数比例的确定方法。根据河型成因假说，不同河型之间的本质区别在于其输沙平衡程度数过程不同。由此可知，可以通过控制水沙项输沙平衡程度数过程得到期望的河型。我们往往期望，通过控制得到的河型为弯曲河型，问题是怎样控制水沙项输沙平衡程度数的范围和过程，才能得到弯曲河型。由于弯曲河型与其他河型一样，其水沙项输沙平衡程度数的集合是模糊集合，并不能完全确切地确定所有的弯曲河型的水沙项输沙平衡程度数的范围和过程。但可以根据河型的内在联系与区别，得到弯曲河型大致的水沙项输沙平衡程度数的范围和过程。再根据弯曲河型大致的水沙项输沙平衡程度数的范围和过程，初步确定水沙项数控制取值的范围和各组水沙项数的控制比例。进行河型试控制计算以后，如果没有得到期望的河型，可以再对水沙项数控制取值的范围和各组水沙项数的控制比例进行微调，直至可以得到期望的河型。

(3)河型控制的计算方法。水沙项数取值范围和各组水沙项数比例得到控制以后，水沙项输沙平衡程度数的范围和过程就得到控制，形成的河型就得到了控制。现在的问题是采用何种数学方法计算经过控制以后得到的河型，基于河型模糊分类和河型模糊预测方法可知，有效的河型控制计算方法应该还是河流模糊等价矩阵聚类方法。

以上根据河型成因假说，采用河流模糊等价矩阵聚类方法，通过控制水沙项数过程，从而控制冲积河流河型的方法，称为冲积河流河型控制的模糊聚类方法。需要说明的是，冲积河流河型控制的模糊聚类方法的基础为冲积河流河型预测的模糊聚类方法，而冲积河流河型预测的模糊聚类方法的基础为冲积河流河型自然分类的模糊聚类方法。

6.2 河型控制的模糊聚类方法在黄河下游的试应用

根据冲积河流河型控制的模糊聚类方法，以黄河下游游荡型河段为例，通过控制水沙项数的取值范围和各组水沙项数的比例，验证能否把游荡型河段转化为弯曲型河段。

6.2.1 选定河型控制的水沙项数取值范围和各组水沙项数比例

首先初步确定形成弯曲河型的水沙项数的大致范围。根据河型内在联系与区别可知，在黄河下游的总体输沙平衡程度方面，游荡河型的冲淤标准化输沙平衡程度数样本的均值在 2.5 以上，弯曲河型的冲淤标准化输沙平衡程度数样本的均值在 2.1 以下。游荡河型的冲淤标准化输沙平衡程度数小数据组 1.0 ~ 2.0 数据的数量约占样本数据数量的 2/5，大数据组 2.0 ~ 6.0 数据的数量约占样本数据数量的 3/5。弯曲河型的冲淤标准化输沙平衡程度数小数据组数据约占样本的 4/5，大数据组数据约占样本的 1/5。由此可知，在黄河下游条件下，把冲淤标准化月输沙平衡程度数全部控制在 1.0 ~ 2.0，得到的河型基本上应该是弯曲河型。

以黄河下游花夹河段为例，冲淤标准化月输沙平衡程度数的控制取值范围为 1.0 ~ 2.0，对应的输沙平衡程度数的控制取值范围为 0.5 ~ 2.0。由于用水沙项输沙平衡程度数代替输沙平衡程度数，因此对应的水沙项输沙平衡程度数的控制取值范围也应该为 0.5 ~ 2.0。利用水沙项输沙平衡程度数控制取值范围为 0.5 ~ 2.0，根据下面的花夹河段水沙项输沙平衡程度公式

$$W_S = 0.392\,8\left(\frac{Q^{1/5}}{(4.61S^{1.09}\omega g)^{11/15}}\right)^{0.873\,8} \tag{6-1}$$

得到花夹河段对应的水沙项数控制取值范围为 1.318 1 ~ 6.440 9。当水沙项输沙平衡程度数等于 1.0 时，对应的水沙项数为 2.913 7。

把水沙项数的取值范围控制在弯曲河型水沙项数控制取值的范围内，并适当控制各组水沙项数所占的比例，基本上就可以把河型控制为弯曲河型。以花夹河段为例，假设小浪底水库按水沙项数作为调水调沙指标量，通过小浪底水库控制调节，得到的花夹河段的水沙项数的控制取值范围和各组水沙项数所占的控制比例见表 6-1。利用表 6-1 的控制性数据，根据式(6-1)计算得到的花夹河段 20 年的水沙项输沙平衡程度数以及相应的冲淤标准化水沙项输沙平衡程度数见表 6-2。

表 6-1　花夹河段水沙项数的控制取值范围和各组水沙项数所占的控制比例

水沙项数的控制取值范围	1.5	2.0	2.5	3.0	3.5	4.0	4.5	5.0	5.5	6.0
各组水沙项数所占的控制比例(%)	10.0	10.0	10.0	10.0	10.0	10.0	10.0	10.0	10.0	10.0

表 6-2　控制水沙项数范围和比例后得到的花夹河段冲淤标准化水沙项输沙平衡程度数

序号	年份	月份	水沙项数控制取值	水沙项输沙平衡程度数	冲淤标准化水沙项输沙平衡程度数
1	1972	1	1.5	0.560	1.786
2		2	1.5	0.560	1.786
3		3	1.5	0.560	1.786
4		4	1.5	0.560	1.786
5		5	1.5	0.560	1.786
6		6	1.5	0.560	1.786
7		7	1.5	0.560	1.786
8		8	1.5	0.560	1.786
9		9	1.5	0.560	1.786
10		10	1.5	0.560	1.786
11		11	1.5	0.560	1.786
12		12	1.5	0.560	1.786
13	1973	1	1.5	0.560	1.786
14		2	1.5	0.560	1.786
15		3	1.5	0.560	1.786
16		4	1.5	0.560	1.786
17		5	1.5	0.560	1.786
18		6	1.5	0.560	1.786
19		7	1.5	0.560	1.786
20		8	1.5	0.560	1.786
21		9	1.5	0.560	1.786
22		10	1.5	0.560	1.786
23		11	1.5	0.560	1.786
24		12	1.5	0.560	1.786

续表 6-2

序号	年份	月份	水沙项数控制取值	水沙项输沙平衡程度数	冲淤标准化水沙项输沙平衡程度数
25	1975	1	2. 0	0. 720	1. 389
26		2	2. 0	0. 720	1. 389
27		3	2. 0	0. 720	1. 389
28		4	2. 0	0. 720	1. 389
29		5	2. 0	0. 720	1. 389
30		6	2. 0	0. 720	1. 389
31		7	2. 0	0. 720	1. 389
32		8	2. 0	0. 720	1. 389
33		9	2. 0	0. 720	1. 389
34		10	2. 0	0. 720	1. 389
35		11	2. 0	0. 720	1. 389
36		12	2. 0	0. 720	1. 389
37	1976	1	2. 0	0. 720	1. 389
38		2	2. 0	0. 720	1. 389
39		3	2. 0	0. 720	1. 389
40		4	2. 0	0. 720	1. 389
41		5	2. 0	0. 720	1. 389
42		6	2. 0	0. 720	1. 389
43		7	2. 0	0. 720	1. 389
44		8	2. 0	0. 720	1. 389
45		9	2. 0	0. 720	1. 389
46		10	2. 0	0. 720	1. 389
47		11	2. 0	0. 720	1. 389
48		12	2. 0	0. 720	1. 389
49	1978	1	2. 5	0. 875	1. 143
50		2	2. 5	0. 875	1. 143
51		3	2. 5	0. 875	1. 143
52		4	2. 5	0. 875	1. 143
53		5	2. 5	0. 875	1. 143
54		6	2. 5	0. 875	1. 143
55		7	2. 5	0. 875	1. 143
56		8	2. 5	0. 875	1. 143
57		9	2. 5	0. 875	1. 143
58		10	2. 5	0. 875	1. 143
59		11	2. 5	0. 875	1. 143
60		12	2. 5	0. 875	1. 143

续表 6-2

序号	年份	月份	水沙项数控制取值	水沙项输沙平衡程度数	冲淤标准化水沙项输沙平衡程度数
61	1979	1	2. 5	0. 875	1. 143
62		2	2. 5	0. 875	1. 143
63		3	2. 5	0. 875	1. 143
64		4	2. 5	0. 875	1. 143
65		5	2. 5	0. 875	1. 143
66		6	2. 5	0. 875	1. 143
67		7	2. 5	0. 875	1. 143
68		8	2. 5	0. 875	1. 143
69		9	2. 5	0. 875	1. 143
70		10	2. 5	0. 875	1. 143
71		11	2. 5	0. 875	1. 143
72		12	2. 5	0. 875	1. 143
73	1980	1	3. 0	1. 026	1. 026
74		2	3. 0	1. 026	1. 026
75		3	3. 0	1. 026	1. 026
76		4	3. 0	1. 026	1. 026
77		5	3. 0	1. 026	1. 026
78		6	3. 0	1. 026	1. 026
79		7	3. 0	1. 026	1. 026
80		8	3. 0	1. 026	1. 026
81		9	3. 0	1. 026	1. 026
82		10	3. 0	1. 026	1. 026
83		11	3. 0	1. 026	1. 026
84		12	3. 0	1. 026	1. 026
85	1982	1	3. 0	1. 026	1. 026
86		2	3. 0	1. 026	1. 026
87		3	3. 0	1. 026	1. 026
88		4	3. 0	1. 026	1. 026
89		5	3. 0	1. 026	1. 026
90		6	3. 0	1. 026	1. 026
91		7	3. 0	1. 026	1. 026
92		8	3. 0	1. 026	1. 026
93		9	3. 0	1. 026	1. 026
94		10	3. 0	1. 026	1. 026
95		11	3. 0	1. 026	1. 026
96		12	3. 0	1. 026	1. 026

续表 6-2

序号	年份	月份	水沙项数 控制取值	水沙项 输沙平衡程度数	冲淤标准化水沙项 输沙平衡程度数
97	1985	1	3. 5	1. 174	1. 174
98		2	3. 5	1. 174	1. 174
99		3	3. 5	1. 174	1. 174
100		4	3. 5	1. 174	1. 174
101		5	3. 5	1. 174	1. 174
102		6	3. 5	1. 174	1. 174
103		7	3. 5	1. 174	1. 174
104		8	3. 5	1. 174	1. 174
105		9	3. 5	1. 174	1. 174
106		10	3. 5	1. 174	1. 174
107		11	3. 5	1. 174	1. 174
108		12	3. 5	1. 174	1. 174
109	1987	1	3. 5	1. 174	1. 174
110		2	3. 5	1. 174	1. 174
111		3	3. 5	1. 174	1. 174
112		4	3. 5	1. 174	1. 174
113		5	3. 5	1. 174	1. 174
114		6	3. 5	1. 174	1. 174
115		7	3. 5	1. 174	1. 174
116		8	3. 5	1. 174	1. 174
117		9	3. 5	1. 174	1. 174
118		10	3. 5	1. 174	1. 174
119		11	3. 5	1. 174	1. 174
120		12	3. 5	1. 174	1. 174
121	1988	1	4. 0	1. 319	1. 319
122		2	4. 0	1. 319	1. 319
123		3	4. 0	1. 319	1. 319
124		4	4. 0	1. 319	1. 319
125		5	4. 0	1. 319	1. 319
126		6	4. 0	1. 319	1. 319
127		7	4. 0	1. 319	1. 319
128		8	4. 0	1. 319	1. 319
129		9	4. 0	1. 319	1. 319
130		10	4. 0	1. 319	1. 319
131		11	4. 0	1. 319	1. 319
132		12	4. 0	1. 319	1. 319

续表 6-2

序号	年份	月份	水沙项数控制取值	水沙项输沙平衡程度数	冲淤标准化水沙项输沙平衡程度数
133	1991	1	4.0	1.319	1.319
134		2	4.0	1.319	1.319
135		3	4.0	1.319	1.319
136		4	4.0	1.319	1.319
137		5	4.0	1.319	1.319
138		6	4.0	1.319	1.319
139		7	4.0	1.319	1.319
140		8	4.0	1.319	1.319
141		9	4.0	1.319	1.319
142		10	4.0	1.319	1.319
143		11	4.0	1.319	1.319
144		12	4.0	1.319	1.319
145	1992	1	4.5	1.462	1.462
146		2	4.5	1.462	1.462
147		3	4.5	1.462	1.462
148		4	4.5	1.462	1.462
149		5	4.5	1.462	1.462
150		6	4.5	1.462	1.462
151		7	4.5	1.462	1.462
152		8	4.5	1.462	1.462
153		9	4.5	1.462	1.462
154		10	4.5	1.462	1.462
155		11	4.5	1.462	1.462
156		12	4.5	1.462	1.462
157	1993	1	4.5	1.462	1.462
158		2	4.5	1.462	1.462
159		3	4.5	1.462	1.462
160		4	4.5	1.462	1.462
161		5	4.5	1.462	1.462
162		6	4.5	1.462	1.462
163		7	4.5	1.462	1.462
164		8	4.5	1.462	1.462
165		9	4.5	1.462	1.462
166		10	4.5	1.462	1.462
167		11	4.5	1.462	1.462
168		12	4.5	1.462	1.462

续表 6-2

序号	年份	月份	水沙项数控制取值	水沙项输沙平衡程度数	冲淤标准化水沙项输沙平衡程度数
169	1994	1	5.0	1.603	1.603
170		2	5.0	1.603	1.603
171		3	5.0	1.603	1.603
172		4	5.0	1.603	1.603
173		5	5.0	1.603	1.603
174		6	5.0	1.603	1.603
175		7	5.0	1.603	1.603
176		8	5.0	1.603	1.603
177		9	5.0	1.603	1.603
178		10	5.0	1.603	1.603
179		11	5.0	1.603	1.603
180		12	5.0	1.603	1.603
181	1995	1	5.0	1.603	1.603
182		2	5.0	1.603	1.603
183		3	5.0	1.603	1.603
184		4	5.0	1.603	1.603
185		5	5.0	1.603	1.603
186		6	5.0	1.603	1.603
187		7	5.0	1.603	1.603
188		8	5.0	1.603	1.603
189		9	5.0	1.603	1.603
190		10	5.0	1.603	1.603
191		11	5.0	1.603	1.603
192		12	5.0	1.603	1.603
193	1996	1	5.5	1.742	1.742
194		2	5.5	1.742	1.742
195		3	5.5	1.742	1.742
196		4	5.5	1.742	1.742
197		5	5.5	1.742	1.742
198		6	5.5	1.742	1.742
199		7	5.5	1.742	1.742
200		8	5.5	1.742	1.742
201		9	5.5	1.742	1.742
202		10	5.5	1.742	1.742
203		11	5.5	1.742	1.742
204		12	5.5	1.742	1.742

续表 6-2

序号	年份	月份	水沙项数控制取值	水沙项输沙平衡程度数	冲淤标准化水沙项输沙平衡程度数
205	1997	1	5. 5	1. 742	1. 742
206		2	5. 5	1. 742	1. 742
207		3	5. 5	1. 742	1. 742
208		4	5. 5	1. 742	1. 742
209		5	5. 5	1. 742	1. 742
210		6	5. 5	1. 742	1. 742
211		7	5. 5	1. 742	1. 742
212		8	5. 5	1. 742	1. 742
213		9	5. 5	1. 742	1. 742
214		10	5. 5	1. 742	1. 742
215		11	5. 5	1. 742	1. 742
216		12	5. 5	1. 742	1. 742
217	1998	1	6. 0	1. 880	1. 880
218		2	6. 0	1. 880	1. 880
219		3	6. 0	1. 880	1. 880
220		4	6. 0	1. 880	1. 880
221		5	6. 0	1. 880	1. 880
222		6	6. 0	1. 880	1. 880
223		7	6. 0	1. 880	1. 880
224		8	6. 0	1. 880	1. 880
225		9	6. 0	1. 880	1. 880
226		10	6. 0	1. 880	1. 880
227		11	6. 0	1. 880	1. 880
228		12	6. 0	1. 880	1. 880
229	1999	1	6. 0	1. 880	1. 880
230		2	6. 0	1. 880	1. 880
231		3	6. 0	1. 880	1. 880
232		4	6. 0	1. 880	1. 880
233		5	6. 0	1. 880	1. 880
234		6	6. 0	1. 880	1. 880
235		7	6. 0	1. 880	1. 880
236		8	6. 0	1. 880	1. 880
237		9	6. 0	1. 880	1. 880
238		10	6. 0	1. 880	1. 880
239		11	6. 0	1. 880	1. 880
240		12	6. 0	1. 880	1. 880

6.2.2　花夹河段河型控制结果的模糊聚类方法计算

以黄河下游6个河段的20年冲淤标准化水沙项输沙平衡程度数预测值(见表5-6)为“标准数据”,利用“标准数据”和控制后的花夹河段的冲淤标准化水沙项输沙平衡程度数(见表6-2),采用河流模糊等价矩阵聚类方法,对黄河下游6个河段和控制后的花夹河段进行河型自然分类。设花夹河段、夹高河段、高孙河段、孙艾河段、艾泺河段、泺利河段和控制后的花夹河段分别用 $x_1 \sim x_7$ 表示,待分类河段的全体表示为集合

$$X = \{x_1, x_2, x_3, x_4, x_5, x_6, x_7\} \tag{6-2}$$

每个河段用冲淤标准化水沙项输沙平衡程度数 W_s 表示如下

$$x_i = (W_{si1}, W_{si2}, \cdots, W_{sik}, \cdots, W_{si240}) \tag{6-3}$$

计算得到的黄河6个河段和控制后花夹河段的模糊相似矩阵为

$$R = \begin{bmatrix} 1.000 & 0.808 & 0.797 & 0.190 & 0.228 & 0.418 & 0.403 \\ 0.808 & 1.000 & 0.731 & 0.003 & 0.041 & 0.231 & 0.217 \\ 0.797 & 0.731 & 1.000 & 0.256 & 0.293 & 0.484 & 0.469 \\ 0.190 & 0.003 & 0.256 & 1.000 & 0.955 & 0.772 & 0.774 \\ 0.228 & 0.041 & 0.293 & 0.955 & 1.000 & 0.809 & 0.816 \\ 0.418 & 0.231 & 0.484 & 0.772 & 0.809 & 1.000 & 0.894 \\ 0.403 & 0.217 & 0.469 & 0.774 & 0.816 & 0.894 & 1.000 \end{bmatrix} \tag{6-4}$$

计算得到的黄河6个河段和控制后花夹河段的模糊等价矩阵为

$$R^4 = \begin{bmatrix} 1.000 & 0.808 & 0.797 & 0.484 & 0.484 & 0.484 & 0.484 \\ 0.808 & 1.000 & 0.797 & 0.484 & 0.484 & 0.484 & 0.484 \\ 0.797 & 0.797 & 1.000 & 0.484 & 0.484 & 0.484 & 0.484 \\ 0.484 & 0.484 & 0.484 & 1.000 & 0.955 & 0.816 & 0.816 \\ 0.484 & 0.484 & 0.484 & 0.955 & 1.000 & 0.816 & 0.816 \\ 0.484 & 0.484 & 0.484 & 0.816 & 0.816 & 1.000 & 0.894 \\ 0.484 & 0.484 & 0.484 & 0.816 & 0.816 & 0.894 & 1.000 \end{bmatrix} \tag{6-5}$$

根据式(6-5),取置信水平(即相似程度)为0.484、0.797、0.808、0.816、0.894、0.955和1.000,得到的截矩阵如下

$$R^4_{0.484} = \begin{bmatrix} 1 & 1 & 1 & 1 & 1 & 1 & 1 \\ 1 & 1 & 1 & 1 & 1 & 1 & 1 \\ 1 & 1 & 1 & 1 & 1 & 1 & 1 \\ 1 & 1 & 1 & 1 & 1 & 1 & 1 \\ 1 & 1 & 1 & 1 & 1 & 1 & 1 \\ 1 & 1 & 1 & 1 & 1 & 1 & 1 \\ 1 & 1 & 1 & 1 & 1 & 1 & 1 \end{bmatrix} \tag{6-6}$$

$$R_{0.797}^{4}=\begin{bmatrix}1&1&1&0&0&0&0\\1&1&1&0&0&0&0\\1&1&1&0&0&0&0\\0&0&0&1&1&1&1\\0&0&0&1&1&1&1\\0&0&0&1&1&1&1\\0&0&0&1&1&1&1\end{bmatrix}\tag{6-7}$$

$$R_{0.808}^{4}=\begin{bmatrix}1&1&0&0&0&0&0\\1&1&0&0&0&0&0\\0&0&1&0&0&0&0\\0&0&0&1&1&1&1\\0&0&0&1&1&1&1\\0&0&0&1&1&1&1\\0&0&0&1&1&1&1\end{bmatrix}\tag{6-8}$$

$$R_{0.816}^{4}=\begin{bmatrix}1&0&0&0&0&0&0\\0&1&0&0&0&0&0\\0&0&1&0&0&0&0\\0&0&0&1&1&1&1\\0&0&0&1&1&1&1\\0&0&0&1&1&1&1\\0&0&0&1&1&1&1\end{bmatrix}\tag{6-9}$$

$$R_{0.894}^{4}=\begin{bmatrix}1&0&0&0&0&0&0\\0&1&0&0&0&0&0\\0&0&1&0&0&0&0\\0&0&0&1&1&0&0\\0&0&0&1&1&0&0\\0&0&0&0&0&1&1\\0&0&0&0&0&1&1\end{bmatrix}\tag{6-10}$$

$$R_{0.955}^{4}=\begin{bmatrix}1&0&0&0&0&0&0\\0&1&0&0&0&0&0\\0&0&1&0&0&0&0\\0&0&0&1&1&0&0\\0&0&0&1&1&0&0\\0&0&0&0&0&1&0\\0&0&0&0&0&0&1\end{bmatrix}\tag{6-11}$$

$$R_{1.000}^{4}=\begin{bmatrix}1&0&0&0&0&0&0\\0&1&0&0&0&0&0\\0&0&1&0&0&0&0\\0&0&0&1&0&0&0\\0&0&0&0&1&0&0\\0&0&0&0&0&1&0\\0&0&0&0&0&0&1\end{bmatrix}\tag{6-12}$$

从式(6-7)可知,通过控制水沙项数及其过程,花夹河段可以由游荡河型转化为弯曲河型。由此说明,冲积河流河型控制的模糊聚类方法应该是一种有效的河型控制方法。

6.3 小　结

(1)冲积河流河型控制的模糊聚类方法中关键的三个问题是:如何选择河型控制指标量、控制指标量的数据范围和各组数据的比例,以及如何定量确定控制以后的河型。河型控制的模糊聚类方法的特点是,根据河型成因理论假说选择水沙项数为控制量,根据河型的内在关系确定控制指标量的数据范围和各组数据的比例,河型控制的结果采用河流模糊等价矩阵聚类方法确定。初步应用的计算结果表明,在水沙项数可以控制的条件下,河型是可以得到控制的,冲积河流河型控制的模糊聚类方法应该是一种有效的河型控制方法。

(2)冲积河流河型控制的模糊聚类方法的河型控制措施,实质上相当于黄河的调水调沙措施。所谓调水调沙,就是按照黄河下游河道冲淤规律,通过水库控制把进入黄河下游河道的不协调的水沙关系塑造为相协调的水沙关系,从而达到使下游河道减淤或冲刷的目的。河型控制调水调沙措施的目的是为得到期望的河型,并且明确地提出了调水调沙的控制量为水沙项数。如果小浪底水库采用水沙项数作为调水调沙指标量,采用冲积河流河型控制的模糊聚类方法对下游河型进行控制,把黄河下游游荡河型转化为弯曲河型的期望是非常有可能实现的。需要说明的是,本书的河型控制方法要实际应用于黄河下游的河型控制,还需要确定水库泄流与黄河下游沿程 7 个水文断面之间的水沙项数关系。

第 7 章　冲积河流河段进出口断面含沙量关系的探讨

本书建立的冲积河流河型预测的模糊聚类方法和冲积河流河型控制的模糊聚类方法,都需要知道河段的进出口断面含沙量。而实际的情况往往是只知道进口断面的含沙量,需要根据进口断面的含沙量求出口断面的含沙量。因此,有必要进行河段进出口断面含沙量关系的探讨[1,61,173-176]。

7.1　含沙量沿程变化基本公式的讨论

7.1.1　韩其为等建立的含沙量沿程变化基本公式

不平衡输沙基本微分方程[61]为

$$\frac{\mathrm{d}(P_iS)}{\mathrm{d}x} = -\alpha\frac{\omega_i}{q}(P_iS - P_{*i}S_*) \tag{7-1}$$

当 $P_i = P_{*i}$时,得

$$\frac{\mathrm{d}(P_iS)}{\mathrm{d}x} = -\alpha\frac{P_i\omega_i}{q}(S - S_*) \tag{7-2}$$

对于均匀沙,不平衡输沙方程为

$$\frac{\mathrm{d}S}{\mathrm{d}x} = -\alpha\frac{\omega}{q}(S - S_*) \tag{7-3}$$

在微分方程中,若未知函数和未知函数的导数都是一次的,则称其为一阶线性微分方程。把$(S - S_*)$看做未知函数,则式(7-3)可以写成如下一阶线性微分方程的一般式

$$\frac{\mathrm{d}(S - S_*)}{\mathrm{d}x} + \alpha\frac{\omega}{q}(S - S_*) = -\frac{\mathrm{d}S_*}{\mathrm{d}x} \tag{7-4}$$

则式(7-4)的解为

$$S - S_* = (S_0 - S_{*0})\mathrm{e}^{-\int_0^L\alpha\frac{\omega}{q}\mathrm{d}x} - \mathrm{e}^{-\int_0^L\alpha\frac{\omega}{q}\mathrm{d}x}\int_0^L\mathrm{e}^{\int\alpha\frac{\omega}{q}\mathrm{d}x}\frac{\mathrm{d}S_*}{\mathrm{d}x}\mathrm{d}x \tag{7-5}$$

在恒定非均匀渐变流条件下,假设

$$\frac{\mathrm{d}S_*}{\mathrm{d}x} = \frac{S_* - S_{*0}}{L} \tag{7-6}$$

则

$$S - S_* = (S_0 - S_{*0})\mathrm{e}^{-\int_0^L\alpha\frac{\omega}{q}\mathrm{d}x} + \mathrm{e}^{-\int_0^L\alpha\frac{\omega}{q}\mathrm{d}x}\left(\frac{S_{*0} - S_*}{L}\right)\int_0^L\mathrm{e}^{\alpha\frac{\omega}{q}x}\mathrm{d}x \tag{7-7}$$

由于

$$\int_0^L \alpha \frac{\omega}{q} dx = \frac{\alpha\omega L}{q} \tag{7-8}$$

在单宽流量沿程不变的前提下

$$\int_0^L e^{\frac{\alpha\omega x}{q}} dx = \frac{q}{\alpha\omega}\left(e^{\frac{\alpha\omega L}{q}} - 1\right) \tag{7-9}$$

整理得

$$S = S_* + (S_0 - S_{*0}) e^{-\frac{\alpha\omega L}{q}} + (S_{*0} - S_*) \frac{q}{\alpha\omega L}\left(1 - e^{-\frac{\alpha\omega L}{q}}\right) \tag{7-10}$$

式(7-10)即为恒定非均匀渐变流悬移质均匀沙含沙量沿程变化基本公式。

以上各式中,L 为河段长度;S_0、S 为河段进、出口断面含沙量;S_{*0}、S_* 为河段进、出口断面挟沙力;ω 为泥沙沉速;q 为单宽流量(q 沿程是常数);α 为恢复饱和系数;P_i 为第 i 组泥沙级配。

7.1.2　含沙量沿程变化基本公式的改进

从恒定非均匀渐变流悬移质均匀沙含沙量沿程变化基本公式的导出过程中,可以看出,式(7-10)是在假设 q 沿程不变和挟沙力沿程为直线变化的条件下得出的。

由于

$$S_* = K\left(\frac{V^3}{g\omega h}\right)^m = K\left(\frac{q^3}{g\omega h^4}\right)^m \tag{7-11}$$

所以

$$\frac{dS_*}{dx} = \frac{d}{dx}\left[K\left(\frac{q^3}{g\omega}\right)^m (h^{-4m})\right] = (-4m) h^{(-4m-1)} K\left(\frac{q^3}{g\omega}\right)^m \frac{dh}{dx} \tag{7-12}$$

把式(7-12)代入式(7-5)得

$$S - S_* = (S_0 - S_{*0}) e^{-\int_0^L \alpha\frac{\omega}{q}dx} + e^{-\int_0^L \alpha\frac{\omega}{q}dx} \int_0^L \left[(4m) h^{(-4m-1)} K\left(\frac{q^3}{g\omega}\right)^m \frac{dh}{dx}\right] e^{\int\frac{\alpha\omega}{q}dx} dx \tag{7-13}$$

水深沿程变化的规律较为复杂。以棱柱体河槽情况为例,恒定非均匀渐变流水深沿程变化的规律为

$$\frac{dh}{dx} = \frac{i - J}{1 - Fr^2} = \frac{i - J}{\left(1 - \frac{q^2}{gh^3}\right)} = \frac{i - (nq)^2 h^{-10/3}}{\left(1 - \frac{q^2}{gh^3}\right)} \tag{7-14}$$

假设

$$\frac{dh}{dx} = \frac{h - h_0}{L} = J_h \tag{7-15}$$

J_h 在河段内为常数,则

$$dx = \frac{dh}{J_h} \tag{7-16}$$

$$e^{\int \alpha\frac{\omega}{q}dx} = e^{\int \frac{\alpha\omega}{qJ_h}dh} \tag{7-17}$$

由式(7-13)和式(7-16)整理得

$$S - S_* = (S_0 - S_{*0})e^{-\frac{\alpha\omega L}{q}} + e^{-\frac{\alpha\omega L}{q}}\int_{h_0}^{h}\left[(4m)h^{(-4m-1)}K\left(\frac{q^3}{g\omega}\right)^m\right]e^{\frac{\alpha\omega h}{qJ_h}}dh \tag{7-18}$$

为了积分方便，将 $e^{\frac{\alpha\omega h}{qJ_h}}$ 展开为 $\frac{\alpha\omega h}{qJ_h}$ 的幂级数，得

$$e^{\frac{\alpha\omega h}{qJ_h}} = 1 + \frac{\alpha\omega h}{qJ_h} + \left(\frac{\alpha\omega h}{qJ_h}\right)^2\frac{1}{2!} + \cdots + \left(\frac{\alpha\omega h}{qJ_h}\right)^n\frac{1}{n!} + \cdots \tag{7-19}$$

取

$$e^{\frac{\alpha\omega h}{qJ_h}} = 1 + \frac{\alpha\omega h}{qJ_h} \tag{7-20}$$

代入式(7-17)的定积分项得

$$\begin{aligned}
\int_{h_0}^{h}\left[(4m)h^{(-4m-1)}K\left(\frac{q^3}{g\omega}\right)^m\right]e^{\frac{\alpha\omega h}{qJ_h}}dh &= \int_{h_0}^{h}\left[(4m)h^{(-4m-1)}K\left(\frac{q^3}{g\omega}\right)^m\right]\left(1 + \frac{\alpha\omega h}{qJ_h}\right)dh \\
&= (4m)K\left(\frac{q^3}{g\omega}\right)^m\int_{h_0}^{h}\left[h^{(-4m-1)}\right]\left(1 + \frac{\alpha\omega h}{qJ_h}\right)dh \\
&= (4m)K\left(\frac{q^3}{g\omega}\right)^m\left[\left(\frac{1}{-4m}\right)h^{-4m} + \frac{\alpha\omega}{qJ_h}\left(\frac{1}{-4m+1}\right)h^{-4m+1}\right]_{h_0}^{h}
\end{aligned} \tag{7-21}$$

由于

$$K\left(\frac{q^3}{g\omega}\right)^m h_0^{-4m} = K\left(\frac{q^3}{g\omega h_0^4}\right)^m = S_{*0} \tag{7-22}$$

由式(7-17)、式(7-20)和式(7-21)整理得

$$S - S_* = (S_0 - S_{*0})e^{-\frac{\alpha\omega L}{q}} + e^{-\frac{\alpha\omega L}{q}}\left[(S_{*0} - S_*) + \frac{\alpha\omega}{qJ_h}\left(\frac{4m}{4m-1}\right)(S_{*0}h_0 - S_*h)\right] \tag{7-23}$$

即

$$S = S_* + (S_0 - S_*)e^{-\frac{\alpha\omega L}{q}} + (S_{*0}h_0 - S_*h)\left(\frac{4m}{4m-1}\right)\left(\frac{\alpha\omega}{q}\right)\left(\frac{L}{h-h_0}\right)e^{-\frac{\alpha\omega L}{q}} \tag{7-24}$$

根据韩其为等实测资料计算成果，$m = 0.92$，近似取 $m = 1$，得

$$S = S_* + (S_0 - S_*)e^{-\frac{\alpha\omega L}{q}} + \left(\frac{4}{3}\right)\left(\frac{S_{*0}h_0 - S_*h}{h-h_0}\right)\left(\frac{\alpha\omega L}{q}\right)e^{-\frac{\alpha\omega L}{q}} \tag{7-25}$$

式(7-24)即为作者改进的恒定非均匀渐变流悬移质均匀沙含沙量沿程变化基本公式。该式表明，河段出口断面含沙量有三项组成，这三项分别为出口断面挟沙力，进口断面含沙量与出口断面挟沙力的差值引起的修正项，由河段进、出口断面挟沙力与相应水深乘积的差值引起的修正项[1]。

改进得出的基本公式，由于在公式的推导过程中引进了挟沙力公式，多了一项约束条件，因此导出的公式可能在实用方面有一定的可取之处。

在恒定均匀流条件下，式(7-10)和式(7-24)都可以变为下面形式

$$S = S_* + (S_0 - S_*) e^{-\frac{\alpha \omega x}{q}} \tag{7-26}$$

根据进口断面的含沙量求出口断面的含沙量的关键问题之一，就是要首先确定出恢复饱和系数 α，关于恢复饱和系数的研究成果很多，但计算还存在较大的困难[173-175]。本书原试图建立黄河下游的恢复饱和系数经验公式，但研究的结果并不理想，本书只是利用沉沙池水沙资料，较为成功地建立了在忽略挟沙力后的恢复饱和系数 α_i 的计算公式，但这个 α_i 计算公式也可以为冲积河流河段进出口断面含沙量关系研究提供借鉴，下面只涉及这个范围的具体内容。

7.2 一维超饱和输沙法恢复饱和系数 α 经验公式的建立

目前国内水利工程沉沙池设计中常用的泥沙运动计算方法有准静水沉降法、一维超饱和和二维均匀流不平衡输沙法等，理论上比较成熟，但不论用何种方法，都存在确定系数、参数的问题。比如，k(静水与动水沉速的比值，称为紊动沉速修正系数)值和 α(恢复饱和系数)值的确定，由于其影响因素众多，资料有限，已有的经验公式往往精度很低，运用时存在困难。

7.2.1 一维超饱和输沙法与准静水沉降法的比较研究

沉沙池中的小河流经过时间分段，每个时间段内的水流可以近似地认为是恒定流。小河流再经过长度上的分段，每段的恒定流可以近似地认为是均匀流。沉沙池过水断面大，流速小，水流挟沙力一般远小于水流含沙量。忽略水流挟沙力后，由式(7-25)得

$$S = S_0 e^{-\frac{\alpha \omega x}{q}} \tag{7-27}$$

在均匀流及泥沙粒径沿程不变的条件下，式(7-25)和式(7-26)均可以作为沉沙池中含沙量沿程变化的一维超饱和输沙法计算公式。但使用式(7-26)不需要计算水流挟沙力，较为简单，目前用得较多。

为了比较一维超饱和输沙法与准静水沉降法的联系和不同，把式(7-26)展开为$\left(-\dfrac{\alpha\omega x}{q}\right)$的幂级数得

$$\frac{S}{S_0} = e^{-\frac{\alpha \omega x}{q}} = 1 - \frac{\alpha \omega x}{q} + \frac{1}{2!}\left(-\frac{\alpha \omega x}{q}\right)^2 + \frac{1}{3!}\left(-\frac{\alpha \omega x}{q}\right)^3 + \cdots + \frac{1}{n!}\left(-\frac{\alpha \omega x}{q}\right)^n + \cdots \tag{7-28}$$

余项的绝对值小于

$$e^{|-\alpha \omega x/q|}\left[\frac{|-\alpha \omega x/q|^{n+1}}{(n+1)!}\right] \tag{7-29}$$

相对误差为

$$e^{|-2\alpha\omega x/q|}\left[\frac{|-\alpha\omega x/q|^{n+1}}{(n+1)!}\right] \tag{7-30}$$

取式(7-27)的前两项,则式(7-26)变为

$$S = S_0\left(1 - \frac{\alpha\omega x}{q}\right) \tag{7-31}$$

取 $x = L, q = Vh, \alpha = \frac{1}{k}$,得

$$S = S_0\left(1 - \frac{\omega L}{kVh}\right) \tag{7-32}$$

式(7-31)即为准静水沉降法公式。由此可知准静水沉降法是一维超饱和输沙法的简化形式。一维超饱和输沙法中的恢复饱和系数 α 与准静水沉降法中的修正系数 k 具有相同的影响因素,且互为倒数。过去有关确定修正系数 k 的资料,完全可以用来确定恢复饱和系数 α。

7.2.2　恢复饱和系数 α 的主要影响因素分析

修正系数 k 值的最直接影响因素是含沙量沿垂线分布的均匀程度,而含沙量沿垂线分布的均匀程度,取决于悬浮指标 $\omega/(\kappa U_*)$,卡门常数 κ 受含沙量影响,其变化范围为 0.15 ~ 0.4,暂作常数考虑,因此修正系数 k 的最关键最直接的影响因素为 ω/U_*,ω/U_* 中不仅有泥沙因素 ω,而且含有水力半径 R 和水力坡度 J,能较好地反映沉沙池中泥沙沿垂线分布情况和一维水流情况。

利用黄河一些沉沙池资料点绘的 k 与 ω/U_* 关系表明,k 与 ω/U_* 的关系可近似地用下式表达

$$k = \beta_1\left(\frac{\omega}{U_*}\right)^{\beta_2} \tag{7-33}$$

由于一维超饱和输沙法中的恢复饱和系数 α 与准静水沉降法中的修正系数 k 互为倒数,因此 α 与 ω/U_* 的关系应为

$$\alpha = \beta_3\left(\frac{\omega}{U_*}\right)^{-\beta_2} \tag{7-34}$$

式中:$\beta_3 = 1/\beta_1$。

由于 α 和 k 的取值与 ω 的大小密切相关,而黄河泥沙的粒径范围很广,可将泥沙分组,分别确定对应的 α_i 和 k_i 值。利用打渔张第五条渠资料,将泥沙按粒径不同分为五组,计算出分组泥沙平均沉速 ω_i,以及摩阻流速 U_*,根据式(7-26)反求 α_i,用资料点绘 α_i 与 ω_i/U_* 的关系图,由此关系图可知,α_i 与 ω_i/U_* 的关系可用式(7-33)的形式,由此得

$$\alpha_i = \beta_4\left(\frac{\omega_i}{U_*}\right)^{-\beta_2} \tag{7-35}$$

问题到这里似乎得到了解决,但新的问题出现在相同 ω_i/U_* 值情况下,α_i 取值范围相差很大,除去特别偏离点群的点据后,在 ω_i/U_* 取值相同的情况下,

α_i 的值域范围内的最大值为最小值的 30 倍左右。由此可知,α_i 的主要影响因素一定不仅仅是 ω_i/U_*。

在用一维超饱和输沙法计算公式对沉沙池进行泥沙运行计算时,忽略了水流挟沙力。实际上,沉沙池中的水流挟沙力不可能为零,如果沉沙池中水流挟沙力真的等于零,进入沉沙池中的泥沙就会骤然全部落淤于沉沙池。一维超饱和输沙法计算公式忽略水流挟沙力,由此造成的误差应该在 α 中得到修正。由此可知,α 应与沉沙池中水流挟沙力有密切关系,α 值的影响因素应与水流挟沙力的影响因素有密切的关系。

沉沙池在某种程度上与未衬砌灌渠相同,分析黄河水利科学研究院等单位的挟沙力影响因素可知,除 ω/U_* 以外,V^2/gR 也是主要影响因素。又因为沉沙池的特定区段糙率 n 可以定性地看做常数,根据谢才公式,可以用水力坡度 J 表达 V^2/gR。点绘 $\alpha_i \sim (\omega_i/U_*)J$ 关系图,经过与 $\alpha_i \sim \omega_i/U_*$ 的关系图比较可知,相同$(\omega_i/U_*)J$ 值条件下的 α_i 范围比相同 ω_i/U_* 值条件下的 α_i 范围窄得多,但仍然存在相同$(\omega_i/U_*)J$ 值条件下,α_i 值变幅过大的问题。

沉沙池特别是引黄沉沙池在某种程度上与黄河下游河道相仿,都是淤多冲少,床面变化剧烈。从黄河下游各水文站床沙质输沙经验曲线可以看出,上游来沙量愈大,则本站输沙率愈大,即上游来沙量愈大,则下游河段的挟沙力愈大,出现“多来多排,少来少排”的现象。沉沙池中的泥沙运行也应该有此规律,这也就是说,α 值与河段进口断面的含沙量 S_0 有关。

7.2.3 恢复饱和系数 α 的计算公式的建立

利用打渔张第五条渠和人民胜利渠沉沙第四条渠资料,点绘 $\alpha_i \sim J$、$\alpha_i \sim \omega_i/U_*$、$\alpha_i \sim (1/S_{0i})$ 等的关系图,最后得到的 $\alpha_i \sim J(\omega_i/U_*)(1/S_{0i})$ 的关系相对较好,见图 7-1,为了表达方便,称 $J(\omega_i/U_*)(1/S_{0i})$ 为 3 个影响因素的积。

利用相同的资料,通过回归分析计算得

$$\alpha_i = 10^{-2}(\omega_i/U_*)^{-0.708} \tag{7-36}$$

$$\alpha_i = 10^{-2}(\omega_i/U_*)^{-0.708}J^{-0.4} \tag{7-37}$$

$$\alpha_i = 10^{-2}(\omega_i/U_*)^{-0.708}J^{-0.4}(1/S_{0i})^{-0.2} \tag{7-38}$$

式中:ω_i 为分组泥沙沉速;U_* 为池段摩阻流速;J 为池段水面比降;S_{0i} 为池段进口断面分组泥沙含沙量。

其中,式(7-37)即为本书建立的恢复饱和系数 α_i 计算公式。该式的单位用“千克(kg)、米(m)、秒(s)”。

为了验证式(7-37)的计算精度,进行分组沉降平均误差计算。分组沉降率为

$$\eta_i = 1 - e^{\sum_{j=1}^{m}\frac{\alpha_{ij}\omega_{ij}x_j}{q_j}} \tag{7-39}$$

式中:$\eta_i = (S_{0i} - S_i)/S_{0i}$ 为分组沉降率;α_{ij} 为池段分组恢复饱和系数;ω_{ij} 为池段泥沙分组沉速;q_j 为池段平均单宽流量;x_j 为池段的长度。

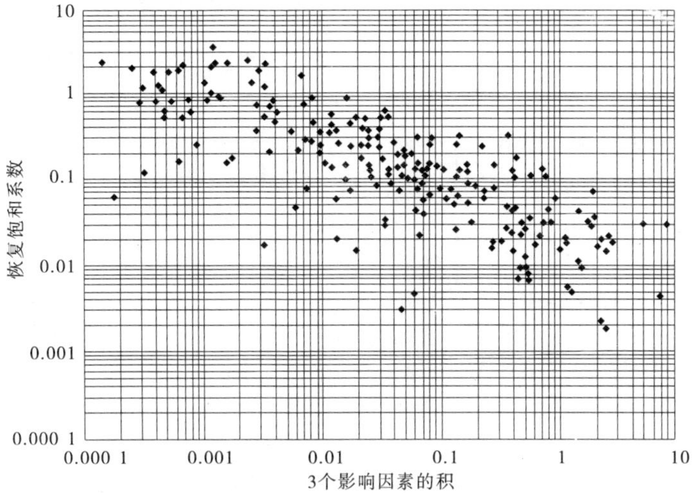

图7-1　恢复饱和系数与3个影响因素的积的关系

计算得出的5个粒径组的沉降率相对误差分别为6.0%、4.2%、1.8%、3.5%和1.4%。由于统计量 $y_i = \eta_{i实}/\eta_{i计}$ 服从正态分布，标准差为 $\sigma = 0.103$，均值 $\overline{y_i} = 1.01$，计算值相对误差不超过20%时，$y_i = 0.8 \sim 1.2$ 的概率为

$$P(0.8 \leqslant y_i \leqslant 1.2) = \frac{1}{0.103\sqrt{2\pi}}\int_{0.8}^{1.2} e^{-\frac{(y_i-1.01)^2}{2\times(0.103)^2}}dt = 0.95 \qquad (7\text{-}40)$$

由此可以证明，以上建立的恢复饱和系数 α_i 计算公式(7-37)有较高的精度和可靠度[176]。

7.3　小　结

(1)含沙量沿程变化规律是河型研究的理论基础之一。在韩其为公式的基础上，近似取 $m=1$，推导得出了如下形式的恒定非均匀渐变流悬移质均匀沙含沙量沿程变化基本公式

$$S = S_* + (S_0 - S_*)e^{-\frac{\alpha\omega L}{q}} + \left(\frac{4}{3}\right)\left(\frac{S_{*0}h_0 - S_* h}{h - h_0}\right)\left(\frac{\alpha\omega L}{q}\right)e^{-\frac{\alpha\omega L}{q}}$$

由于该公式在推导过程中引进了挟沙力公式为约束条件，导出的公式可能在实用方面有一定的可取之处。

(2)一维超饱和输沙法中的恢复饱和系数 α 与准静水沉降法中的修正系数 k 具有相同的影响因素，且互为倒数。过去有关确定修正系数 k 的资料，完全可以用来确定恢复饱和系数 α。准静水沉降法是一维超饱和输沙法的简化形式。实测资料分析表明，α_i 与 J、ω_i/U_* 和 $1/S_{0i}$ 关系密切。通过回归分析，建立的恢复饱和系数经验公式为

$$\alpha_i = 10^{-2}(\omega_i/U_*)^{-0.708}J^{-0.4}(1/S_{0i})^{-0.2}$$

该式可为河段进出口断面含沙量关系的研究提供借鉴。

附录　黄河下游6个河段21年的月输沙平衡程度数计算总表

年份	河段	月份	比降(‱)	糙率(s/m^1/3)	水深(m)	河宽(m)	流量(m³/s)	含沙量(kg/m³)	沉速(mm/s)	输沙平衡程度数
1972	花夹河段	1	1.751	0.015	1.39	457	720	15.85	0.950	1.075
		2	1.796	0.012	1.15	574	824	21.55	0.779	1.418
		3	1.810	0.011	1.17	812	1 240	20.25	0.775	1.829
		4	1.797	0.009	0.87	605	684	10.54	1.256	2.684
		5	1.811	0.015	1.16	708	794	8.92	1.431	1.133
		6	1.813	0.012	0.96	640	656	9.83	1.382	1.531
		7	1.810	0.012	1.08	1 137	1 490	38.80	0.746	0.883
		8	1.782	0.009	1.23	709	1 545	26.10	0.784	2.385
		9	1.794	0.011	1.18	912	1 400	26.45	0.976	1.242
		10	1.792	0.013	0.92	648	565	9.62	1.011	1.571
		11	1.802	0.011	1.00	608	726	14.15	0.723	2.282
		12	1.790	0.012	0.79	558	434	12.15	1.000	1.416
1972	夹高河段	1	1.508	0.021	1.83	480	783	13.50	0.889	0.634
		2	1.543	0.012	1.36	499	873	22.80	0.766	1.312
		3	1.529	0.011	1.36	658	1 235	22.95	0.811	1.497
		4	1.554	0.009	0.88	565	624	13.20	1.138	2.084
		5	1.536	0.012	1.11	570	711	9.46	1.339	1.509
		6	1.536	0.012	0.99	544	550	10.06	1.216	1.412
		7	1.495	0.009	1.27	732	1 420	38.05	0.846	1.386
		8	1.528	0.008	1.26	625	1 485	25.65	0.876	2.486
		9	1.527	0.011	1.30	786	1 405	25.55	1.044	1.109
		10	1.557	0.012	0.94	617	572	9.54	0.742	2.066
		11	1.524	0.009	0.96	612	766	14.70	0.810	2.555
		12	1.523	0.014	0.90	574	412	10.63	1.161	0.915
1972	高孙河段	1	1.179	0.018	2.16	380	829	12.85	0.903	0.785
		2	1.148	0.011	1.78	344	892	21.15	0.854	1.372
		3	1.139	0.012	1.81	494	1 205	24.20	1.017	0.899
		4	1.135	0.010	1.19	421	605	12.75	0.938	1.737
		5	1.228	0.011	1.16	486	624	10.20	1.229	1.474
		6	1.092	0.010	0.97	433	420	9.59	1.023	1.677
		7	1.154	0.009	1.53	572	1 320	35.85	0.812	1.289
		8	1.146	0.009	1.70	483	1 370	25.00	0.822	1.840
		9	1.132	0.011	1.72	592	1 400	26.90	1.120	0.886
		10	1.130	0.010	1.14	458	584	9.48	1.445	1.532
		11	1.125	0.010	1.24	498	755	13.05	1.446	1.264
		12	1.135	0.018	1.35	409	393	7.79	1.399	0.575

续附录

年份	河段	月份	比降（‰）	糙率（$s/m^{1/3}$）	水深（m）	河宽（m）	流量（m^3/s）	含沙量（kg/m^3）	沉速（mm/s）	输沙平衡程度数
1972	孙艾河段	1	1.203	0.017	2.21	329	806	11.70	1.175	0.824
		2	1.179	0.014	2.11	318	885	20.50	0.987	0.871
		3	1.179	0.013	2.08	425	1 195	25.25	1.097	0.788
		4	1.221	0.015	1.58	381	590	13.05	0.970	0.904
		5	1.057	0.015	1.50	384	520	10.55	2.014	0.518
		6	1.373	0.018	1.24	327	306	8.82	1.028	0.760
		7	1.190	0.013	2.10	428	1 215	34.40	0.866	0.743
		8	1.189	0.009	1.70	425	1 255	24.80	0.842	1.903
		9	1.175	0.014	2.46	426	1 455	26.60	1.176	0.687
		10	1.211	0.014	1.51	391	591	9.20	1.760	0.860
		11	1.198	0.013	1.59	415	760	10.90	1.294	1.145
		12	1.222	0.020	1.59	344	403	6.21	1.335	0.691
1972	艾泺河段	1	1.016	0.024	3.24	272	819	9.29	1.159	0.515
		2	0.986	0.017	2.89	251	871	17.05	0.799	0.792
		3	1.088	0.019	3.13	314	1 145	23.60	0.867	0.530
		4	1.032	0.015	2.00	261	561	16.55	1.209	0.631
		5	1.096	0.016	1.75	256	412	9.13	2.090	0.568
		6	0.912	0.020	1.66	191	213	6.60	1.216	0.530
		7	0.992	0.017	2.69	370	1 110	33.90	0.927	0.389
		8	0.998	0.013	2.53	324	1 165	24.75	0.832	0.943
		9	0.989	0.015	3.12	343	1 490	25.30	1.093	0.638
		10	0.989	0.019	2.17	303	571	8.85	0.908	0.772
		11	0.980	0.019	2.49	314	755	9.69	0.749	0.909
		12	1.010	0.028	2.52	241	398	5.44	0.843	0.585
1972	泺利河段	1	0.878	0.023	3.36	272	820	6.55	0.782	0.868
		2	0.899	0.017	3.30	209	866	12.00	0.613	1.269
		3	0.846	0.016	3.35	257	1 080	20.80	0.771	0.740
		4	0.897	0.013	2.05	231	540	21.40	0.984	0.710
		5	0.877	0.016	1.65	200	267	6.27	0.720	1.261
		6	1.018	0.033	1.49	164	98	3.53	0.789	0.416
		7	0.923	0.015	2.52	336	989	32.50	0.593	0.648
		8	0.910	0.012	2.51	289	1 095	24.75	0.622	1.259
		9	0.907	0.012	2.74	340	1 435	27.90	0.846	0.963
		10	0.890	0.019	2.09	298	519	7.47	0.608	1.035
		11	0.899	0.020	2.54	313	717	7.88	0.669	0.963
		12	0.874	0.030	2.92	210	384	3.67	0.549	0.895

续附录

年份	河段	月份	比降（‰）	糙率（$s/m^{1/3}$）	水深（m）	河宽（m）	流量（m^3/s）	含沙量（kg/m^3）	沉速（mm/s）	输沙平衡程度数
1973	花夹河段	1	1.800	0.018	0.97	584	409	10.85	1.492	0.549
		2	1.900	0.022	1.10	386	290	6.03	1.300	0.732
		3	1.810	0.011	0.98	528	602	10.90	1.564	1.576
		4	1.810	0.011	1.02	604	750	10.60	1.530	1.692
		5	1.810	0.013	0.95	834	802	13.00	1.261	1.095
		6	1.820	0.014	0.84	903	642	11.65	1.324	0.896
		7	1.810	0.011	1.13	1 192	1 815	41.00	0.651	1.166
		8	1.820	0.011	1.10	810	1 135	125.50	1.047	0.329
		9	1.750	0.012	1.90	826	2 755	88.35	1.064	0.515
		10	1.750	0.011	1.45	974	2 265	25.15	0.869	1.621
		11	1.740	0.014	1.43	800	1 410	18.65	0.884	1.174
		12	1.740	0.017	1.03	650	533	9.85	0.938	0.956
1973	夹高河段	1	1.510	0.017	1.00	565	416	9.68	1.079	0.734
		2	1.520	0.019	0.87	543	274	5.48	1.027	0.847
		3	1.520	0.010	0.92	548	570	10.25	1.132	2.041
		4	1.520	0.010	0.95	626	725	10.10	1.481	1.755
		5	1.510	0.010	1.10	632	910	14.55	1.012	1.907
		6	1.520	0.011	0.92	570	542	11.65	1.524	1.202
		7	1.470	0.008	1.46	665	1 845	40.25	0.660	2.246
		8	1.530	0.010	1.17	602	960	87.55	0.583	0.721
		9	1.500	0.010	1.87	770	2 795	89.70	0.965	0.682
		10	1.510	0.009	1.63	713	2 265	27.40	0.885	2.147
		11	1.540	0.009	1.39	605	1 480	20.55	0.913	2.399
		12	1.560	0.020	1.37	524	544	10.35	0.839	0.759
1973	高孙河段	1	1.140	0.018	1.30	466	423	7.95	0.837	0.807
		2	1.160	0.021	1.12	431	264	4.13	0.838	0.886
		3	1.150	0.011	1.12	446	534	12.00	1.268	1.152
		4	1.140	0.009	1.17	469	691	11.40	1.704	1.518
		5	1.170	0.041	1.32	2 016	840	16.45	1.445	0.052
		6	1.150	0.011	1.23	363	481	11.85	1.031	1.435
		7	1.130	0.008	1.75	524	1 795	40.55	0.698	1.848
		8	1.130	0.009	1.32	470	854	66.40	0.524	0.956
		9	1.130	0.009	2.29	582	2 765	82.35	0.873	0.836
		10	1.140	0.008	1.98	549	2 235	28.10	0.943	2.180
		11	1.140	0.007	1.52	524	1 510	21.75	0.882	3.081
		12	1.130	0.019	1.68	397	542	10.16	0.784	0.744

续附录

年份	河段	月份	比降（‰）	糙率（$s/m^{1/3}$）	水深（m）	河宽（m）	流量（m^3/s）	含沙量（kg/m^3）	沉速（mm/s）	输沙平衡程度数
1973	孙艾河段	1	1.220	0.022	1.82	317	435	6.84	0.977	0.723
		2	1.240	0.022	1.39	278	240	3.30	1.006	1.054
		3	1.250	0.013	1.29	340	448	12.00	1.226	0.991
		4	1.200	0.011	1.36	369	614	12.30	1.744	1.077
		5	1.190	0.054	1.49	1 912	754	17.40	1.620	0.028
		6	1.200	0.015	1.46	291	414	12.20	1.069	0.832
		7	1.170	0.010	2.27	421	1 715	39.90	0.727	1.383
		8	1.200	0.012	1.65	383	802	56.75	0.551	0.702
		9	1.160	0.010	2.90	433	2 690	83.25	0.730	0.911
		10	1.160	0.011	2.64	440	2 210	30.05	0.875	1.374
		11	1.160	0.011	2.21	421	1 520	21.50	0.844	1.608
		12	1.200	0.022	2.02	341	541	7.81	0.714	0.864
1973	艾泺河段	1	1.010	0.025	2.63	213	425	6.42	0.507	0.985
		2	1.030	0.027	1.96	180	210	2.79	0.535	1.288
		3	1.060	0.018	1.78	210	310	9.60	0.815	0.822
		4	1.030	0.020	2.20	252	472	11.15	0.796	0.667
		5	1.010	0.018	2.47	264	656	17.10	1.052	0.518
		6	1.010	0.020	2.01	226	372	10.96	0.862	0.588
		7	0.980	0.010	2.60	346	1 670	39.85	0.569	1.516
		8	0.990	0.015	2.15	307	756	49.90	0.476	0.525
		9	0.970	0.011	3.55	348	2 620	82.05	0.669	0.765
		10	0.970	0.011	3.13	350	2 160	31.35	0.719	1.431
		11	0.970	0.012	2.80	340	1 540	22.50	0.728	1.397
		12	0.990	0.015	2.77	154	542	5.97	0.446	3.573
1973	泺利河段	1	0.833	0.035	2.83	282	418	4.31	0.507	0.553
		2	0.880	0.023	1.99	167	211	2.43	0.535	1.731
		3	0.910	0.021	1.75	150	171	5.67	0.815	0.745
		4	0.980	0.022	2.20	182	312	7.96	0.796	0.675
		5	0.920	0.018	2.47	209	513	15.55	1.052	0.508
		6	0.890	0.022	2.03	202	284	8.38	0.862	0.516
		7	0.920	0.005	2.03	277	1 630	40.45	0.569	5.300
		8	0.900	0.013	2.07	276	672	46.10	0.476	0.665
		9	0.930	0.011	3.62	336	2 585	86.30	0.669	0.713
		10	0.930	0.011	3.20	336	2 140	33.45	0.719	1.323
		11	0.910	0.011	2.73	341	1 520	23.55	0.728	1.484
		12	0.880	0.015	2.56	179	535	4.99	0.446	3.437

续附录

年份	河段	月份	比降（‱）	糙率（$s/m^{1/3}$）	水深（m）	河宽（m）	流量（m^3/s）	含沙量（kg/m^3）	沉速（mm/s）	输沙平衡程度数
1975	花夹河段	1	1.742	0.014	1.25	576	774	10.49	1.170	1.360
		2	1.744	0.014	1.27	584	822	10.03	1.250	1.366
		3	1.751	0.019	1.06	713	540	6.50	1.240	0.871
		4	1.743	0.017	1.09	822	736	7.25	1.460	0.920
		5	1.738	0.015	1.13	770	809	7.64	1.810	1.011
		6	1.766	0.016	1.01	482	403	3.83	2.170	1.254
		7	1.752	0.017	1.24	1 517	1 730	40.90	0.760	0.414
		8	1.752	0.012	1.81	1 056	3 095	41.35	0.750	1.168
		9	1.746	0.010	1.61	1 192	3 365	40.35	0.740	1.635
		10	1.734	0.011	2.16	1 114	4 720	29.55	1.000	1.684
		11	1.760	0.010	1.92	646	2 515	17.85	1.060	2.781
		12	1.760	0.014	1.51	448	866	5.19	1.290	2.605
1975	夹高河段	1	1.561	0.012	1.37	427	780	11.70	1.050	1.816
		2	1.546	0.012	1.34	494	830	11.85	0.980	1.825
		3	1.554	0.015	1.12	530	516	6.54	1.000	1.553
		4	1.549	0.014	1.31	497	704	9.66	1.570	1.072
		5	1.539	0.011	1.20	486	762	9.18	1.360	1.968
		6	1.583	0.013	0.97	333	312	4.04	1.690	1.973
		7	1.546	0.011	1.64	575	1 550	31.10	0.510	1.932
		8	1.527	0.011	2.23	704	2 990	40.85	0.640	1.609
		9	1.510	0.010	2.11	743	3 125	39.35	0.590	2.056
		10	1.500	0.015	2.84	1 041	4 715	30.75	0.960	0.884
		11	1.504	0.010	2.01	651	2 530	22.70	1.190	1.834
		12	1.500	0.014	1.43	542	885	10.45	1.490	1.080
1975	高孙河段	1	1.117	0.012	1.67	372	773	11.25	0.820	1.785
		2	1.111	0.011	1.71	352	836	12.10	0.810	2.086
		3	1.116	0.014	1.38	385	494	5.79	0.920	1.723
		4	1.136	0.011	1.45	382	669	12.45	1.510	1.163
		5	1.125	0.010	1.45	378	736	9.19	1.130	2.244
		6	1.113	0.010	0.89	321	270	4.34	1.650	2.131
		7	1.202	0.009	1.81	458	1 445	30.00	0.740	1.887
		8	1.108	0.009	2.52	537	2 880	39.75	0.800	1.666
		9	1.116	0.009	2.36	630	2 965	36.90	1.090	1.347
		10	1.112	0.015	2.75	1 275	4 735	26.95	0.990	0.676
		11	1.123	0.009	2.32	544	2 575	23.00	0.930	2.209
		12	1.260	0.016	1.76	487	882	9.12	1.530	0.842

续附录

年份	河段	月份	比降(‰)	糙率($s/m^{1/3}$)	水深(m)	河宽(m)	流量(m^3/s)	含沙量(kg/m^3)	沉速(mm/s)	输沙平衡程度数
1975	孙艾河段	1	1.188	0.020	2.44	320	776	10.09	0.830	0.887
		2	1.200	0.016	2.29	314	839	12.15	0.810	1.221
		3	1.222	0.022	1.90	314	462	5.61	0.870	0.954
		4	1.217	0.016	1.86	324	624	13.55	1.030	0.820
		5	1.200	0.014	1.85	305	676	10.71	1.280	1.116
		6	1.217	0.020	1.47	228	234	4.22	1.450	0.833
		7	1.820	0.015	2.28	378	1 335	30.65	1.940	0.560
		8	1.136	0.012	3.26	448	2 890	38.60	1.140	0.872
		9	1.136	0.012	3.17	504	2 975	34.10	1.280	0.859
		10	1.087	0.021	4.11	916	4 765	24.85	1.130	0.410
		11	1.134	0.012	3.05	457	2 690	21.85	0.940	1.511
		12	1.182	0.020	2.25	416	874	8.41	1.110	0.776
1975	艾泺河段	1	0.979	0.022	3.35	232	782	9.22	0.780	0.824
		2	0.977	0.020	3.19	253	848	11.45	0.730	0.860
		3	1.001	0.023	2.48	221	432	5.61	0.730	0.957
		4	1.005	0.019	2.41	242	547	12.95	1.070	0.555
		5	1.000	0.024	2.96	233	593	12.80	1.450	0.311
		6	1.020	0.026	2.11	153	206	3.82	1.830	0.460
		7	0.994	0.015	2.97	304	1 250	30.25	1.950	0.353
		8	0.966	0.013	4.09	354	2 915	40.35	1.100	0.720
		9	0.962	0.012	4.12	354	2 965	33.90	1.040	1.014
		10	0.953	0.015	5.74	411	4 775	25.10	1.170	0.914
		11	0.958	0.012	3.92	352	2 765	22.65	0.950	1.442
		12	0.975	0.019	2.81	308	875	7.83	1.090	0.883
1975	泺利河段	1	0.903	0.019	3.05	238	771	8.74	0.840	0.962
		2	0.904	0.017	3.18	225	845	10.95	0.870	1.026
		3	0.898	0.018	2.31	194	414	4.86	0.560	1.889
		4	0.927	0.016	2.18	201	438	12.50	1.230	0.639
		5	0.914	0.021	2.82	195	509	15.25	1.530	0.306
		6	0.909	0.028	1.79	183	163	4.30	2.220	0.241
		7	0.917	0.012	2.72	280	1 140	30.10	0.860	0.896
		8	0.941	0.012	3.89	351	2 825	42.30	0.850	0.934
		9	0.938	0.011	3.86	359	2 905	35.80	0.920	1.193
		10	0.956	0.014	5.12	433	4 695	24.45	1.160	1.019
		11	0.918	0.011	3.62	386	2 785	23.15	0.830	1.699
		12	0.883	0.022	2.82	362	867	5.10	0.980	0.880

续附录

年份	河段	月份	比降（‰）	糙率（$s/m^{1/3}$）	水深（m）	河宽（m）	流量（m^3/s）	含沙量（kg/m^3）	沉速（mm/s）	输沙平衡程度数
1976	花夹河段	1	1.784	0.018	1.62	454	768	7.17	1.173	1.324
		2	1.788	0.014	1.26	614	832	6.79	1.066	2.127
		3	1.777	0.013	1.47	576	1 135	6.99	1.358	2.299
		4	1.768	0.012	1.48	518	1 105	7.17	1.525	2.461
		5	1.788	0.012	1.22	422	648	3.05	1.894	3.645
		6	1.792	0.015	1.33	438	634	3.07	3.491	1.519
		7	1.746	0.011	1.43	841	1 795	12.45	0.710	3.216
		8	1.730	0.011	2.03	979	3 892	36.10	0.767	1.675
		9	1.753	0.015	2.68	1 128	5 042	28.30	0.996	1.047
		10	1.793	0.021	2.28	893	2 245	14.95	0.900	0.819
		11	1.783	0.016	1.50	556	936	10.02	1.012	1.384
		12	1.786	0.015	1.40	374	582	7.10	1.336	1.623
1976	夹高河段	1	1.518	0.013	1.41	461	754	8.30	1.160	1.821
		2	1.507	0.011	1.27	501	816	7.65	1.007	2.864
		3	1.493	0.010	1.30	608	1 140	9.62	1.196	2.617
		4	1.490	0.011	1.55	461	1 045	10.36	1.272	2.167
		5	1.510	0.011	1.18	376	554	3.93	1.427	3.603
		6	1.505	0.012	1.05	425	492	3.68	2.407	1.971
		7	1.520	0.011	1.55	730	1 660	12.20	1.184	2.045
		8	1.507	0.009	2.08	842	3 785	35.00	0.824	2.194
		9	1.476	0.012	3.01	778	5 075	30.65	0.885	1.593
		10	1.510	0.015	2.34	646	2 230	18.20	0.894	1.250
		11	1.548	0.013	1.64	451	960	10.77	0.916	2.008
		12	1.576	0.012	1.38	307	552	6.39	1.070	2.931
1976	高孙河段	1	1.128	0.014	1.73	390	730	7.96	1.194	1.317
		2	1.140	0.012	1.64	384	802	7.96	0.925	2.185
		3	1.153	0.008	1.53	438	1 155	12.05	1.269	2.885
		4	1.150	0.009	1.68	373	1045	11.35	1.437	2.288
		5	1.142	0.011	1.39	316	520	4.69	1.593	2.382
		6	1.158	0.011	1.11	383	443	3.67	1.829	2.262
		7	1.145	0.009	1.86	482	1 555	13.80	1.654	1.883
		8	1.125	0.010	2.34	823	3 480	33.85	0.824	1.411
		9	1.067	0.008	2.45	929	5 295	28.00	0.970	2.334
		10	1.108	0.009	1.91	644	2 300	18.85	0.871	2.344
		11	1.104	0.012	1.70	437	970	10.85	0.867	1.779
		12	1.107	0.013	1.53	326	522	5.50	1.052	2.039

续附录

年份	河段	月份	比降(‰)	糙率($s/m^{1/3}$)	水深(m)	河宽(m)	流量(m^3/s)	含沙量(kg/m^3)	沉速(mm/s)	输沙平衡程度数
1976	孙艾河段	1	1.181	0.021	2.24	357	725	7.40	1.087	0.784
		2	1.170	0.020	2.29	350	760	7.89	1.191	0.778
		3	1.151	0.011	1.91	377	1 130	12.60	1.194	1.723
		4	1.160	0.012	1.98	359	1 025	12.05	1.438	1.326
		5	1.189	0.016	1.70	263	431	4.32	1.480	1.431
		6	1.186	0.016	1.44	297	369	3.35	1.647	1.432
		7	1.149	0.012	2.31	410	1 515	15.50	1.611	1.107
		8	1.120	0.017	3.54	651	3 265	33.05	1.039	0.510
		9	1.098	0.020	4.70	798	5 450	25.40	1.208	0.476
		10	1.159	0.009	2.66	532	3 235	18.85	0.778	3.383
		11	1.186	0.015	2.17	369	998	10.45	1.098	1.216
		12	1.205	0.020	1.90	308	500	4.62	0.902	1.320
1976	艾泺河段	1	0.981	0.027	3.45	248	725	6.02	0.915	0.674
		2	0.985	0.028	3.53	245	719	6.85	1.156	0.483
		3	0.980	0.018	3.20	279	1 062	10.77	1.051	0.880
		4	0.994	0.020	3.24	271	953	11.65	1.694	0.473
		5	1.026	0.029	2.57	198	328	3.33	1.023	0.717
		6	1.029	0.023	2.16	181	284	2.75	1.604	0.884
		7	0.992	0.015	3.28	310	1 465	16.55	1.707	0.672
		8	0.976	0.013	4.33	355	3 195	34.45	1.063	0.881
		9	0.961	0.016	6.34	415	5 380	24.25	1.105	0.924
		10	0.984	0.012	3.51	353	2 350	19.75	0.681	1.952
		11	0.997	0.016	2.80	308	1 045	10.36	1.076	1.064
		12	1.021	0.022	2.36	252	488	3.22	0.883	1.415
1976	泺利河段	1	0.893	0.027	3.37	266	716	4.44	0.791	0.849
		2	0.889	0.024	3.54	216	702	5.29	0.909	0.889
		3	0.899	0.018	3.28	259	998	9.51	0.931	0.986
		4	0.898	0.019	3.08	260	826	9.93	1.589	0.541
		5	0.913	0.038	2.44	178	200	2.50	0.683	0.570
		6	0.891	0.032	2.09	175	178	1.71	0.884	0.810
		7	0.914	0.014	2.94	316	1 350	17.35	1.379	0.751
		8	0.937	0.011	3.62	391	3 055	36.85	0.962	1.090
		9	0.980	0.013	5.20	460	5 425	23.15	1.088	1.358
		10	0.937	0.011	3.13	408	2 390	19.65	0.663	2.109
		11	0.905	0.016	2.61	361	1 035	9.82	0.708	1.288
		12	0.882	0.025	2.25	321	468	2.34	0.755	1.271

续附录

年份	河段	月份	比降（‰）	糙率（$s/m^{1/3}$）	水深（m）	河宽（m）	流量（m^3/s）	含沙量（kg/m^3）	沉速（mm/s）	输沙平衡程度数
1978	花夹河段	1	1.671	0.017	1.52	290	429	4.44	2.250	1.201
		2	1.672	0.019	1.48	196	250	3.03	1.382	1.793
		3	1.672	0.015	1.47	319	517	5.19	1.642	1.725
		4	1.681	0.020	1.61	400	584	5.29	1.789	0.916
		5	1.682	0.020	1.44	548	666	5.45	1.869	0.799
		6	1.690	0.020	1.00	531	345	5.28	1.922	0.615
		7	1.702	0.014	1.45	984	1 700	91.25	2.302	0.160
		8	1.730	0.011	1.18	758	1 245	59.40	1.098	0.583
		9	1.722	0.008	1.57	952	3 385	45.35	0.920	2.029
		10	1.734	0.011	1.48	873	2 025	19.15	1.240	1.550
		11	1.723	0.010	1.30	528	1 020	11.90	1.015	2.891
		12	1.703	0.013	1.44	396	716	8.47	1.054	2.219
1978	夹高河段	1	1.569	0.017	1.33	359	439	5.00	1.780	1.111
		2	1.589	0.018	1.34	220	246	3.15	1.080	2.064
		3	1.600	0.014	1.17	386	443	6.03	1.230	1.769
		4	1.589	0.015	1.15	500	517	6.18	1.210	1.478
		5	1.606	0.015	1.01	616	534	5.71	1.390	1.317
		6	1.578	0.016	0.77	521	265	4.81	2.050	0.791
		7	1.662	0.011	1.25	975	1 610	81.95	1.590	0.338
		8	1.561	0.009	1.07	756	1 145	59.40	0.810	0.930
		9	1.545	0.009	1.69	963	3 265	49.05	0.740	1.616
		10	1.545	0.013	1.77	834	2 000	21.00	1.180	1.030
		11	1.554	0.011	1.28	577	1 025	15.20	0.970	1.790
		12	1.574	0.012	1.29	432	701	11.00	0.930	2.004
1978	高孙河段	1	1.145	0.017	1.54	354	448	4.95	0.980	1.352
		2	1.169	0.015	1.32	251	278	2.70	0.870	2.875
		3	1.172	0.012	1.13	349	400	6.14	0.950	2.072
		4	1.174	0.012	1.07	409	422	5.78	0.870	2.226
		5	1.188	0.011	0.97	417	407	4.85	1.050	2.555
		6	1.192	0.010	0.70	360	212	4.45	0.990	2.752
		7	1.164	0.008	1.51	564	1 485	79.05	0.570	1.158
		8	1.162	0.009	1.43	509	1 070	59.65	0.520	1.145
		9	1.145	0.007	2.17	596	3 130	55.00	1.170	1.558
		10	1.146	0.009	2.15	494	2 020	24.05	1.240	1.659
		11	1.153	0.009	1.59	418	1 040	16.10	0.990	2.178
		12	1.151	0.017	1.80	394	660	10.00	0.962	0.884

续附录

年份	河段	月份	比降（‱）	糙率（$s/m^{1/3}$）	水深（m）	河宽（m）	流量（m^3/s）	含沙量（kg/m^3）	沉速（mm/s）	输沙平衡程度数
1978	孙艾河段	1	1.212	0.032	2.44	295	454	4.93	1.170	0.445
		2	1.222	0.033	2.28	199	262	2.68	0.890	0.791
		3	1.236	0.023	1.90	233	334	5.78	0.880	0.850
		4	1.204	0.016	1.30	348	362	6.59	0.670	1.516
		5	1.225	0.014	1.08	333	301	5.12	1.020	1.635
		6	1.220	0.018	1.05	245	164	4.19	1.050	1.054
		7	1.173	0.015	2.61	429	1 495	70.95	0.600	0.459
		8	1.187	0.014	2.08	402	1 090	56.10	0.480	0.658
		9	1.152	0.010	3.05	461	3 035	56.95	1.310	0.824
		10	1.168	0.011	2.35	480	2 035	24.00	1.440	1.061
		11	1.193	0.012	1.88	398	1 050	14.60	1.280	1.228
		12	1.195	0.027	2.48	327	611	8.51	1.021	0.460
1978	艾泺河段	1	0.998	0.032	3.41	189	456	4.54	0.933	0.578
		2	1.007	0.031	3.11	123	265	2.55	0.859	0.986
		3	1.043	0.025	2.53	135	256	4.37	0.642	1.134
		4	1.076	0.024	1.78	230	260	6.60	0.620	0.734
		5	1.081	0.022	1.43	224	196	3.63	0.835	0.990
		6	1.086	0.022	1.32	155	117	3.10	1.072	0.884
		7	0.991	0.016	3.42	328	1 570	63.05	0.538	0.482
		8	0.986	0.015	2.73	324	1 140	54.90	0.501	0.551
		9	0.982	0.011	3.97	344	2 965	55.80	0.837	0.961
		10	0.983	0.011	2.99	351	1 980	23.90	1.028	1.337
		11	0.975	0.018	2.93	306	1 035	13.75	1.103	0.655
		12	0.991	0.025	2.97	247	612	7.18	0.950	0.612
1978	泺利河段	1	0.903	0.025	3.41	197	458	3.92	0.840	1.032
		2	0.894	0.029	3.11	178	256	2.17	0.870	1.040
		3	0.921	0.023	2.53	154	190	2.59	0.530	1.899
		4	0.953	0.031	1.78	156	129	4.23	0.550	0.570
		5	0.978	0.027	1.43	132	74	1.10	0.590	1.823
		6	0.972	0.019	1.32	112	53	1.42	0.850	2.137
		7	0.940	0.011	3.42	311	1 515	61.10	0.620	0.896
		8	0.910	0.014	2.73	317	1 075	58.05	0.570	0.505
		9	0.940	0.011	3.97	352	2 705	57.75	0.730	0.967
		10	0.918	0.010	2.99	356	1 945	26.65	0.790	1.669
		11	0.899	0.016	2.93	299	1 001	13.00	0.740	1.069
		12	0.891	0.022	2.97	246	592	4.91	0.704	1.192

续附录

年份	河段	月份	比降（‰）	糙率（$s/m^{1/3}$）	水深（m）	河宽（m）	流量（m^3/s）	含沙量（kg/m^3）	沉速（mm/s）	输沙平衡程度数
1979	花夹河段	1	1.691	0.014	1.61	333	673	8.17	2.240	1.203
		2	1.687	0.017	1.41	373	497	7.39	1.210	1.208
		3	1.714	0.012	1.64	408	1 000	8.70	1.720	2.005
		4	1.716	0.016	1.55	557	965	7.30	1.890	1.106
		5	1.734	0.013	1.25	463	688	4.57	2.220	1.946
		6	1.733	0.009	0.95	245	318	3.85	3.450	2.938
		7	1.737	0.009	1.10	572	951	30.25	0.560	2.396
		8	1.768	0.010	1.65	937	2 960	66.25	0.870	1.022
		9	1.751	0.012	1.79	855	2 505	25.50	0.830	1.588
		10	1.761	0.012	1.42	931	1 880	17.50	0.830	1.826
		11	1.762	0.017	1.25	562	654	9.75	1.110	0.999
		12	1.772	0.017	1.18	689	696	12.50	0.980	0.857
1979	夹高河段	1	1.578	0.011	1.33	371	669	11.35	1.350	1.835
		2	1.549	0.016	1.17	463	475	8.35	1.290	0.955
		3	1.547	0.009	1.43	412	1 010	11.20	1.420	2.865
		4	1.538	0.011	1.44	470	994	9.56	1.550	1.975
		5	1.531	0.011	1.20	428	638	5.71	1.520	2.611
		6	1.515	0.013	1.19	213	276	4.24	2.440	1.607
		7	1.507	0.010	1.19	501	810	25.65	0.540	2.025
		8	1.500	0.011	2.01	798	2 820	63.25	0.660	1.008
		9	1.509	0.013	2.67	504	2 480	28.20	0.690	1.604
		10	1.498	0.012	1.88	662	1 870	20.80	0.750	1.744
		11	1.512	0.014	1.34	461	653	10.45	0.700	1.794
		12	1.510	0.016	1.24	613	652	13.00	0.750	1.002
1979	高孙河段	1	1.147	0.013	1.49	398	638	11.25	0.930	1.292
		2	1.173	0.017	1.42	408	460	8.71	1.160	0.737
		3	1.162	0.009	1.42	460	996	13.45	1.070	2.225
		4	1.160	0.009	1.43	455	1 030	11.20	1.400	2.136
		5	1.172	0.010	1.22	410	628	6.32	1.480	2.301
		6	1.181	0.011	1.10	220	257	3.88	1.490	2.560
		7	1.172	0.010	1.31	414	719	22.65	0.410	2.244
		8	1.144	0.009	2.30	541	2 635	63.80	0.670	1.269
		9	1.148	0.010	2.59	469	2 450	29.15	0.820	1.769
		10	1.152	0.009	1.95	481	1 835	21.25	0.770	2.477
		11	1.144	0.013	1.58	358	654	10.09	0.520	2.262
		12	1.164	0.010	1.32	357	616	11.00	0.760	2.529

续附录

年份	河段	月份	比降(‰)	糙率($s/m^{1/3}$)	水深(m)	河宽(m)	流量(m^3/s)	含沙量(kg/m^3)	沉速(mm/s)	输沙平衡程度数
1979	孙艾河段	1	1.192	0.026	2.42	326	608	9.04	0.830	0.544
		2	1.206	0.030	2.28	314	452	8.69	1.000	0.345
		3	1.185	0.016	2.20	363	916	13.90	1.210	0.785
		4	1.178	0.012	1.84	408	1 013	12.45	1.540	1.178
		5	1.206	0.013	1.44	368	572	6.23	1.370	1.608
		6	1.200	0.015	1.23	217	220	3.66	1.240	1.705
		7	1.176	0.011	1.49	360	694	20.10	0.560	1.751
		8	1.141	0.011	2.77	478	2 575	62.35	0.710	0.909
		9	1.151	0.011	2.60	487	2 370	26.15	0.810	1.593
		10	1.159	0.011	2.26	465	1 830	20.25	0.830	1.751
		11	1.189	0.016	1.85	345	655	10.19	0.500	1.701
		12	1.205	0.015	1.82	285	582	9.99	0.870	1.338
1979	艾泺河段	1	1.070	0.025	3.15	224	621	7.77	0.680	0.830
		2	1.098	0.029	2.85	210	431	7.68	0.820	0.504
		3	1.057	0.019	3.09	235	830	12.50	1.160	0.683
		4	1.064	0.020	3.25	251	940	12.75	1.320	0.574
		5	1.085	0.021	2.41	207	446	4.99	1.150	0.987
		6	1.132	0.023	1.84	134	168	2.95	1.050	1.125
		7	1.093	0.017	2.46	248	702	18.85	0.620	0.878
		8	1.064	0.013	3.74	349	2 510	62.05	0.620	0.804
		9	1.059	0.012	3.28	354	2 270	27.65	0.830	1.342
		10	1.048	0.012	2.91	352	1 840	20.60	0.870	1.485
		11	1.063	0.018	2.28	293	664	9.42	0.610	1.246
		12	1.080	0.022	2.58	238	557	8.96	0.820	0.751
1979	泺利河段	1	0.844	0.027	3.17	267	624	5.81	0.650	0.709
		2	0.835	0.031	2.89	235	412	5.10	0.580	0.584
		3	0.906	0.017	2.78	255	785	11.15	0.800	0.981
		4	0.915	0.016	2.97	227	820	11.75	1.060	0.925
		5	0.936	0.029	2.29	206	278	3.69	0.740	0.701
		6	0.922	0.028	1.48	128	86	1.51	0.620	1.258
		7	0.941	0.017	2.45	249	636	19.10	0.550	0.799
		8	0.938	0.010	3.31	313	2 180	65.45	0.680	1.015
		9	0.928	0.010	3.03	325	2 095	32.45	0.820	1.458
		10	0.921	0.010	2.79	344	1 845	22.05	0.800	1.871
		11	0.902	0.017	2.32	291	660	8.19	0.570	1.403
		12	0.903	0.020	2.69	205	508	7.31	0.820	0.919

续附录

年份	河段	月份	比降(‰)	糙率($s/m^{1/3}$)	水深(m)	河宽(m)	流量(m^3/s)	含沙量(kg/m^3)	沉速(mm/s)	输沙平衡程度数
1980	花夹河段	1	1.770	0.015	1.11	496	532	8.53	0.742	1.808
		2	1.780	0.018	1.24	311	326	6.81	0.877	1.392
		3	1.760	0.013	1.18	650	906	9.03	0.996	1.991
		4	1.770	0.013	1.17	565	778	6.82	1.938	1.529
		5	1.770	0.014	1.22	478	618	4.91	2.214	1.561
		6	1.770	0.014	1.03	597	614	5.82	1.525	1.599
		7	1.750	0.013	1.14	912	1 135	33.20	0.382	1.361
		8	1.780	0.011	1.13	829	1 240	46.20	0.269	1.985
		9	1.780	0.008	1.01	831	1 325	23.45	0.428	4.446
		10	1.760	0.009	1.23	803	1 720	18.90	0.498	4.239
		11	1.760	0.011	0.99	671	764	11.90	1.531	1.456
		12	1.770	0.021	1.08	634	459	9.03	0.630	0.909
1980	夹高河段	1	1.480	0.016	1.21	487	517	7.51	0.571	1.842
		2	1.500	0.018	1.22	304	295	6.68	0.610	1.521
		3	1.500	0.012	1.19	620	839	12.25	0.616	2.214
		4	1.500	0.012	1.24	527	754	9.33	1.135	1.807
		5	1.520	0.010	1.01	437	560	5.63	1.464	2.953
		6	1.520	0.011	0.96	562	614	6.70	1.016	2.634
		7	1.500	0.025	1.59	933	980	29.80	0.312	0.441
		8	1.500	0.011	1.08	838	1 090	43.65	0.255	1.739
		9	1.500	0.010	1.15	806	1 220	21.95	0.354	3.029
		10	1.500	0.010	1.42	771	1 660	19.45	0.464	3.194
		11	1.500	0.010	1.04	583	770	11.15	0.514	3.701
		12	1.480	0.014	1.12	525	540	8.24	0.431	2.645
1980	高孙河段	1	1.150	0.016	1.50	393	535	7.77	0.478	1.817
		2	1.170	0.017	1.33	289	289	4.96	0.502	2.027
		3	1.170	0.009	1.41	379	796	12.25	0.548	3.908
		4	1.160	0.010	1.49	363	732	8.85	0.687	3.497
		5	1.170	0.010	1.17	352	484	5.64	0.729	4.071
		6	1.160	0.009	1.09	420	585	7.45	0.703	3.992
		7	1.170	0.018	1.84	524	854	28.60	0.300	0.816
		8	1.170	0.010	1.28	537	923	41.40	0.285	1.786
		9	1.160	0.008	1.41	495	1 145	22.10	0.397	3.952
		10	1.150	0.008	1.65	519	1 610	21.20	0.624	3.283
		11	1.150	0.009	1.30	419	763	9.78	0.498	4.642
		12	1.150	0.014	1.35	418	513	7.22	0.504	2.274

续附录

年份	河段	月份	比降 (‰)	糙率 ($s/m^{1/3}$)	水深 (m)	河宽 (m)	流量 (m^3/s)	含沙量 (kg/m^3)	沉速 (mm/s)	输沙平衡程度数
1980	孙艾河段	1	1.200	0.026	2.27	330	540	8.28	0.455	0.867
		2	1.080	0.038	2.42	229	274	3.12	0.593	0.632
		3	1.190	0.021	2.65	266	700	11.70	0.605	0.949
		4	1.180	0.017	2.10	298	642	8.64	0.806	1.297
		5	1.200	0.016	1.56	271	392	5.10	0.671	2.129
		6	1.180	0.014	1.65	323	567	8.22	0.703	1.918
		7	1.150	0.015	1.84	418	853	29.40	0.465	0.857
		8	1.170	0.015	1.85	423	865	37.70	0.297	0.995
		9	1.170	0.013	2.02	403	1 110	22.25	0.465	1.599
		10	1.160	0.013	2.39	434	1 570	21.50	0.806	1.229
		11	1.170	0.013	1.77	365	767	9.58	0.558	2.465
		12	1.270	0.025	2.01	345	492	6.62	0.545	0.963
1980	艾泺河段	1	1.000	0.025	2.98	212	531	6.14	0.388	1.354
		2	0.990	0.047	3.12	188	266	2.35	0.584	0.550
		3	1.000	0.020	3.23	170	586	9.54	0.945	0.852
		4	0.970	0.017	2.66	211	606	9.22	0.725	1.274
		5	1.030	0.019	1.95	187	298	3.90	0.650	1.832
		6	1.010	0.014	2.24	202	536	8.43	0.703	1.975
		7	1.000	0.017	2.54	308	852	29.00	0.432	0.748
		8	1.000	0.014	2.35	289	836	35.80	0.267	1.298
		9	0.990	0.014	2.61	308	1 095	22.35	0.465	1.355
		10	0.990	0.014	3.03	328	1 525	22.45	0.639	1.198
		11	0.980	0.016	2.34	298	758	10.03	0.471	1.728
		12	1.000	0.029	2.89	239	484	5.46	0.454	0.932
1980	泺利河段	1	0.900	0.022	2.63	237	522	4.22	0.306	2.342
		2	0.910	0.034	2.30	260	289	1.64	0.343	1.605
		3	0.920	0.017	2.28	213	486	6.83	0.776	1.312
		4	0.940	0.018	2.07	247	446	8.17	0.517	1.281
		5	0.940	0.021	1.41	194	163	2.70	0.669	1.389
		6	0.940	0.013	1.76	230	453	7.96	0.682	1.952
		7	0.920	0.016	2.34	308	772	28.25	0.337	0.904
		8	0.930	0.013	2.06	275	694	35.00	0.225	1.492
		9	0.930	0.012	2.35	302	1 045	22.75	0.413	1.777
		10	0.930	0.011	2.71	318	1 485	23.85	0.520	1.933
		11	0.920	0.016	2.26	298	720	8.87	0.447	1.815
		12	0.910	0.024	2.72	228	486	4.24	0.389	1.674

续附录

年份	河段	月份	比降（‰）	糙率（$s/m^{1/3}$）	水深（m）	河宽（m）	流量（m^3/s）	含沙量（kg/m^3）	沉速（mm/s）	输沙平衡程度数
1982	花夹河段	1	1.740	0.016	1.33	424	575	6.76	1.049	1.645
		2	1.740	0.015	1.09	499	525	7.32	0.921	1.696
		3	1.750	0.013	1.25	786	1 160	8.67	0.818	2.445
		4	1.750	0.015	1.25	683	882	5.49	1.104	2.068
		5	1.730	0.016	1.25	662	804	4.70	1.525	1.586
		6	1.740	0.016	1.15	856	894	4.01	1.085	2.181
		7	1.750	0.015	1.15	965	1 080	13.95	0.342	2.178
		8	1.770	0.014	2.06	1 270	3 940	29.30	0.373	2.030
		9	1.770	0.014	2.13	560	1 920	15.20	0.602	2.497
		10	1.760	0.010	1.69	735	2 280	14.05	0.729	4.024
		11	1.770	0.014	1.77	482	1 185	8.00	0.701	3.241
		12	1.760	0.016	1.38	474	660	6.06	0.674	2.562
1982	夹高河段	1	1.470	0.012	1.33	349	547	7.16	0.850	2.833
		2	1.460	0.013	1.18	386	468	6.87	0.722	2.530
		3	1.460	0.011	1.22	738	1 110	10.50	0.717	2.677
		4	1.480	0.011	1.04	704	813	5.85	0.729	3.807
		5	1.490	0.012	0.97	734	716	5.37	0.948	2.675
		6	1.470	0.010	0.87	804	816	5.49	0.896	3.755
		7	1.450	0.014	1.15	896	1 010	12.00	0.400	2.086
		8	1.410	0.023	2.81	1 322	3 900	29.70	0.408	0.622
		9	1.460	0.011	1.85	587	1 880	13.85	0.575	3.466
		10	1.470	0.009	1.66	679	2 220	14.75	0.564	4.834
		11	1.490	0.011	1.44	579	1 160	10.00	0.574	3.784
		12	1.500	0.015	1.35	519	685	7.30	0.355	3.360
1982	高孙河段	1	1.170	0.015	1.46	377	516	6.68	0.566	2.077
		2	1.200	0.015	1.30	372	428	4.97	0.615	2.341
		3	1.180	0.009	1.46	443	1 040	12.75	0.647	3.505
		4	1.180	0.008	1.17	390	716	6.19	0.726	6.328
		5	1.180	0.010	1.13	443	600	6.31	0.751	3.610
		6	1.190	0.007	1.09	433	738	7.19	0.704	7.244
		7	1.190	0.010	1.46	483	958	12.05	0.322	4.831
		8	1.130	0.021	2.88	1297	3 750	26.95	0.396	0.665
		9	1.150	0.008	1.86	497	1 800	14.15	0.487	5.886
		10	1.140	0.008	1.98	536	2 210	17.00	0.460	5.528
		11	1.150	0.010	1.59	487	1 130	10.00	0.590	3.711
		12	1.150	0.013	1.60	396	712	7.22	0.449	3.316

续附录

年份	河段	月份	比降(‰)	糙率($s/m^{1/3}$)	水深(m)	河宽(m)	流量(m^3/s)	含沙量(kg/m^3)	沉速(mm/s)	输沙平衡程度数
1982	孙艾河段	1	1.210	0.031	2.18	394	508	5.64	0.462	0.775
		2	1.220	0.025	1.92	289	378	4.09	0.652	1.150
		3	1.180	0.014	1.90	405	947	14.60	0.571	1.581
		4	1.190	0.012	1.64	301	626	6.84	0.805	2.849
		5	1.200	0.014	1.45	343	502	6.12	0.859	1.952
		6	1.190	0.010	1.42	327	649	8.47	0.800	3.249
		7	1.180	0.011	1.65	379	881	12.55	0.343	3.966
		8	1.090	0.020	3.74	759	3 570	25.30	0.357	0.981
		9	1.150	0.011	2.42	410	1 760	14.40	0.398	4.091
		10	1.140	0.011	2.69	431	2 280	17.95	0.412	3.607
		11	1.170	0.011	1.87	391	1 100	10.00	0.590	3.460
		12	1.190	0.018	2.07	331	692	7.31	0.520	1.818
1982	艾泺河段	1	1.010	0.035	3.06	273	509	4.98	0.488	0.664
		2	0.990	0.035	3.04	176	322	3.27	0.612	0.767
		3	1.010	0.019	2.75	286	826	13.40	0.519	1.021
		4	1.020	0.018	2.30	223	504	5.54	0.670	1.711
		5	1.020	0.020	2.08	228	387	4.79	0.837	1.199
		6	3.356	0.025	2.08	233	582	8.60	0.779	1.801
		7	0.990	0.016	2.57	278	854	11.40	0.408	1.888
		8	0.990	0.016	5.18	351	3 470	26.95	0.409	1.584
		9	0.990	0.012	2.83	349	1 710	13.70	0.450	3.077
		10	0.980	0.011	3.20	351	2 220	17.95	0.491	3.028
		11	0.980	0.013	2.31	324	1 020	9.14	0.543	2.637
		12	1.030	0.020	2.48	272	621	7.17	0.508	1.440
1982	泺利河段	1	0.930	0.022	2.83	195	484	3.97	0.647	1.548
		2	0.950	0.030	2.73	171	294	2.29	0.560	1.344
		3	0.960	0.019	2.52	264	638	12.15	0.423	1.136
		4	0.970	0.025	2.05	213	280	2.73	0.331	2.134
		5	0.970	0.027	2.00	171	202	3.35	0.516	1.087
		6	0.970	0.014	1.96	226	499	9.09	0.683	1.667
		7	0.960	0.014	2.41	279	821	10.29	0.371	2.688
		8	0.980	0.012	4.26	376	3 350	30.05	0.493	2.018
		9	0.950	0.010	2.40	383	1 640	14.10	0.540	3.313
		10	0.960	0.009	2.72	383	2 110	18.45	0.630	3.292
		11	0.940	0.014	2.18	364	908	8.31	0.661	1.900
		12	0.920	0.018	2.21	289	567	5.55	0.413	2.102

续附录

年份	河段	月份	比降(‰)	糙率($s/m^{1/3}$)	水深(m)	河宽(m)	流量(m^3/s)	含沙量(kg/m^3)	沉速(mm/s)	输沙平衡程度数
1985	花夹河段	1	1.760	0.013	1.82	231	624	4.67	1.059	4.376
		2	1.760	0.015	1.70	358	782	5.61	1.172	2.458
		3	1.760	0.014	1.92	430	1 215	7.76	0.999	2.705
		4	1.760	0.011	1.61	329	848	3.78	1.093	6.670
		5	1.740	0.017	1.80	536	1 130	4.81	1.153	2.200
		6	1.740	0.016	1.48	696	1 085	4.76	0.937	2.538
		7	1.760	0.015	1.49	649	1 090	10.73	0.288	3.687
		8	1.800	0.012	1.49	676	1 460	33.25	0.282	2.548
		9	1.800	0.013	1.95	1 155	3 775	34.55	0.474	1.741
		10	1.780	0.010	1.57	1 268	3 445	16.25	0.517	4.408
		11	1.780	0.012	1.58	556	1 350	8.62	0.644	4.240
		12	1.770	0.021	1.58	478	660	6.35	0.630	1.595
1985	夹高河段	1	1.480	0.013	1.62	300	630	4.64	0.827	4.025
		2	1.490	0.013	1.64	383	806	7.51	0.809	2.817
		3	1.470	0.013	1.78	475	1 195	8.99	0.811	2.573
		4	1.470	0.013	1.62	394	819	4.62	0.833	3.982
		5	1.480	0.012	1.40	640	1 100	5.14	0.725	4.344
		6	1.480	0.015	1.32	777	1 010	5.25	0.771	2.414
		7	1.480	0.013	1.46	564	1 010	10.95	0.227	4.859
		8	1.500	0.012	1.59	593	1 360	28.90	0.231	2.856
		9	1.500	0.015	2.97	756	3 760	32.95	0.447	1.520
		10	1.430	0.018	2.81	893	3 410	19.05	0.588	1.183
		11	1.460	0.012	1.99	441	1 350	10.47	0.660	3.359
		12	1.450	0.023	2.09	374	662	5.59	0.532	1.605
1985	高孙河段	1	1.150	0.015	1.79	330	612	4.22	0.759	2.740
		2	1.140	0.012	1.75	363	838	7.19	0.693	3.068
		3	1.150	0.010	1.78	456	1 265	9.74	0.715	3.569
		4	1.170	0.012	1.61	413	793	4.80	0.891	3.371
		5	1.170	0.011	1.60	475	1 040	6.15	0.688	4.074
		6	1.170	0.011	1.56	473	977	5.74	0.706	4.133
		7	1.170	0.011	1.55	471	952	10.45	0.388	3.944
		8	1.200	0.011	1.71	510	1 300	27.30	0.300	2.470
		9	1.100	0.011	3.17	526	3 360	33.20	0.521	1.987
		10	1.120	0.012	3.29	547	3 380	20.90	0.615	2.197
		11	1.140	0.012	1.99	474	1 375	10.17	0.517	3.176
		12	1.160	0.061	3.99	349	620	4.53	0.577	0.264

续附录

年份	河段	月份	比降(‱)	糙率($s/m^{1/3}$)	水深(m)	河宽(m)	流量(m^3/s)	含沙量(kg/m^3)	沉速(mm/s)	输沙平衡程度数
1985	孙艾河段	1	1.180	0.024	2.43	274	543	3.77	0.663	1.519
		2	1.170	0.020	2.66	294	804	6.73	0.715	1.428
		3	1.170	0.014	2.20	402	1 125	11.00	0.707	1.848
		4	1.190	0.013	1.67	340	654	4.42	0.690	3.821
		5	1.160	0.011	1.90	374	1 045	7.00	0.667	4.191
		6	1.160	0.013	1.86	381	924	6.23	0.639	3.276
		7	1.160	0.028	1.91	361	410	11.30	0.376	0.562
		8	1.100	0.012	2.13	404	1 280	26.40	0.312	2.165
		9	1.100	0.014	3.84	471	3 405	34.30	0.520	1.325
		10	1.100	0.014	3.72	510	3 460	21.80	0.595	1.681
		11	1.170	0.012	2.17	435	1 430	9.92	0.626	3.068
		12	1.200	0.022	2.24	314	606	4.55	0.774	1.360
1985	艾泺河段	1	0.870	0.033	3.15	260	505	2.10	0.405	1.500
		2	0.970	0.025	3.47	250	790	6.38	0.702	0.918
		3	1.020	0.018	3.03	291	1 030	11.30	0.634	1.231
		4	1.030	0.019	2.23	231	477	3.56	0.621	2.264
		5	1.010	0.026	2.57	285	532	7.14	0.729	0.627
		6	1.010	0.016	2.69	289	922	6.35	0.704	2.115
		7	1.020	0.017	2.50	296	793	11.80	0.461	1.475
		8	1.000	0.013	2.61	323	1 236	25.55	0.341	1.817
		9	1.000	0.016	5.07	356	3 445	35.25	0.577	0.990
		10	0.980	0.014	4.89	357	3 635	21.95	0.630	1.728
		11	0.990	0.013	2.91	341	1 540	10.19	0.732	2.313
		12	1.000	0.026	3.11	253	648	4.41	0.896	0.902
1985	泺利河段	1	0.910	0.051	3.27	380	512	0.59	0.183	3.062
		2	0.860	0.035	3.44	381	796	3.48	0.431	0.884
		3	0.910	0.019	2.91	331	974	10.18	0.491	1.225
		4	0.940	0.026	2.12	214	276	2.03	0.696	1.419
		5	0.940	0.012	2.22	293	888	7.51	0.729	2.734
		6	0.940	0.015	2.39	311	881	6.37	0.748	1.990
		7	0.940	0.016	2.17	318	719	12.00	0.379	1.596
		8	0.900	0.011	2.15	351	1 140	24.75	0.322	2.188
		9	1.000	0.018	4.74	442	3 345	37.35	0.521	0.746
		10	0.970	0.013	4.25	398	3 455	23.20	0.647	1.704
		11	0.930	0.012	2.69	383	1 565	9.56	0.686	2.673
		12	0.860	0.035	3.32	338	668	3.28	0.768	0.592

续附录

年份	河段	月份	比降（‰）	糙率（$s/m^{1/3}$）	水深（m）	河宽（m）	流量（m^3/s）	含沙量（kg/m^3）	沉速（mm/s）	输沙平衡程度数
1987	花夹河段	1	1.745	0.016	1.36	353	500	3.94	0.740	3.338
		2	1.764	0.020	1.41	404	464	4.03	0.920	1.759
		3	1.763	0.012	1.24	370	584	4.35	0.980	4.440
		4	1.748	0.013	1.41	381	683	4.13	1.060	3.986
		5	1.762	0.012	1.34	359	628	4.10	1.190	4.248
		6	1.767	0.012	1.42	522	1 008	8.47	0.600	4.115
		7	1.760	0.015	1.50	489	830	12.45	0.420	2.495
		8	1.767	0.014	1.48	550	980	28.05	0.270	2.086
		9	1.764	0.009	1.37	374	990	17.90	0.430	5.382
		10	1.761	0.013	1.45	247	463	5.23	0.650	4.856
		11	1.760	0.012	1.56	248	555	4.00	0.920	5.835
		12	1.737	0.015	1.44	325	522	5.00	0.730	3.312
1987	夹高河段	1	1.511	0.020	1.95	258	470	4.20	0.630	2.403
		2	1.518	0.016	1.93	185	415	4.37	0.780	3.243
		3	1.507	0.012	1.50	259	540	4.54	0.740	5.141
		4	1.500	0.013	1.72	269	632	4.73	0.820	4.234
		5	1.502	0.014	1.61	273	532	4.10	0.940	3.478
		6	1.470	0.013	1.42	514	876	7.85	0.650	2.851
		7	1.487	0.014	1.43	496	764	11.85	0.430	2.380
		8	1.492	0.011	1.28	487	813	21.30	0.330	2.858
		9	1.496	0.011	1.50	437	944	17.85	0.430	3.049
		10	1.499	0.012	1.23	279	406	5.13	0.570	4.828
		11	1.477	0.013	1.67	245	529	5.21	0.640	4.497
		12	1.483	0.015	1.78	225	474	5.28	0.470	4.296
1987	高孙河段	1	1.148	0.019	2.07	235	454	4.18	0.590	2.208
		2	1.163	0.019	1.84	229	362	3.74	0.520	2.458
		3	1.170	0.012	1.52	261	490	4.56	0.610	4.512
		4	1.174	0.012	1.50	315	572	4.68	0.540	4.791
		5	1.147	0.013	1.49	288	454	3.41	0.750	3.914
		6	1.167	0.011	1.35	531	834	8.39	0.560	3.223
		7	1.157	0.013	1.34	534	733	11.75	0.340	2.446
		8	1.162	0.013	1.38	490	675	18.20	0.320	1.833
		9	1.148	0.012	1.59	439	884	18.10	0.410	2.032
		10	1.167	0.014	1.22	358	374	4.84	0.510	2.928
		11	1.168	0.013	1.49	341	533	5.20	0.660	3.119
		12	1.154	0.017	1.64	339	486	5.13	0.450	2.464

续附录

年份	河段	月份	比降（‰）	糙率（$s/m^{1/3}$）	水深（m）	河宽（m）	流量（m^3/s）	含沙量（kg/m^3）	沉速（mm/s）	输沙平衡程度数
1987	孙艾河段	1	1.198	0.038	3.48	199	458	3.64	0.590	0.820
		2	1.246	0.051	3.18	205	311	2.59	0.310	0.884
		3	1.273	0.026	2.34	207	364	3.97	0.540	1.498
		4	1.235	0.028	2.63	247	482	4.41	0.510	1.286
		5	1.257	0.018	1.54	271	354	2.96	0.640	2.747
		6	1.213	0.013	1.86	335	802	9.41	0.520	2.858
		7	1.187	0.016	1.88	376	722	12.00	0.390	1.804
		8	1.205	0.015	1.77	322	594	16.55	0.330	1.764
		9	1.183	0.015	1.98	379	842	19.65	0.240	2.070
		10	1.214	0.020	1.45	316	322	4.40	0.350	2.263
		11	1.186	0.018	1.71	329	496	5.41	0.580	1.846
		12	1.190	0.087	4.59	316	502	5.79	0.480	0.129
1987	艾泺河段	1	0.984	0.031	4.13	130	446	2.90	0.590	1.408
		2	1.029	0.042	3.87	109	254	2.21	0.240	1.738
		3	1.067	0.028	2.84	94	198	2.65	0.330	2.405
		4	1.042	0.025	3.10	124	336	4.22	0.450	1.762
		5	1.047	0.023	1.99	156	215	2.14	0.450	2.633
		6	1.004	0.014	2.41	233	706	9.08	0.410	2.905
		7	1.004	0.016	2.36	271	712	12.00	0.340	1.967
		8	1.033	0.016	1.91	256	474	15.00	0.320	1.517
		9	1.069	0.015	2.30	291	797	21.95	0.240	1.895
		10	1.269	0.019	1.57	228	284	4.21	0.310	3.190
		11	1.003	0.019	2.19	241	464	4.69	0.440	2.230
		12	1.021	0.065	5.13	213	506	5.00	0.460	0.261
1987	泺利河段	1	0.868	0.033	2.85	255	414	1.59	0.350	1.929
		2	0.907	0.029	2.29	168	220	1.77	0.240	2.772
		3	0.955	0.026	1.58	118	93	1.60	0.240	3.066
		4	0.976	0.017	1.80	111	171	2.83	0.440	3.589
		5	0.989	0.024	1.63	99	93	1.26	0.630	2.331
		6	0.951	0.013	2.10	224	598	7.25	0.350	3.958
		7	0.925	0.014	2.04	309	690	10.85	0.390	2.119
		8	0.930	0.027	2.19	251	336	11.30	0.170	0.947
		9	0.933	0.012	2.02	308	777	23.65	0.260	2.144
		10	1.529	0.029	1.48	275	222	3.28	0.250	2.112
		11	0.925	0.020	1.96	268	387	3.35	0.380	2.442
		12	0.916	0.019	2.38	249	534	3.95	0.330	3.047

续附录

年份	河段	月份	比降（‰）	糙率（$s/m^{1/3}$）	水深（m）	河宽（m）	流量（m^3/s）	含沙量（kg/m^3）	沉速（mm/s）	输沙平衡程度数
1988	花夹河段	1	1.851	0.015	1.39	360	562	4.94	0.712	3.558
		2	1.758	0.018	1.60	210	331	4.12	0.751	2.765
		3	1.762	0.021	1.75	336	529	5.71	0.978	1.339
		4	1.767	0.015	1.64	390	803	5.91	0.991	2.608
		5	1.760	0.011	1.19	527	818	4.60	1.027	4.778
		6	1.758	0.011	1.05	431	557	5.45	0.699	5.068
		7	1.770	0.010	1.61	598	1 785	65.50	0.289	2.268
		8	1.771	0.012	2.37	806	3 810	66.55	0.476	1.381
		9	1.775	0.012	1.76	567	1 660	20.15	0.569	2.545
		10	1.783	0.013	1.60	427	953	11.00	0.533	3.381
		11	1.778	0.013	1.68	247	596	6.79	0.971	3.307
		12	1.758	0.015	1.79	251	576	7.39	0.791	2.709
1988	夹高河段	1	1.478	0.013	1.55	278	523	5.20	0.601	4.457
		2	1.484	0.020	1.41	251	267	3.15	0.552	2.581
		3	1.493	0.028	1.64	254	257	6.02	0.738	0.671
		4	1.488	0.012	1.66	308	728	6.95	0.661	4.190
		5	1.501	0.011	1.25	436	718	5.58	0.746	4.556
		6	1.493	0.010	1.08	332	451	5.13	0.602	6.229
		7	1.481	0.010	1.67	530	1 550	54.70	0.260	2.393
		8	1.473	0.010	2.34	771	3 790	62.80	0.342	2.214
		9	1.498	0.013	2.11	488	1 595	21.10	0.455	2.285
		10	1.516	0.014	1.70	421	929	11.25	0.565	2.384
		11	1.516	0.013	1.82	229	588	7.24	0.641	3.798
		12	1.524	0.018	1.92	263	544	7.15	0.554	2.190
1988	高孙河段	1	1.158	0.017	1.62	330	477	4.87	0.517	2.320
		2	1.198	0.019	1.20	326	254	2.43	0.520	2.614
		3	1.205	0.014	1.29	327	395	5.64	0.580	2.563
		4	1.181	0.010	1.36	372	686	6.28	0.523	5.418
		5	1.172	0.010	1.23	388	609	5.29	0.649	4.896
		6	1.188	0.010	1.14	308	400	4.99	0.374	7.276
		7	1.171	0.010	1.73	488	1 380	50.00	0.293	1.877
		8	1.122	0.009	2.55	665	3 660	62.55	0.360	2.129
		9	1.129	0.010	2.14	413	1 540	21.95	0.436	3.004
		10	1.141	0.011	1.67	390	875	10.50	0.628	2.832
		11	1.130	0.014	1.71	339	615	6.30	0.477	3.083
		12	1.140	0.016	1.63	331	504	6.31	0.401	2.558

续附录

年份	河段	月份	比降(‰)	糙率($s/m^{1/3}$)	水深(m)	河宽(m)	流量(m^3/s)	含沙量(kg/m^3)	沉速(mm/s)	输沙平衡程度数
1988	孙艾河段	1	1.206	0.034	2.53	290	446	4.86	0.436	0.830
		2	1.251	0.049	2.41	221	218	1.71	0.330	1.051
		3	1.265	0.028	2.08	202	274	4.87	0.539	0.989
		4	1.248	0.020	2.14	270	525	6.27	0.536	1.705
		5	1.243	0.015	1.67	299	511	5.17	0.649	2.702
		6	1.252	0.019	1.26	371	323	4.55	0.338	2.366
		7	1.187	0.012	2.21	375	1 320	50.55	0.326	1.395
		8	1.113	0.013	3.69	481	3 560	63.65	0.326	1.321
		9	1.200	0.011	2.00	435	1 440	22.35	0.366	2.810
		10	1.211	0.013	1.80	349	774	10.50	0.511	2.573
		11	1.200	0.017	1.77	359	586	5.84	0.357	2.896
		12	1.240	0.022	1.82	296	414	5.37	0.328	1.994
1988	艾泺河段	1	1.007	0.028	3.07	192	443	4.31	0.387	1.438
		2	1.025	0.041	3.53	91	184	1.79	0.308	1.678
		3	1.072	0.032	3.15	74	163	3.48	0.415	1.322
		4	1.069	0.023	2.87	113	301	5.46	0.380	1.901
		5	1.037	0.018	2.47	144	366	4.93	0.707	1.933
		6	1.059	0.016	1.46	158	195	3.54	0.326	4.029
		7	1.023	0.012	2.72	282	1 280	49.45	0.282	1.556
		8	0.990	0.014	4.82	350	3 520	64.80	0.294	1.274
		9	1.001	0.011	2.53	320	1 330	22.55	0.337	2.843
		10	1.001	0.014	2.18	239	630	9.61	0.342	2.953
		11	0.994	0.020	2.47	244	553	5.50	0.396	2.056
		12	1.047	0.023	2.20	194	323	4.38	0.328	2.025
1988	泺利河段	1	0.915	0.021	2.43	238	474	2.79	0.296	3.540
		2	0.865	0.022	1.95	160	211	1.31	0.249	5.341
		3	0.926	0.037	2.24	87	88	1.55	0.198	2.096
		4	0.964	0.021	1.82	101	129	3.34	0.204	3.459
		5	0.977	0.020	1.87	131	187	3.15	0.451	2.340
		6	0.962	0.017	1.19	110	83	1.90	0.189	6.640
		7	0.952	0.010	2.38	293	1 185	47.40	0.294	1.938
		8	0.966	0.013	4.27	377	3 270	67.15	0.390	1.054
		9	0.941	0.011	2.29	343	1 185	23.35	0.304	2.596
		10	0.940	0.014	1.74	300	518	9.05	0.258	3.004
		11	0.934	0.022	2.22	294	491	4.50	0.376	1.755
		12	0.925	0.023	1.79	211	232	2.40	0.260	2.908

续附录

年份	河段	月份	比降(‱)	糙率($s/m^{1/3}$)	水深(m)	河宽(m)	流量(m^3/s)	含沙量(kg/m^3)	沉速(mm/s)	输沙平衡程度数
1991	花夹河段	1	1.724	0.013	1.43	310	548	7.12	0.559	4.078
		2	1.731	0.013	1.58	352	794	8.85	0.671	3.289
		3	1.736	0.012	1.79	365	1 055	8.12	0.833	3.909
		4	1.738	0.011	1.45	452	1 021	6.51	1.110	3.939
		5	1.750	0.012	1.35	430	794	4.95	1.135	3.810
		6	1.743	0.012	1.72	563	1 510	38.25	1.135	0.879
		7	1.754	0.018	1.22	388	408	44.30	1.135	0.253
		8	1.771	0.010	1.09	407	608	42.30	1.135	0.879
		9	1.783	0.015	1.29	504	682	22.30	1.135	0.688
		10	1.805	0.013	1.14	255	328	10.71	0.606	2.489
		11	1.775	0.018	1.56	197	309	6.41	0.753	1.935
		12	1.783	0.015	1.73	265	608	11.29	0.572	2.450
1991	夹高河段	1	1.494	0.016	1.57	309	505	7.31	0.519	2.465
		2	1.487	0.012	1.58	333	716	10.35	0.463	3.804
		3	1.478	0.010	1.60	385	1 005	10.95	0.683	4.089
		4	1.488	0.009	1.32	449	957	8.40	0.720	5.374
		5	1.469	0.011	1.29	407	704	5.84	0.836	4.045
		6	1.455	0.010	1.50	597	1 405	36.50	0.318	2.571
		7	1.473	0.020	1.10	436	307	31.20	0.198	0.725
		8	1.480	0.011	1.05	467	566	36.50	0.231	2.075
		9	1.487	0.012	1.20	475	642	18.75	0.268	2.884
		10	1.490	0.014	0.96	325	257	7.85	0.297	3.245
		11	1.502	0.020	1.39	255	271	4.45	0.392	2.532
		12	1.478	0.013	1.43	313	549	8.49	0.479	3.396
1991	高孙河段	1	1.158	0.016	1.55	354	485	7.02	0.427	2.187
		2	1.165	0.014	1.74	345	694	10.07	0.476	2.249
		3	1.174	0.011	1.73	406	953	12.30	0.628	2.628
		4	1.162	0.008	1.33	449	918	10.50	0.627	4.892
		5	1.164	0.010	1.20	437	620	6.27	0.768	3.641
		6	1.145	0.009	1.59	507	1 350	37.20	0.303	2.674
		7	1.160	0.031	1.52	388	268	21.00	0.143	0.469
		8	1.133	0.013	1.26	463	574	32.90	0.205	1.457
		9	1.155	0.010	1.26	409	631	18.00	0.268	3.490
		10	1.172	0.022	1.32	271	209	5.76	0.196	2.029
		11	1.175	0.018	1.23	273	228	3.36	0.235	4.043
		12	1.156	0.016	1.50	354	478	7.39	0.310	2.608

续附录

年份	河段	月份	比降(‰)	糙率($s/m^{1/3}$)	水深(m)	河宽(m)	流量(m^3/s)	含沙量(kg/m^3)	沉速(mm/s)	输沙平衡程度数
1991	孙艾河段	1	1.208	0.028	2.32	300	472	5.95	0.427	1.027
		2	1.178	0.023	2.52	299	673	10.52	0.533	0.888
		3	1.190	0.018	2.33	336	839	14.05	0.628	1.020
		4	1.208	0.014	1.87	368	850	12.80	0.645	1.630
		5	1.203	0.014	1.48	354	533	7.34	0.835	1.752
		6	1.202	0.012	2.15	425	1 355	40.45	0.332	1.616
		7	1.173	0.034	1.87	310	278	14.55	0.212	0.453
		8	1.137	0.018	1.84	393	651	30.65	0.245	0.873
		9	1.190	0.014	1.75	326	632	17.25	0.281	2.188
		10	1.203	0.034	1.93	168	164	4.66	0.196	1.261
		11	1.224	0.028	1.75	182	183	2.65	0.235	2.514
		12	1.213	0.027	2.20	275	418	7.37	0.298	1.183
1991	艾泺河段	1	0.981	0.035	3.94	166	462	4.96	0.363	0.963
		2	1.012	0.023	3.46	177	618	9.61	0.411	1.230
		3	1.014	0.017	2.82	208	674	13.85	0.478	1.369
		4	0.992	0.014	2.61	214	727	13.40	0.535	1.827
		5	1.021	0.020	2.39	191	422	7.28	0.616	1.199
		6	0.964	0.013	2.82	306	1 310	42.00	0.290	1.399
		7	1.075	0.023	1.82	230	281	14.10	0.225	0.938
		8	0.924	0.018	2.41	301	703	28.35	0.270	0.839
		9	0.955	0.018	2.65	224	614	16.05	0.222	1.692
		10	1.055	0.046	2.71	131	154	4.23	0.177	0.836
		11	0.989	0.037	2.59	118	154	2.46	0.225	1.571
		12	1.006	0.032	2.83	177	316	5.25	0.264	1.144
1991	泺利河段	1	0.926	0.034	3.46	204	456	3.74	0.303	1.253
		2	0.925	0.021	2.86	212	551	6.94	0.290	1.974
		3	0.953	0.017	2.21	210	450	11.20	0.357	1.577
		4	0.971	0.013	2.14	187	509	14.40	0.393	2.170
		5	0.921	0.025	2.30	181	274	9.05	0.382	0.754
		6	0.947	0.011	2.55	293	1 190	42.95	0.290	1.792
		7	0.891	0.019	1.62	213	232	16.75	0.313	0.727
		8	0.954	0.016	2.21	295	661	29.30	0.285	0.984
		9	0.933	0.017	2.31	246	551	14.60	0.185	2.078
		10	0.906	0.045	2.27	169	139	3.51	0.138	0.907
		11	0.921	0.042	2.14	149	121	1.90	0.138	1.683
		12	0.951	0.035	2.34	156	177	4.03	0.126	1.625

续附录

年份	河段	月份	比降（‱）	糙率（s/m^1/3）	水深（m）	河宽（m）	流量（m^3/s）	含沙量（kg/m^3）	沉速（mm/s）	输沙平衡程度数
1992	花夹河段	1	1.789	0.034	2.05	193	250	6.13	0.728	0.624
		2	1.798	0.033	1.95	311	388	8.92	0.732	0.478
		3	1.766	0.020	1.53	657	900	11.20	0.784	0.936
		4	1.764	0.026	1.73	580	740	7.86	1.021	0.627
		5	1.752	0.024	1.49	434	465	6.60	1.231	0.666
		6	1.771	0.019	1.06	452	348	9.17	0.548	1.221
		7	1.762	0.024	1.06	704	422	22.90	0.355	0.479
		8	1.774	0.027	1.73	1 737	2 130	63.45	0.830	0.127
		9	1.790	0.029	1.93	1 160	1 615	37.65	0.419	0.298
		10	1.750	0.019	1.44	798	1 015	14.00	0.517	1.122
		11	1.737	0.019	1.49	559	770	9.04	0.874	1.108
		12	1.775	0.021	1.54	558	719	8.65	0.701	1.128
1992	夹高河段	1	1.449	0.019	1.57	180	244	4.40	0.523	2.437
		2	1.498	0.018	1.71	177	294	7.94	0.539	1.846
		3	1.484	0.010	1.50	361	836	12.10	0.547	4.245
		4	1.490	0.009	1.22	382	696	8.44	0.647	5.444
		5	1.513	0.011	1.03	364	415	7.12	0.792	3.110
		6	1.547	0.012	0.76	346	232	8.59	0.364	3.239
		7	1.516	0.013	0.80	511	331	15.95	0.407	1.540
		8	1.451	0.009	1.51	754	1 930	78.65	0.507	1.241
		9	1.469	0.010	1.74	511	1 605	37.85	0.352	2.631
		10	1.523	0.010	1.36	483	1 015	14.90	0.482	3.817
		11	1.535	0.011	1.42	378	797	10.65	0.670	3.325
		12	1.481	0.012	1.46	369	711	10.26	0.558	3.154
1992	高孙河段	1	1.172	0.021	1.38	255	227	2.84	0.358	2.640
		2	1.188	0.020	1.70	158	206	4.78	0.343	2.355
		3	1.159	0.010	1.44	385	765	13.10	0.547	2.968
		4	1.165	0.009	1.20	397	627	9.12	0.593	4.118
		5	1.168	0.010	0.94	363	367	5.33	0.684	3.838
		6	1.190	0.014	0.78	269	136	6.00	0.398	2.181
		7	1.184	0.023	1.37	330	258	13.90	0.407	0.552
		8	1.182	0.008	1.72	512	1 755	72.40	0.392	1.844
		9	1.136	0.008	1.65	509	1 550	40.40	0.338	3.025
		10	1.131	0.009	1.42	481	1 035	14.90	0.423	3.936
		11	1.134	0.013	1.60	441	813	10.45	0.577	2.034
		12	1.133	0.016	1.79	406	695	10.60	0.543	1.429

续附录

年份	河段	月份	比降(‱)	糙率($s/m^{1/3}$)	水深(m)	河宽(m)	流量(m^3/s)	含沙量(kg/m^3)	沉速(mm/s)	输沙平衡程度数
1992	孙艾河段	1	1.102	0.036	2.16	210	223	1.68	0.396	1.479
		2	1.200	0.027	2.04	114	150	2.27	0.229	3.431
		3	1.225	0.018	2.19	277	620	9.99	0.547	1.456
		4	1.186	0.018	1.92	285	511	9.29	0.593	1.278
		5	1.211	0.027	1.94	238	291	4.06	0.589	1.051
		6	1.246	0.062	1.75	145	66	3.93	0.343	0.246
		7	1.210	0.036	2.17	175	193	11.03	0.508	0.303
		8	1.060	0.012	2.67	366	1 670	69.65	0.426	0.900
		9	1.389	0.013	2.38	400	1 525	42.50	0.354	1.575
		10	1.175	0.012	1.92	390	1 035	17.05	0.440	2.361
		11	1.157	0.016	2.07	369	814	10.50	0.663	1.416
		12	1.168	0.022	2.25	348	675	9.86	0.515	0.965
1992	艾泺河段	1	0.996	0.033	2.63	146	220	1.58	0.406	1.903
		2	1.057	0.029	2.07	100	120	1.65	0.240	3.225
		3	1.071	0.021	2.80	151	418	9.89	0.491	1.175
		4	1.061	0.019	2.31	159	357	9.02	0.512	1.318
		5	1.046	0.024	2.10	129	191	3.59	0.463	1.622
		6	1.047	0.060	1.67	72	29	3.56	0.235	0.302
		7	1.019	0.029	1.92	130	133	10.08	0.436	0.444
		8	1.027	0.013	3.52	252	1 590	70.65	0.393	0.929
		9	0.864	0.012	3.03	287	1 465	44.15	0.383	1.229
		10	0.997	0.016	2.94	251	975	19.05	0.516	1.174
		11	0.976	0.023	3.46	236	797	12.05	0.553	0.791
		12	0.996	0.022	2.76	245	612	11.36	0.487	0.873
1992	泺利河段	1	0.927	0.032	2.17	185	200	1.32	0.240	2.771
		2	0.912	0.031	2.07	78	81	1.16	0.224	3.298
		3	0.964	0.020	2.23	92	174	8.22	0.289	1.687
		4	0.957	0.017	1.79	110	165	6.36	0.339	2.213
		5	0.945	0.026	1.45	108	76	2.84	0.412	1.219
		6	1.489	—	0.35	40	6	1.58	0.124	1.000
		7	0.910	0.033	1.39	139	70	8.66	0.212	0.447
		8	0.976	0.010	2.97	243	1 460	72.40	0.376	1.399
		9	0.955	0.011	2.76	272	1 355	44.85	0.324	1.730
		10	0.935	0.014	2.79	237	897	18.35	0.379	1.810
		11	0.933	0.025	3.53	224	714	11.73	0.355	0.902
		12	0.944	0.021	2.59	226	500	8.92	0.381	1.256

续附录

年份	河段	月份	比降（‰）	糙率（$s/m^{1/3}$）	水深（m）	河宽（m）	流量（m^3/s）	含沙量（kg/m^3）	沉速（mm/s）	输沙平衡程度数
1993	花夹河段	1	1.776	0.017	1.88	209	479	7.64	0.427	3.325
		2	1.772	0.013	1.77	272	713	9.46	0.666	3.461
		3	1.772	0.012	1.59	448	1 085	10.05	0.894	2.941
		4	1.764	0.011	1.50	434	1 018	7.83	0.895	4.126
		5	1.769	0.017	1.49	473	739	4.88	1.126	1.964
		6	1.780	0.017	1.44	249	352	4.38	0.761	2.777
		7	1.739	0.016	1.67	544	1 040	36.40	0.405	1.009
		8	1.771	0.011	1.68	711	2 100	41.90	0.556	1.684
		9	1.787	0.010	1.73	436	1 385	17.20	0.520	4.516
		10	1.775	0.013	1.56	384	823	12.10	0.763	2.354
		11	1.763	0.013	1.63	322	740	9.13	1.006	2.468
		12	1.769	0.014	1.68	329	725	9.74	0.781	2.450
1993	夹高河段	1	1.465	0.015	1.52	288	479	6.80	0.379	3.635
		2	1.571	0.012	1.66	274	653	11.15	0.608	3.229
		3	1.623	0.010	1.60	366	1 020	12.15	0.771	3.831
		4	1.628	0.010	1.43	378	917	9.05	0.639	5.189
		5	1.607	0.012	1.21	499	738	6.13	0.895	3.214
		6	1.511	0.014	1.03	320	300	3.70	0.855	2.942
		7	1.528	0.013	1.50	528	985	30.35	0.327	1.732
		8	1.496	0.010	1.82	581	2 030	37.25	0.518	2.126
		9	1.502	0.009	1.70	399	1 345	19.30	0.574	3.995
		10	1.528	0.011	1.52	359	817	12.75	0.670	2.991
		11	1.505	0.013	1.59	362	747	9.76	0.775	2.343
		12	1.495	0.014	1.78	308	701	10.44	0.679	2.236
1993	高孙河段	1	1.129	0.022	1.89	347	490	7.09	0.334	1.459
		2	1.088	0.019	2.32	279	608	11.35	0.503	1.135
		3	1.057	0.019	2.63	331	913	14.40	0.578	0.907
		4	1.058	0.021	2.58	340	820	9.40	0.529	1.078
		5	1.066	0.011	1.40	426	724	7.48	0.819	2.517
		6	1.132	0.019	1.05	407	253	2.78	0.777	1.497
		7	1.119	0.009	1.44	470	975	29.60	0.310	2.821
		8	1.105	0.008	1.92	517	2 050	37.00	0.498	2.661
		9	1.112	0.007	1.49	488	1 355	19.50	0.555	4.535
		10	1.120	0.009	1.31	435	803	18.60	0.608	2.350
		11	1.126	0.012	1.43	457	741	13.55	0.698	1.561
		12	1.119	0.013	1.49	425	676	8.96	0.679	1.901

续附录

年份	河段	月份	比降（‰）	糙率（$s/m^{1/3}$）	水深（m）	河宽（m）	流量（m^3/s）	含沙量（kg/m^3）	沉速（mm/s）	输沙平衡程度数
1993	孙艾河段	1	1.168	0.032	2.59	279	467	6.84	0.301	0.930
		2	1.192	0.029	2.97	214	494	11.70	0.489	0.594
		3	1.208	0.026	3.34	226	719	18.05	0.628	0.492
		4	1.157	0.025	2.99	245	655	11.35	0.610	0.698
		5	1.171	0.015	1.83	332	635	9.21	0.950	1.287
		6	1.210	0.043	1.80	271	184	3.00	0.819	0.357
		7	1.170	0.014	2.01	383	957	31.75	0.339	1.280
		8	1.159	0.011	2.64	438	2 105	39.05	0.517	1.624
		9	1.137	0.011	2.03	420	1 365	20.10	0.637	1.935
		10	1.170	0.013	1.70	370	766	12.35	0.721	1.635
		11	1.143	0.016	1.83	394	732	8.63	0.755	1.369
		12	1.146	0.020	2.04	377	662	10.58	0.695	0.819
1993	艾泺河段	1	1.005	0.022	2.62	188	423	5.20	0.346	2.028
		2	1.009	0.022	2.57	175	385	9.17	0.393	1.164
		3	1.045	0.017	2.44	191	516	17.20	0.564	0.956
		4	1.026	0.017	2.18	217	479	11.35	0.610	1.135
		5	1.008	0.014	1.96	219	498	10.12	0.836	1.379
		6	1.029	0.030	1.74	131	110	3.99	0.746	0.548
		7	0.952	0.017	2.90	263	911	32.95	0.356	0.818
		8	0.965	0.011	3.26	334	2 100	37.80	0.537	1.549
		9	1.009	0.013	2.93	284	1 275	20.80	0.675	1.416
		10	0.990	0.020	3.00	221	689	12.80	0.664	0.822
		11	0.991	0.024	3.20	247	723	8.64	0.639	0.816
		12	0.993	0.022	2.99	233	653	11.50	0.605	0.777
1993	泺利河段	1	0.920	0.022	2.27	219	381	3.82	0.290	2.426
		2	0.960	0.018	1.92	171	283	5.52	0.216	3.237
		3	0.961	0.018	1.75	177	249	11.97	0.401	1.034
		4	0.963	0.015	1.74	184	296	8.78	0.500	1.667
		5	0.944	0.015	1.56	225	309	9.64	0.508	1.390
		6	0.908	0.040	0.98	190	44	5.97	0.839	0.111
		7	0.959	0.015	2.62	266	870	33.45	0.388	0.932
		8	0.950	0.010	3.10	317	2 035	38.30	0.537	1.798
		9	0.932	0.011	2.71	254	1 185	21.20	0.557	2.024
		10	0.942	0.018	2.71	214	601	12.55	0.551	1.058
		11	0.919	0.023	3.21	241	697	7.04	0.546	1.087
		12	0.927	0.019	2.78	236	644	8.10	0.475	1.485

续附录

年份	河段	月份	比降(‰)	糙率($s/m^{1/3}$)	水深(m)	河宽(m)	流量(m^3/s)	含沙量(kg/m^3)	沉速(mm/s)	输沙平衡程度数
1994	花夹河段	1	1.779	0.015	1.71	290	624	8.12	0.797	2.451
		2	1.742	0.013	1.77	263	672	8.32	0.840	3.164
		3	1.725	0.013	1.81	377	989	9.11	0.981	2.638
		4	1.715	0.014	1.76	466	1 125	8.81	0.917	2.374
		5	1.743	0.013	1.31	386	627	5.89	1.449	2.265
		6	1.804	0.017	1.07	322	289	4.68	0.633	2.477
		7	1.584	0.015	1.61	819	1 520	47.40	0.440	0.780
		8	1.601	0.013	1.72	762	1 900	92.90	0.809	0.427
		9	1.607	0.011	1.80	426	1 280	49.45	0.520	1.450
		10	1.582	0.012	1.22	358	511	9.22	0.849	2.364
		11	1.578	0.011	1.40	380	794	13.10	0.751	2.644
		12	1.558	0.010	1.45	421	953	15.80	0.649	3.119
1994	夹高河段	1	1.496	0.013	1.61	289	616	9.55	0.662	2.691
		2	1.512	0.012	1.51	314	632	9.52	0.666	3.070
		3	1.551	0.011	1.70	354	941	11.25	0.721	3.430
		4	1.548	0.011	1.83	360	1 100	11.80	0.737	3.434
		5	1.543	0.010	1.22	345	608	7.07	0.980	3.855
		6	1.588	0.017	1.02	247	189	3.56	0.669	2.476
		7	1.698	0.014	1.70	649	1 450	39.55	0.373	1.329
		8	1.706	0.012	1.68	688	1 825	77.45	0.486	0.901
		9	1.748	0.011	1.61	451	1 220	45.65	0.487	1.652
		10	1.783	0.013	1.24	340	493	9.05	0.585	3.057
		11	1.775	0.010	1.33	356	787	14.30	0.514	4.390
		12	1.751	0.010	1.45	403	964	18.60	0.602	3.287
1994	高孙河段	1	1.112	0.013	1.42	406	592	8.81	0.551	2.152
		2	1.122	0.012	1.34	413	604	8.41	0.548	2.595
		3	1.128	0.009	1.40	444	923	11.00	0.594	3.852
		4	1.132	0.008	1.43	443	1 070	12.60	0.627	4.384
		5	1.128	0.008	1.05	388	586	6.29	0.834	4.969
		6	1.165	0.015	0.76	249	117	2.28	0.387	4.013
		7	1.125	0.009	1.69	499	1 395	35.80	0.323	2.675
		8	1.121	0.008	1.79	521	1 780	72.80	0.392	1.768
		9	1.113	0.008	1.52	458	1 195	44.50	0.383	2.349
		10	1.112	0.012	1.22	388	462	59.73	0.359	0.677
		11	1.128	0.009	1.30	417	778	64.08	0.627	0.860
		12	1.131	0.010	1.50	447	965	17.75	0.587	2.230

续附录

年份	河段	月份	比降(‰)	糙率($s/m^{1/3}$)	水深(m)	河宽(m)	流量(m^3/s)	含沙量(kg/m^3)	沉速(mm/s)	输沙平衡程度数
1994	孙艾河段	1	1.170	0.023	1.97	371	545	9.97	0.506	0.796
		2	1.125	0.021	1.98	387	609	9.45	0.504	0.976
		3	1.149	0.013	1.84	397	876	12.80	0.561	1.961
		4	1.162	0.012	1.83	385	964	16.50	0.610	1.829
		5	1.184	0.012	1.36	354	519	7.77	0.857	2.116
		6	1.171	0.029	0.99	183	68	2.12	0.488	1.023
		7	1.127	0.013	2.32	422	1 430	35.55	0.391	1.325
		8	1.132	0.011	2.47	432	1 870	73.00	0.426	1.057
		9	1.165	0.010	1.94	370	1 185	44.50	0.352	1.923
		10	1.243	0.020	1.63	324	404	6.96	0.458	1.439
		11	1.167	0.014	1.95	335	766	14.85	0.645	1.419
		12	1.148	0.014	2.06	372	963	19.05	0.572	1.309
1994	艾泺河段	1	1.001	0.022	2.60	232	511	8.11	0.437	1.185
		2	1.000	0.022	2.63	258	592	10.05	0.491	0.927
		3	0.971	0.019	2.90	260	799	12.75	0.529	1.042
		4	1.070	0.014	2.47	234	767	18.00	0.593	1.402
		5	1.025	0.015	1.99	202	433	9.21	0.835	1.310
		6	0.973	0.073	1.71	122	40	2.31	0.351	0.194
		7	0.966	0.015	3.22	308	1 455	32.95	0.407	1.072
		8	0.978	0.011	3.04	328	1 960	67.85	0.378	1.225
		9	0.984	0.014	2.77	288	1 125	41.80	0.384	0.980
		10	1.046	0.023	2.06	208	315	6.45	0.502	1.039
		11	0.973	0.018	3.03	203	692	11.73	0.477	1.393
		12	0.984	0.018	3.17	240	917	16.50	0.504	1.073
1994	泺利河段	1	0.920	0.018	2.43	223	517	5.11	0.301	3.041
		2	0.929	0.018	2.37	237	545	7.59	0.366	1.917
		3	0.944	0.018	2.70	242	684	11.95	0.469	1.240
		4	0.923	0.012	1.98	202	518	22.40	0.527	1.313
		5	0.908	0.014	1.75	188	330	10.47	0.727	1.215
		6	1.569	—	1.04	58	12	1.08	0.000	1.000
		7	0.961	0.012	2.95	284	1 380	33.70	0.372	1.698
		8	0.943	0.009	2.97	303	1 915	66.65	0.328	1.990
		9	0.944	0.013	2.67	265	1 050	39.85	0.370	1.151
		10	0.897	0.020	1.74	196	231	6.46	0.466	1.104
		11	0.922	0.022	2.89	237	618	8.56	0.477	1.057
		12	0.939	0.017	2.96	243	855	11.65	0.475	1.516

续附录

年份	河段	月份	比降（‰）	糙率（$s/m^{1/3}$）	水深（m）	河宽（m）	流量（m^3/s）	含沙量（kg/m^3）	沉速（mm/s）	输沙平衡程度数
1995	花夹河段	1	1.554	0.011	1.23	324	505	7.27	0.532	4.807
		2	1.558	0.012	1.38	343	623	7.39	1.098	2.537
		3	1.561	0.012	1.41	425	789	8.10	0.700	3.329
		4	1.570	0.010	1.33	436	844	7.58	1.050	3.720
		5	1.623	0.011	0.94	307	335	3.97	1.341	3.457
		6	1.628	0.018	0.79	221	103	0.94	1.207	3.482
		7	1.598	0.013	1.27	387	563	68.05	0.678	0.495
		8	1.586	0.009	1.33	658	1 505	65.55	0.480	1.518
		9	1.595	0.008	1.48	599	1 715	57.60	0.466	2.390
		10	1.593	0.011	1.29	327	594	11.61	0.451	4.021
		11	1.592	0.010	1.33	292	575	8.57	0.683	4.703
		12	1.590	0.010	1.18	319	526	9.35	0.573	4.585
1995	夹高河段	1	1.745	0.015	1.20	394	479	7.52	0.532	2.662
		2	1.760	0.013	1.30	351	537	8.55	0.635	3.063
		3	1.765	0.011	1.40	324	693	9.97	0.719	3.816
		4	1.745	0.010	1.26	366	725	8.68	0.778	4.544
		5	1.713	0.007	0.76	220	254	4.86	0.999	8.835
		6	1.742	0.022	0.65	144	42	0.60	1.096	3.228
		7	1.728	0.010	1.00	360	493	59.10	0.497	1.142
		8	1.733	0.009	1.39	555	1 435	58.90	0.578	1.645
		9	1.749	0.008	1.42	571	1 645	54.20	0.434	2.855
		10	1.752	0.010	1.07	399	587	11.20	0.373	5.631
		11	1.736	0.011	1.18	351	562	9.05	0.576	4.205
		12	1.699	0.012	1.18	383	533	8.93	0.515	3.690
1995	高孙河段	1	1.112	0.016	1.33	452	487	9.48	0.532	1.260
		2	1.122	0.013	1.25	425	491	8.58	0.578	1.942
		3	1.128	0.010	1.23	379	581	10.20	0.669	2.714
		4	1.132	0.009	1.13	418	585	8.25	0.611	4.041
		5	1.128	0.008	0.69	272	200	5.31	0.885	3.987
		6	1.165	0.019	0.41	125	16	0.19	0.658	7.440
		7	1.125	0.012	1.18	402	447	58.10	0.516	0.522
		8	1.121	0.008	1.55	491	1 415	60.50	0.578	1.407
		9	1.113	0.007	1.66	487	1 640	55.40	0.383	2.807
		10	1.112	0.010	1.21	408	613	9.32	0.592	3.112
		11	1.128	0.011	1.23	415	544	8.46	0.576	2.817
		12	1.131	0.014	1.27	432	499	7.80	0.487	2.078

续附录

年份	河段	月份	比降(‰)	糙率($s/m^{1/3}$)	水深(m)	河宽(m)	流量(m^3/s)	含沙量(kg/m^3)	沉速(mm/s)	输沙平衡程度数
1995	孙艾河段	1	1.157	0.025	2.02	350	494	12.65	0.504	0.554
		2	1.148	0.023	2.00	334	489	9.51	0.578	0.740
		3	1.225	0.029	2.37	268	425	10.40	0.561	0.514
		4	1.179	0.021	1.91	321	499	8.69	0.611	0.934
		5	1.271	0.027	1.16	220	116	5.01	0.790	0.517
		6	1.040	0.471	1.51	93	4	0.05	0.137	0.134
		7	1.171	0.031	2.10	347	411	65.85	0.516	0.094
		8	1.149	0.011	2.13	413	1 455	63.10	0.480	0.999
		9	1.157	0.010	2.26	415	1 755	56.70	0.399	1.613
		10	1.203	0.013	1.60	335	597	9.25	0.688	2.077
		11	1.202	0.019	1.68	365	509	8.90	0.576	1.108
		12	1.165	0.020	1.65	364	456	8.27	0.515	1.084
1995	艾泺河段	1	1.024	0.022	2.53	213	464	9.44	0.466	1.011
		2	1.015	0.021	2.46	214	459	9.25	0.503	1.041
		3	1.105	0.026	2.39	129	224	7.53	0.487	0.846
		4	0.992	0.020	2.37	200	423	9.34	0.611	0.949
		5	0.986	0.056	1.41	133	42	3.07	0.593	0.166
		6	3.576	0.562	1.35	36	2	0.00	0.000	1.000
		7	0.977	0.036	2.95	228	380	68.30	0.462	0.075
		8	0.971	0.015	3.46	273	1 460	59.90	0.443	0.663
		9	0.970	0.013	3.36	301	1 730	55.70	0.340	1.137
		10	0.969	0.017	2.38	220	540	8.74	0.454	1.735
		11	0.968	0.021	2.41	237	481	8.02	0.483	1.125
		12	0.995	0.021	2.16	233	403	8.91	0.573	0.869
1995	泺利河段	1	0.920	0.019	2.22	237	454	4.22	0.328	2.772
		2	0.976	0.015	1.69	200	326	6.31	0.329	2.964
		3	0.960	0.009	0.78	77	58	2.76	0.198	14.313
		4	1.013	0.013	1.37	166	209	7.81	0.543	2.088
		5	0.967	0.048	0.72	102	12	3.67	0.176	0.294
		6	0.000	—	0.00	0	0	0.00	0.000	1.000
		7	0.940	0.034	2.55	250	337	70.30	0.442	0.074
		8	0.966	0.013	3.25	257	1 405	61.00	0.480	0.799
		9	0.960	0.011	3.15	271	1 600	58.70	0.340	1.477
		10	0.931	0.017	2.22	238	508	9.81	0.454	1.438
		11	0.940	0.021	2.28	250	452	5.17	0.355	1.859
		12	0.953	0.020	1.96	203	298	5.85	0.532	1.263

续附录

年份	河段	月份	比降（‰）	糙率（$s/m^{1/3}$）	水深（m）	河宽（m）	流量（m^3/s）	含沙量（kg/m^3）	沉速（mm/s）	输沙平衡程度数
1996	花夹河段	1	1.575	0.017	1.43	201	277	3.93	0.949	2.261
		2	1.603	0.018	1.30	258	274	5.59	0.732	1.712
		3	1.601	0.011	1.37	387	734	9.68	1.052	2.595
		4	1.678	0.010	1.23	481	846	9.02	0.814	3.965
		5	1.616	0.008	0.98	349	526	5.02	1.103	6.752
		6	1.610	0.010	0.97	352	423	8.12	0.725	3.795
		7	1.610	0.011	1.21	501	809	90.10	0.691	0.550
		8	1.559	0.014	1.95	982	2 690	65.00	0.480	0.750
		9	1.557	0.008	1.40	583	1 500	23.65	0.675	3.468
		10	1.561	0.009	1.17	421	722	9.54	0.628	5.136
		11	1.547	0.010	1.48	341	823	10.14	0.582	4.884
		12	1.528	0.016	1.50	288	446	7.61	0.648	2.015
1996	夹高河段	1	1.727	0.022	1.13	314	231	2.87	0.661	1.992
		2	1.778	0.019	1.22	214	205	5.26	0.527	2.174
		3	1.713	0.012	1.20	409	605	11.55	0.738	2.371
		4	1.607	0.009	1.11	430	739	10.02	0.681	4.693
		5	1.706	0.007	0.86	338	476	6.36	0.768	9.409
		6	1.712	0.010	0.90	283	297	7.80	0.664	4.199
		7	1.708	0.010	1.10	473	721	68.80	0.479	1.090
		8	1.706	0.023	1.82	1 725	2 630	46.10	0.446	0.365
		9	1.751	0.008	1.26	598	1 475	24.05	0.568	4.152
		10	1.753	0.009	1.02	450	702	10.85	0.564	5.230
		11	1.760	0.010	1.20	439	826	11.80	0.465	5.076
		12	1.753	0.014	1.09	372	406	6.36	0.537	3.283
1996	高孙河段	1	1.148	0.028	1.39	296	199	1.99	0.415	1.644
		2	1.185	0.026	1.39	146	108	3.32	0.321	1.609
		3	1.165	0.016	1.48	336	431	11.00	0.645	1.100
		4	1.145	0.010	1.25	411	625	11.80	0.663	2.480
		5	1.143	0.010	1.09	306	391	9.30	0.727	2.559
		6	1.145	0.018	1.34	209	204	5.53	0.392	1.941
		7	1.152	0.010	1.30	397	667	71.10	0.373	0.938
		8	1.108	0.019	1.79	1 700	2 495	31.20	0.446	0.469
		9	1.133	0.007	1.48	507	1 410	23.00	0.399	5.147
		10	1.133	0.009	1.24	425	682	10.10	0.487	4.334
		11	1.142	0.009	1.32	445	821	12.30	0.512	3.793
		12	1.142	0.020	1.44	381	367	5.70	0.410	1.520

续附录

年份	河段	月份	比降(‱)	糙率(s/m^1/3)	水深(m)	河宽(m)	流量(m³/s)	含沙量(kg/m³)	沉速(mm/s)	输沙平衡程度数
1996	孙艾河段	1	1.244	0.030	1.81	181	180	2.02	0.465	1.696
		2	1.298	0.038	1.48	93	54	1.33	0.298	1.768
		3	1.273	0.027	1.91	209	257	12.85	0.681	0.393
		4	1.235	0.018	1.72	321	492	13.15	0.663	0.862
		5	1.189	0.023	1.69	248	286	11.30	0.819	0.461
		6	1.273	0.038	1.86	131	110	5.20	0.235	0.819
		7	1.206	0.015	1.87	297	622	70.45	0.373	0.531
		8	1.132	0.020	3.13	703	2 540	29.45	0.498	0.625
		9	1.173	0.010	2.05	407	1 400	25.70	0.399	2.840
		10	1.194	0.014	1.76	337	655	9.37	0.517	2.293
		11	1.130	0.014	1.88	365	819	12.75	0.647	1.521
		12	1.140	0.029	2.02	308	366	7.10	0.449	0.676
1996	艾泺河段	1	0.982	0.025	1.83	153	165	1.97	0.417	2.174
		2	1.035	0.030	1.12	75	31	0.78	0.288	2.970
		3	1.045	0.022	1.58	129	130	9.15	0.518	0.695
		4	1.016	0.017	1.85	207	338	9.67	0.593	1.150
		5	0.999	0.025	1.73	191	193	10.52	0.819	0.341
		6	1.000	0.069	1.34	135	32	6.19	0.199	0.131
		7	0.981	0.015	2.29	213	547	60.00	0.405	0.523
		8	0.963	0.013	4.23	328	2 645	28.90	0.479	1.740
		9	0.981	0.012	2.80	303	1 415	26.20	0.415	1.900
		10	0.975	0.018	2.65	211	591	8.35	0.418	1.839
		11	0.986	0.019	3.05	238	787	10.76	0.585	1.165
		12	1.033	0.029	2.47	217	340	5.70	0.402	0.907
1996	泺利河段	1	0.893	0.025	1.83	147	149	1.09	0.275	4.254
		2	0.849	0.049	1.12	84	19	0.57	0.300	1.009
		3	0.934	0.048	1.58	99	43	2.93	0.220	0.513
		4	0.993	0.028	1.85	139	139	5.80	0.367	0.803
		5	0.980	0.046	1.73	140	75	6.32	0.442	0.206
		6	1.581	—	1.30	83	2	2.94	0.088	1.000
		7	0.944	0.017	2.29	218	489	63.50	0.356	0.400
		8	0.992	0.013	4.23	307	2 580	30.80	0.518	1.622
		9	0.953	0.011	2.80	285	1 365	25.55	0.399	2.319
		10	0.944	0.025	2.65	253	506	8.00	0.505	0.777
		11	0.947	0.022	3.05	252	715	8.18	0.450	1.222
		12	0.964	0.035	2.47	189	240	3.05	0.276	1.211

续附录

年份	河段	月份	比降(‱)	糙率($s/m^{1/3}$)	水深(m)	河宽(m)	流量(m^3/s)	含沙量(kg/m^3)	沉速(mm/s)	输沙平衡程度数
1997	花夹河段	1	1.537	0.016	1.35	247	310	5.21	0.684	2.425
		2	1.562	0.012	1.27	281	441	7.70	0.635	3.455
		3	1.549	0.012	1.44	452	849	10.27	0.833	2.431
		4	1.602	0.009	1.07	491	755	7.58	0.774	5.130
		5	1.597	0.010	0.92	411	433	4.90	1.049	4.100
		6	1.615	0.020	0.77	258	105	2.19	1.047	1.521
		7	1.608	0.040	1.11	228	85	4.61	0.440	0.449
		8	1.622	0.013	1.58	421	888	100.65	0.684	0.429
		9	1.587	0.010	1.00	380	457	12.75	0.717	2.662
		10	1.581	0.011	0.88	288	258	7.33	0.792	2.841
		11	1.593	0.017	0.91	242	157	3.89	0.743	1.981
		12	1.587	0.013	1.10	262	291	4.87	0.797	3.217
1997	夹高河段	1	1.733	0.020	1.13	341	272	3.93	0.456	2.510
		2	1.780	0.014	1.02	306	303	6.17	0.575	3.102
		3	1.736	0.011	1.30	448	797	11.80	0.796	2.849
		4	1.699	0.008	0.98	471	717	9.76	0.735	5.630
		5	1.700	0.011	0.87	397	388	5.13	0.910	3.718
		6	1.710	0.057	0.64	209	52	1.73	0.680	0.277
		7	1.733	0.075	0.50	175	28	2.95	0.559	0.101
		8	1.696	0.010	1.18	419	718	83.40	0.538	0.898
		9	1.711	0.010	0.88	385	407	13.85	0.481	3.334
		10	1.746	0.012	0.82	248	196	7.86	0.426	3.725
		11	1.688	0.019	0.96	208	132	3.96	0.486	2.300
		12	1.688	0.016	1.13	264	269	4.99	0.595	2.727
1997	高孙河段	1	1.078	0.034	1.57	384	252	2.09	0.356	1.177
		2	1.205	0.020	1.27	195	159	2.98	0.454	2.299
		3	1.062	0.010	1.37	400	726	11.40	0.646	2.590
		4	1.155	0.008	1.13	452	707	10.30	0.735	3.902
		5	1.152	0.015	1.36	304	361	4.39	0.725	2.254
		6	1.180	0.047	0.75	160	23	1.02	0.228	0.911
		7	1.164	0.131	0.69	135	6	1.38	0.492	0.040
		8	1.168	0.010	1.18	385	554	73.90	0.368	0.869
		9	1.188	0.012	1.11	309	332	14.50	0.282	2.524
		10	1.166	0.024	1.20	207	127	10.10	0.218	0.921
		11	1.174	0.027	1.22	209	115	3.89	0.252	1.391
		12	1.166	0.020	1.61	204	242	4.43	0.348	2.334

续附录

年份	河段	月份	比降(‰)	糙率($s/m^{1/3}$)	水深(m)	河宽(m)	流量(m^3/s)	含沙量(kg/m^3)	沉速(mm/s)	输沙平衡程度数
1997	孙艾河段	1	1.433	0.068	2.62	245	214	1.58	0.567	0.452
		2	1.297	0.053	2.59	87	91	1.58	0.484	0.780
		3	1.479	0.021	2.36	260	630	14.10	0.646	0.909
		4	1.184	0.013	1.59	364	669	10.50	0.794	1.669
		5	1.210	0.024	2.06	199	299	4.98	0.769	0.991
		6	1.208	0.247	1.60	82	8	0.27	0.151	0.166
		7	1.119	—	1.48	118	0	0.00	0.162	1.000
		8	1.254	0.016	1.51	285	389	63.55	0.350	0.466
		9	1.254	0.024	1.83	185	237	15.00	0.327	0.736
		10	1.225	0.071	2.19	140	81	12.15	0.230	0.115
		11	1.194	0.052	1.94	167	106	3.59	0.213	0.570
		12	1.246	0.022	2.00	136	220	3.72	0.310	2.994
1997	艾泺河段	1	0.978	0.034	2.85	111	186	1.44	0.579	1.542
		2	1.080	0.067	2.45	58	40	0.88	0.420	0.648
		3	1.070	0.017	2.51	156	449	15.05	0.597	1.071
		4	0.991	0.017	2.24	229	519	9.33	0.690	1.190
		5	1.047	0.022	1.91	147	205	4.95	0.639	1.123
		6	3.487	0.192	1.10	35	4	0.02	0.000	1.000
		7	3.539	—	0.99	71	0	0.00	0.000	1.000
		8	0.989	0.023	1.96	196	265	50.25	0.350	0.238
		9	1.030	0.027	1.86	125	134	12.27	0.315	0.560
		10	1.009	0.069	2.01	120	56	10.45	0.305	0.085
		11	1.049	0.042	1.82	138	92	3.25	0.279	0.671
		12	1.031	0.019	1.76	140	188	3.37	0.268	3.661
1997	泺利河段	1	0.928	0.031	2.31	125	156	0.67	0.255	5.130
		2	0.863	0.071	1.30	64	13	0.42	0.186	0.920
		3	0.918	0.016	1.67	144	199	10.07	0.469	1.252
		4	0.970	0.018	1.78	232	335	8.82	0.496	1.154
		5	0.917	0.021	1.15	201	116	3.17	0.370	1.574
		6	0.000	—	0.00	0	0	0.00	0.000	1.000
		7	0.000	—	0.00	0	0	0.00	0.000	1.000
		8	0.943	0.035	1.59	235	143	39.95	0.256	0.116
		9	0.928	0.034	1.03	142	42	8.36	0.243	0.319
		10	0.948	0.048	1.04	121	26	4.92	0.252	0.229
		11	0.933	0.032	1.01	165	51	3.15	0.190	0.947
		12	0.949	0.018	1.18	153	108	2.34	0.107	7.384

续附录

年份	河段	月份	比降（‰）	糙率（s/m^1/3）	水深（m）	河宽（m）	流量（m³/s）	含沙量（kg/m³）	沉速（mm/s）	输沙平衡程度数
1998	花夹河段	1	1.571	0.018	1.40	170	211	5.17	0.573	2.271
		2	1.607	0.013	1.52	165	317	8.44	0.650	3.095
		3	1.635	0.014	1.91	253	683	10.79	0.758	2.338
		4	1.620	0.013	1.56	335	683	9.64	0.613	2.995
		5	1.599	0.014	1.42	267	441	9.24	0.499	2.831
		6	1.595	0.011	1.46	379	831	10.48	0.707	3.429
		7	1.576	0.016	1.61	785	1 350	64.95	0.477	0.493
		8	1.601	0.011	1.69	514	1 450	36.00	0.427	2.071
		9	1.616	0.009	1.15	421	754	17.15	0.466	4.148
		10	1.650	0.009	0.92	328	395	7.47	0.591	5.841
		11	1.637	0.013	1.02	254	258	5.05	0.757	3.190
		12	1.612	0.012	1.24	360	557	10.75	0.573	2.908
1998	夹高河段	1	1.712	0.022	1.40	174	185	5.06	0.517	1.762
		2	1.765	0.015	1.24	168	212	8.17	0.527	2.590
		3	1.708	0.010	1.20	345	610	14.20	0.611	3.435
		4	1.675	0.010	1.06	421	630	12.15	0.560	3.743
		5	1.669	0.011	0.99	365	427	8.30	0.463	4.452
		6	1.689	0.011	1.14	437	746	13.55	0.538	3.112
		7	1.716	0.010	1.40	564	1 225	53.25	0.477	1.594
		8	1.667	0.009	1.50	511	1 405	34.50	0.359	3.591
		9	1.663	0.009	1.05	459	721	17.90	0.500	3.680
		10	1.637	0.011	0.95	312	337	6.74	0.465	4.977
		11	1.635	0.015	1.09	271	259	3.92	0.564	3.689
		12	1.645	0.014	1.21	413	506	9.94	0.464	2.561
1998	高孙河段	1	1.162	0.021	1.50	184	185	2.87	0.386	2.602
		2	1.168	0.021	1.26	173	132	9.00	0.285	1.156
		3	1.166	0.011	1.29	337	509	13.70	0.501	2.301
		4	1.163	0.010	1.20	385	549	12.50	0.529	2.757
		5	1.162	0.012	1.21	320	389	6.97	0.651	2.547
		6	1.172	0.008	1.23	383	691	16.40	0.558	3.557
		7	1.145	0.008	1.41	484	1 090	48.00	0.477	1.824
		8	1.142	0.008	1.59	490	1 480	35.90	0.376	3.040
		9	1.137	0.009	1.16	453	722	18.20	0.419	2.950
		10	1.147	0.018	1.32	267	259	4.92	0.339	2.357
		11	1.151	0.024	1.63	255	252	2.58	0.422	2.073
		12	1.146	0.020	1.62	359	432	8.13	0.351	1.410

续附录

年份	河段	月份	比降(‰)	糙率(s/m^1/3)	水深(m)	河宽(m)	流量(m³/s)	含沙量(kg/m³)	沉速(mm/s)	输沙平衡程度数
1998	孙艾河段	1	1.289	0.023	1.49	152	146	2.18	0.281	3.739
		2	1.270	0.029	1.38	133	89	13.20	0.262	0.522
		3	1.227	0.020	2.02	236	418	13.90	0.454	0.961
		4	1.216	0.020	2.07	262	482	12.65	0.480	1.003
		5	1.213	0.022	2.07	207	342	6.86	0.835	0.880
		6	1.203	0.015	2.04	254	617	18.85	0.704	1.018
		7	1.144	0.015	2.32	343	1 013	52.75	0.536	0.569
		8	1.163	0.013	2.55	388	1 580	36.65	0.444	1.309
		9	1.197	0.015	1.97	339	754	20.95	0.323	1.597
		10	1.278	0.032	2.02	178	205	4.59	0.390	0.973
		11	1.233	0.034	2.45	163	239	3.00	0.770	0.804
		12	1.259	0.033	2.52	250	393	10.29	0.376	0.564
1998	艾泺河段	1	1.033	0.023	1.49	114	98	2.14	0.291	2.899
		2	1.022	0.024	1.28	87	56	9.65	0.279	0.724
		3	1.059	0.017	2.06	147	296	11.96	0.440	1.370
		4	1.044	0.016	2.14	166	365	13.00	0.480	1.383
		5	1.032	0.021	1.94	162	231	7.89	0.733	0.765
		6	0.981	0.015	2.28	187	504	20.70	0.768	0.771
		7	0.979	0.022	3.64	242	953	53.95	0.449	0.321
		8	0.971	0.016	3.99	257	1 635	34.90	0.411	1.039
		9	0.990	0.019	3.19	217	773	24.65	0.295	1.030
		10	1.013	0.033	2.56	125	180	3.57	0.379	1.040
		11	1.007	0.029	2.73	126	231	2.84	0.697	1.108
		12	1.062	0.025	2.94	136	335	8.46	0.355	1.177
1998	泺利河段	1	0.935	0.027	1.10	130	54	1.48	0.272	2.057
		2	0.910	0.038	0.97	109	2	2.66	0.192	0.416
		3	0.961	0.015	1.16	140	121	6.55	0.275	2.448
		4	0.954	0.015	1.37	164	1 863	8.62	0.409	2.609
		5	0.980	0.024	1.28	120	74	4.91	0.515	0.753
		6	0.968	0.010	1.52	225	435	22.20	0.661	1.439
		7	0.980	0.020	3.05	275	894	52.75	0.470	0.343
		8	0.971	0.013	3.44	271	1 590	34.60	0.343	1.677
		9	0.974	0.016	2.52	244	713	31.20	0.488	0.715
		10	0.937	0.041	1.70	185	107	1.76	0.230	1.119
		11	0.969	0.025	1.80	169	177	1.82	0.234	3.449
		12	0.944	0.020	2.00	148	232	3.66	0.295	2.865

续附录

年份	河段	月份	比降（‰）	糙率（s/m$^{1/3}$）	水深（m）	河宽（m）	流量（m^3/s）	含沙量（kg/m^3）	沉速（mm/s）	输沙平衡程度数
1999	花夹河段	1	1.617	0.012	1.21	290	437	6.14	0.774	3.606
		2	1.617	0.012	1.26	273	418	7.76	0.520	4.082
		3	1.516	0.009	1.44	392	995	9.05	0.647	5.982
		4	1.606	0.011	1.36	382	759	6.32	0.992	3.845
		5	1.605	0.012	1.26	284	458	3.42	1.402	3.808
		6	1.709	0.011	1.17	276	436	4.12	1.022	5.069
		7	1.592	0.010	1.65	466	1 400	110.14	0.376	1.123
		8	1.600	0.010	1.51	333	870	19.09	0.374	4.315
		9	1.611	0.011	1.73	324	894	16.15	0.518	3.450
		10	1.600	0.012	1.40	268	506	11.03	0.646	2.829
		11	1.590	0.015	1.34	225	305	5.52	0.746	2.589
		12	1.583	0.017	1.43	215	289	5.20	0.821	2.010
1999	夹高河段	1	1.640	0.016	1.26	302	362	6.21	0.529	2.617
		2	1.689	0.015	1.06	280	269	5.45	0.472	3.303
		3	1.661	0.008	1.20	415	897	14.25	0.631	5.291
		4	1.639	0.009	1.08	429	712	8.32	0.663	5.562
		5	1.555	0.010	0.94	343	393	5.69	0.929	3.972
		6	1.520	0.012	0.91	312	355	4.80	0.770	3.495
		7	1.666	0.008	1.30	497	1 140	75.65	0.293	2.563
		8	1.663	0.010	1.21	408	695	21.80	0.230	4.840
		9	1.660	0.009	1.23	417	838	17.90	0.378	5.046
		10	1.600	0.010	1.06	379	549	14.30	0.499	3.394
		11	1.636	0.016	1.02	326	264	6.51	0.393	2.656
		12	1.636	0.017	1.15	315	293	4.91	0.490	2.704
1999	高孙河段	1	1.157	0.019	1.38	322	306	6.00	0.409	1.609
		2	1.197	0.024	1.32	187	138	3.76	0.279	1.874
		3	1.152	0.009	1.47	379	832	14.30	0.545	3.503
		4	1.155	0.007	1.09	420	704	7.79	0.597	7.418
		5	1.218	0.015	1.29	280	311	5.63	0.609	2.144
		6	1.175	0.021	1.67	237	291	3.95	0.746	1.366
		7	1.145	0.008	1.39	439	1 045	70.60	0.358	1.663
		8	1.158	0.009	1.10	439	633	25.00	0.218	3.611
		9	1.165	0.007	1.14	426	805	20.30	0.268	6.528
		10	1.146	0.011	1.22	410	545	15.70	0.350	2.515
		11	1.158	0.023	1.39	285	234	5.36	0.332	1.365
		12	1.158	0.025	1.75	250	277	4.10	0.474	1.283

续附录

年份	河段	月份	比降(‰)	糙率($s/m^{1/3}$)	水深(m)	河宽(m)	流量(m^3/s)	含沙量(kg/m^3)	沉速(mm/s)	输沙平衡程度数
1999	孙艾河段	1	1.276	0.038	2.29	236	278	6.65	0.466	0.475
		2	1.402	0.055	1.85	82	49	1.82	0.146	1.317
		3	1.244	0.016	2.20	275	727	16.05	0.561	1.303
		4	1.217	0.011	1.51	331	640	9.23	0.527	3.550
		5	1.249	0.022	1.80	187	251	5.21	0.684	1.185
		6	1.210	0.033	2.49	150	230	3.59	0.815	0.707
		7	1.227	0.013	2.09	351	989	71.40	0.317	0.890
		8	1.241	0.014	1.55	305	494	29.10	0.218	1.663
		9	1.208	0.013	1.87	296	695	22.65	0.295	2.133
		10	1.195	0.020	1.96	317	532	18.35	0.291	1.015
		11	1.208	0.029	2.06	184	230	4.44	0.256	1.604
		12	1.262	0.031	2.75	133	264	3.74	0.509	1.251
1999	艾泺河段	1	1.013	0.030	2.89	118	235	4.98	0.368	1.104
		2	1.032	0.064	1.42	70	20	0.78	0.080	1.700
		3	1.044	0.015	2.52	183	564	16.65	0.436	1.582
		4	1.028	0.014	1.76	231	442	9.38	0.419	2.294
		5	1.016	0.018	1.55	169	193	4.58	0.554	1.699
		6	0.999	0.024	1.99	158	210	3.64	0.707	1.076
		7	0.981	0.015	3.00	233	938	68.35	0.225	0.883
		8	1.018	0.017	2.09	180	365	31.00	0.195	1.125
		9	1.003	0.014	2.23	190	528	19.85	0.227	2.283
		10	1.001	0.017	2.35	215	511	18.35	0.344	1.200
		11	0.989	0.026	2.11	171	226	4.49	0.256	1.653
		12	1.023	0.029	2.72	123	224	2.81	0.284	2.186
1999	泺利河段	1	0.933	0.028	2.15	161	202	2.28	0.333	1.900
		2	0.906	0.104	1.06	69	7	0.37	0.058	0.939
		3	0.960	0.018	1.84	200	298	8.92	0.182	2.408
		4	0.977	0.017	1.33	220	212	4.74	0.236	3.030
		5	0.975	0.014	0.89	182	106	3.32	0.370	3.281
		6	0.957	0.017	1.17	215	164	2.69	0.520	2.371
		7	0.965	0.014	2.52	256	831	63.90	0.252	0.865
		8	0.957	0.017	1.65	213	280	37.50	0.150	0.919
		9	0.984	0.012	1.47	226	349	13.80	0.118	4.956
		10	0.959	0.013	1.75	248	475	19.70	0.272	1.879
		11	0.966	0.021	1.51	221	202	3.78	0.190	2.871
		12	0.933	0.029	1.87	162	154	2.66	0.182	2.182

续附录

年份	河段	月份	比降(‰)	糙率(s/m^1/3)	水深(m)	河宽(m)	流量(m³/s)	含沙量(kg/m³)	沉速(mm/s)	输沙平衡程度数
2000	花夹河段	1	1.578	0.022	1.97	150	266	4.07	0.618	2.154
		2	1.575	0.017	1.85	205	415	7.39	0.837	1.792
		3	1.574	0.013	1.73	288	712	10.62	1.108	1.890
		4	1.566	0.013	1.85	320	851	8.45	1.179	2.248
		5	1.605	0.013	1.42	264	479	6.00	1.474	2.143
		6	1.504	0.011	1.16	262	382	4.26	1.489	3.232
		7	1.585	0.018	1.79	275	520	6.19	0.775	1.909
		8	1.613	0.018	1.37	278	323	4.04	1.530	1.352
		9	1.592	0.012	1.24	263	393	4.36	1.641	2.712
		10	1.579	0.012	1.32	359	578	5.52	1.991	2.012
		11	1.590	0.012	1.31	366	625	6.08	1.437	2.403
		12	1.557	0.016	1.62	330	559	4.76	1.494	1.700
2000	夹高河段	1	1.688	0.026	1.56	212	219	3.04	0.417	2.272
		2	1.647	0.021	1.52	287	353	7.65	0.559	1.344
		3	1.677	0.011	1.20	369	612	12.80	0.669	2.797
		4	1.664	0.010	1.24	418	749	11.85	0.647	3.767
		5	1.612	0.010	0.94	389	425	7.11	0.799	3.813
		6	1.758	0.012	0.93	313	301	4.78	0.792	3.875
		7	1.634	0.011	1.10	396	555	8.26	0.628	3.784
		8	1.639	0.013	0.92	326	289	4.62	1.102	2.432
		9	1.651	0.011	1.04	290	355	5.68	0.842	3.958
		10	1.620	0.010	1.05	437	575	8.04	1.105	2.970
		11	1.582	0.012	1.18	434	606	8.57	1.048	2.110
		12	1.614	0.013	1.20	396	525	6.04	1.089	2.350
2000	高孙河段	1	1.163	0.027	1.66	201	187	2.11	0.314	2.403
		2	1.150	0.020	1.40	313	298	10.05	0.387	1.001
		3	1.164	0.016	1.48	345	455	9.94	0.458	1.541
		4	1.175	0.013	1.45	384	604	11.40	0.456	2.176
		5	1.165	0.019	1.37	354	335	6.26	0.534	1.283
		6	1.177	0.012	0.85	349	236	3.15	0.745	3.404
		7	1.173	0.009	1.03	426	560	8.38	0.538	4.321
		8	1.168	0.012	0.90	361	268	3.34	0.819	3.135
		9	1.165	0.013	1.09	340	338	5.02	0.633	2.660
		10	1.172	0.009	1.06	434	562	7.37	0.703	3.965
		11	1.161	0.011	1.24	434	586	7.46	0.560	3.303
		12	1.149	0.014	1.30	407	478	5.14	0.441	3.210

续附录

年份	河段	月份	比降（‰）	糙率（$s/m^{1/3}$）	水深（m）	河宽（m）	流量（m^3/s）	含沙量（kg/m^3）	沉速（mm/s）	输沙平衡程度数
2000	孙艾河段	1	1.302	0.034	2.34	119	167	2.24	0.442	1.568
		2	1.275	0.032	2.05	227	268	11.30	0.364	0.502
		3	1.262	0.038	2.68	216	330	8.74	0.370	0.501
		4	1.210	0.022	2.17	267	489	10.91	0.380	1.122
		5	1.248	0.028	1.95	232	284	5.76	0.479	0.888
		6	1.254	0.027	1.37	254	175	1.98	0.681	1.347
		7	1.216	0.016	1.79	302	541	9.35	0.639	1.519
		8	1.222	0.030	1.76	267	253	3.50	0.918	0.638
		9	1.224	0.028	2.05	250	329	4.95	0.787	0.707
		10	1.211	0.017	1.84	308	544	7.95	0.682	1.466
		11	1.175	0.022	2.01	330	531	8.60	0.576	0.918
		12	1.219	0.025	1.89	339	432	6.61	0.441	1.031
2000	艾泺河段	1	0.993	0.033	2.34	107	134	2.14	0.330	1.594
		2	1.008	0.032	2.42	156	216	7.85	0.270	0.730
		3	1.014	0.030	2.60	143	239	9.02	0.321	0.703
		4	1.018	0.021	2.15	200	345	10.68	0.355	1.091
		5	1.009	0.021	1.77	196	240	6.16	0.379	1.382
		6	1.005	0.025	1.60	147	128	1.87	0.522	1.787
		7	1.010	0.014	2.07	190	462	10.10	0.618	1.789
		8	0.987	0.023	2.05	167	241	4.15	0.870	0.921
		9	1.006	0.022	2.18	161	268	4.72	0.710	1.133
		10	0.989	0.016	2.25	205	490	8.91	0.628	1.509
		11	1.018	0.021	2.46	217	478	10.26	0.443	1.061
		12	1.003	0.023	2.31	214	381	7.62	0.441	1.036
2000	泺利河段	1	0.936	0.030	1.85	130	119	1.62	0.193	2.878
		2	0.956	0.029	1.96	149	152	3.57	0.149	2.115
		3	0.997	0.018	1.49	136	145	4.72	0.221	3.101
		4	1.016	0.017	1.38	161	167	6.56	0.268	2.280
		5	0.994	0.016	1.10	173	130	4.77	0.232	3.092
		6	0.984	0.017	0.95	137	72	1.40	0.464	3.815
		7	0.987	0.010	1.24	191	282	8.84	0.517	3.203
		8	0.975	0.014	1.10	211	173	3.61	0.607	2.488
		9	0.966	0.015	1.14	194	157	2.85	0.518	2.948
		10	0.968	0.014	1.50	245	349	7.35	0,515	1.996
		11	0.956	0.016	1.84	261	449	8.08	0.460	1.713
		12	0.964	0.018	1.71	234	317	4.72	0.362	2.314

参 考 文 献

[1] 史传文. 冲积河流河型的成因及控制研究[D]. 北京:清华大学,2006:1-169.
[2] 陈思录. 系统工程[M]. 重庆:重庆大学出版社,1993:1-71,259-268.
[3] 姜璐,蔡维. 现代系统工程方法[M]. 沈阳:沈阳出版社,1993:164-205.
[4] 张延欣,吴涛,王明涛,等. 系统工程[M]. 北京:气象出版社,1997:1-141,235-319.
[5] 郑君里,应启衍,杨为理. 信号与系统[M]. 北京:高等教育出版社,2000:1-37,354-364.
[6] 汪应洛,姚德民,赵永昌,等. 系统工程[M]. 北京:机械工业出版社,2002:1-19, 21-80,82-151.
[7] 张维玺. 信号与系统[M]. 北京:科学出版社,2004:1-21,314-323.
[8] 李喜先. 工程系统论[M]. 北京:科学出版社, 2007.
[9] 邓聚龙. 灰色系统基本方法[M]. 武汉:华中理工大学出版社,1987:1-43.
[10] 扬纶标,高英仪. 模糊数学原理及应用[M]. 广州: 华南理工大学出版社,2002:1-156.
[11] 宋晓秋. 模糊数学原理与方法[M]. 徐州:中国矿业大学出版社,2004.
[12] 徐建华. 现代地理中的数学方法[M]. 北京:高等教育出版社,2004.
[13] 李鸿吉. 模糊数学基础及实用算法[M]. 北京:科学出版社,2005:1-307.
[14] 梁保松,曹殿立. 模糊数学及其应用[M]. 北京:科学出版社, 2007.
[15] 张顺燕. 数学的思想、方法和应用[M]. 北京:北京大学出版社,1997:40-47, 57-75.
[16] 耿素云. 集合论与图论[M]. 北京:北京大学出版社,1998:1-79.
[17] (美)马奎斯德萨. 模式识别原理、方法及应用[M]. 吴逸飞,译. 北京:清华大学出版社,2002:1-140.
[18] 陆璇. 应用统计[M]. 北京:清华大学出版社,1999:80-94.
[19] 袁卫,庞皓,曾五一. 统计学[M]. 北京:高等教育出版社,2000:80-111.
[20] (美)S. 利普舒尔茨,(美)M. 利普森. 离散数学[M]周兴和,孙志人,张学斌,译. 北京:科学出版社,2002:1-31.
[21] 王晓林. 统计学[M]. 北京:经济科学出版社, 2001:16-31,102-119.
[22] 何灿芝,罗汉. 应用统计学[M]. 长沙:湖南大学出版社,2004:28-60.
[23] 盛聚,谢式千,潘承毅,等. 概率论与数学统计[M]. 北京:高等教育出版社,2004:354-366.
[24] 刘元亮. 科学认识与方法论[M]. 北京:清华大学出版社,1987.
[25] 朱志凯. 新编逻辑教程[M]. 上海:复旦大学出版社,1989.
[26] 吴家国. 普通逻辑原理[M]. 北京:高等教育出版社,2000.
[27] 谷振谐. 论证与分析——逻辑的应用[M]. 北京:人民出版社,2000.
[28] 陈波. 逻辑学是什么[M]. 北京:北京大学出版社,2002:21-37,167-202.
[29] 陈波. 逻辑学导论[M]. 北京:中国人民大学出版社,2003.
[30] 王晖. 科学研究方法论[M]. 上海:上海财经大学出版社,2004.
[31] 梁永春. 逻辑学新编[M]. 北京:北京大学出版社,2005.
[32] 扬武金. 逻辑学基础[M]. 北京:科学出版社, 2008.
[33] 蔡尚峰. 随机控制理论[M]. 上海:上海交通大学出版社, 1986.
[34] 李士勇,夏承光. 模糊控制和智能控制理论与应用[M]. 哈尔滨:哈尔滨工业大学出版社,1990:8-104.

[35] 吴麒.自动控制原理(上册)[M].北京:清华大学出版社,1992:10-97.
[36] 吴麒.自动控制原理(下册)[M].北京:清华大学出版社,1992:23-87.
[37] 郭尚来.随机控制[M].北京:清华大学出版社,1999:1-87.
[38] 诸静.模糊控制原理与应用[M].北京:机械工业出版社,2001.
[39] 王立新,王迎军.模糊系统与模糊控制教程[M].北京:清华大学出版社,2003:14-42,274.
[40] 冯巧玲,吴娟,范为福,等.自动控制原理[M].北京:北京航空航天大学出版社,2004.
[41] 田铮,肖华勇.随机数学基础[M].北京:高等教育出版社,2005:222-229.
[42] 诸静.模糊控制理论与系统原理[M].北京:机械工业出版社,2005.
[43] 邓聚龙.灰色控制系统[M].武汉:华中理工大学出版社,1985:1-23.
[44] 中国科学院地理研究所河流组.渭河下游河流地貌[M].北京:科学出版社,1983.
[45] 陆中臣,贾邵凤,黄克新,等.河流地貌系统[M].大连:大连出版社,1991:7-9,77-106.
[46] 倪晋仁,马蔼乃.河流动力学地貌[M].北京:北京大学出版社,1998.
[47] 张根寿.现代地貌学[M].北京:科学出版社,2005.
[48] 杨景春,李有利.地貌学原理[M].北京:北京大学出版社,2005.
[49] 高抒.现代地貌学[M].北京:高等教育出版社,2006.
[50] 钱宁,周文浩.黄河下游河床演变[M].北京:科学出版社,1965:1-53,92-251,313-415,453-530.
[51] 谢鉴衡.河流泥沙工程学(上册)[M].北京:水利出版社,1982:4-188,209-371.
[52] 人民黄河编辑部.黄河的研究与实践[M].北京:水利电力出版社,1986.
[53] 钱宁,张仁,周志德.河床演变学[M].北京:科学出版社,1987:7-8,195-196,389-412,483-484.
[54] 张书农,华国强.河流动力学[M].北京:水利电力出版社,1988:165-186.
[55] 中国水利学会泥沙专业委员会.泥沙手册[M].北京:中国环境科学出版社,1989.
[56] 谢鉴衡.河床演变及治理[M].北京:水利电力出版社,1990:4-119.
[57] 尹学良.黄河下游的河性[M].北京:中国水利水电出版社,1995.
[58] 史传文,祁孝珍.小流域产沙与控制[M].北京:水利电力出版社,1996.
[59] 胡一三,张红武,刘贵芝,等.黄河下游游荡性河段河道治理[M].郑州:黄河水利出版社,1998:29-44.
[60] 王兴奎,邵学军,王光谦,等.河流动力学[M].北京:科学出版社,2000.
[61] 韩其为.水库淤积[M].北京:科学出版社,2003:27-83,414-461,533-642.
[62] 谢鉴衡.江河演变与治理研究[M].武汉:武汉大学出版社,2004:293-305.
[63] 王光谦,张红武,夏军强.游荡型河流演变及模拟[M].北京:科学出版社,2005:77-81.
[64] 周世权,马恩伟.植物分类学[M].北京:中国林业出版社,1995.
[65] 罗丽娟.植物分类学[M].北京:中国农业大学出版社,2007.
[66] 朱弘复.动物分类理论基础[M].上海:上海科学技术出版社,1987.
[67] 郑乐怡.动物分类学方法与原理[M].北京:高等教育出版社,1987.
[68] 庞学铨.哲学导论[M].浙江杭州:浙江大学出版社,2005.
[69] 张立文.中国哲学概论[M].北京:中国人民大学出版社,2005.
[70] 刘大椿.科学技术哲学导论[M].北京:中国人民大学出版社,2005.
[71] 黄河水利委员会.中华人民共和国水文年鉴黄河流域水文资料第5册[M].郑州:黄河水利出版社,1972,1973,1975,1976,1978,1979,1980,1982,1985,1987,1988,1991-2000.
[72] 黄河水利委员会.中华人民共和国水文年鉴黄河流域水文资料第7-8册[M].郑州:黄河水利出版社,1960,1963,1964,1967,1979-1983.
[73] 长江水利委员会.长江流域水文资料(汉江区)[M].北京:中国工业出版社,1965-1971.
[74] 林承坤.河型的成因与分类[J].泥沙研究,1985(2):1-10.

[75] 张俊勇,陈立,王家生.河型研究综述[J].泥沙研究,2005(4):76-81.

[76] Leopold L B, Wolman M G. River channel pattern: braided, meandering and straight[M]. U.S. Geol. Suv. Prof. Pap. 1957.

[77] Lane E W. A study of the shape of channels formed by natural streams flowing in erodible material[M]. US Army Engineer Division, Missouri, Corps Engineers, Omaha, Nebraska, 1957.

[78] 方宗岱.河型分析及其在河道整治上的应用[J].水利学报,1964(1):1-12.

[79] Schumm S A. Speculations concerning to altered paleohydraulic controls on terresttrial sedimentation[J]. Geol. Soc. Am. Bull, 1968,79:1573-1588.

[80] Schumm S A. Evolution and response of the fluvial system, sedimentologic implications[J]. SEPM Spec. Publ., 1981,31:19-29.

[81] Rust B R. A classification of alluvial channels[C]// A D Miall. Fluvial Sedimentology. Can. Soc. Petrol. Geol. Mem., 1978,5:187-198.

[82] Smith D B. Anastomosed fluvial deposits: modern examples from Western Canada[C]//Collinson, G W Lewin. Modern and Ancient Fluvial Systems. Spec. Publ. Int. Sedimentol., 1983,6:155-168.

[83] Brice J. Planform properties of meandering river[M]// C m Elliott. River Meandering: Proc. Conf. Rivers. New Orleans,1983:1-15.

[84] Schumm S A. Patterns of alluvial rivers[J]. Ann. Rev. Earth Planet. Sci., 1985, 13:5-17.

[85] Thorne C R, Russell P G, Alam M K. Planform patterns and channel evolution of Brahmaputa Rivers [J]. Geol. Soc. Spec. Publ., 1993,75:257-276.

[86] Nabson G C, Croke J C. A genetic classication of floodplains[J]. Geomorphology, 1992,4:459-486.

[87] 倪晋仁,张仁.河型成因的各种理论及其间关系[J].地理学报,1991,46(3):366-372.

[88] Schumm S A, Kahn H R. Experimental study of channel patterns[J]. Bull. Geol. Soc. Am., 1972, 83:1755-1770.

[89] Chang H H. Minimum stream power and river channel patterns[J]. Jour. Hydraul, 1979,41:303-327.

[90] Engelund F, Skovgaard C. On the origin of meandering and braiding in alluvial streams[J]. J. Fluid. Mech., part 2, 1973, 52:289-302.

[91] 钱宁,麦乔威.多沙河流上修建大型蓄水水库后下游游荡性河道的演变趋势及治理[J].水利学报,1963(6):1-19.

[92] 钱宁.关于河流分类及成因问题的讨论[J].地理学报,1985,40(1):1-10.

[93] 石伟,王光谦,邵学军.流量变化对黄河下游河道演变影响[J].水利学报,2003(5):74-83.

[94] 倪晋仁,王随继,王光谦.现代冲积河流的河型空间转化模式探讨[J].沉积学报,2000,18(1):1-6.

[95] 王随继.网状河流的构型、流量—宽深比关系和能耗率[J].沉积学报, 2003,21(4):565-570.

[96] 陈立,张俊勇,谢葆玲.河流再造床过程中河型变化的实验研究[J].水利学报,2003(7):42-51.

[97] 张俊勇,陈立,何娟,等.流量过程对河型影响的试验研究[J].水电能源科学,2004,22(3):61-64.

[98] 朱毕生,熊波,陈立.河道边界条件对河型形成影响的概化试验研究[J].浙江水利科技,2005(1):9-14.

[99] 徐国宾,练继建.应用耗散结构理论分析河型转化[J].水动力学研究与进展,2004,19(3):316-320.

[100] 许炯心.不同床沙组成的冲积河流中河型的分布特征[J].自然科学进展,2002,12(8):870-873.

[101] 许炯心.我国游荡河型和江心洲河型的地域分布特征[J].科学通报,1990(6):439-442.

[102] 许炯心.砂质河床与砾石河床的河型判别研究[J].水利学报,2002(10):14-20.

[103] 许炯心.高含沙型曲流河床形成机理的初步研究[J].地理学报,1992,47(1):40-48.

[104] 许炯心.河型对含沙量空间变异的响应及其临界现象[J].中国科学 D 辑,1997(6):548-553.

[105] 许炯心.天然河道挟沙水流的复杂行为及其在河型形成中的意义[J].水利学报,1999(3):44-48.

[106] 许炯心,张欧阳.黄河下游游荡段河床调整对于水沙组合的复杂响应[J].地理学报.2000,55(3):274-280.

[107] 许炯心,梁志勇.淮河弯曲河型成因的初步探讨(学术讨论)[J].泥沙研究,1990(2):99-100.

[108] 许炯心.泥沙因子在弯曲河型形成中的作用[J].西南师范大学学报(自然科学版),1985(3):70-76.

[109] 许炯心.南运河弯曲河型的成因[J].地理与地理信息科学.1989(2):54-59.

[110] 梁志勇,李明,匡尚富,等.支流泥石流入汇对主河河型成因的影响[J].水土保持学报.2001,15(5):112-132.

[111] 金德生.边界条件对曲流发育影响的过程响应模型实验研究[J].地理研究,1986,5(8):12-21.

[112] 王延贵,胡春宏,周文浩,等.塔里木河干流河道的河型及其成因[J].泥沙研究,2002(6):16-25.

[113] 张欧阳,金德生,陈浩.游荡河型造床实验过程中河型的时空演替和复杂响应现象[J].地理研究,2000,19(2):180-188.

[114] 蔡强国.地壳构造运动对河型转化影响的实验研究[J].地理研究,1982,1(3):21-32.

[115] 尹学良.河型成因研究[J].水利学报,1993(4):1-11.

[116] 尹学良,梁志勇,陈金荣,等.河型成因研究及其应用[J].泥沙研究,1999,2(4):13-19.

[117] 尹学良,陈金荣.黄河下游的河性[J].地理学报,1992,47(3):193-207.

[118] 张红武,赵连军.游荡河型成因及其河型转化问题的研究[J].人民黄河,1996,18(10):11-15.

[119] 张红武,刘海凌,江恩惠,等.小浪底水库拦沙期下游游荡性河段演变趋势研究[J].人民黄河,1998,20(11):5-7.

[120] Parker G, Anderson A G. Modeling of meandering and braiding in rivers[M]. Proc. First. ASCE Symp. San Francisoco: Modeling Techniques, 1975: 575-591.

[121] Hayashi T, Ozaki S. Alluvial bedforms asalysisi. 1. Formation of alternating bars and braids[M]// H W Shen, H Kikkawa. Application of Stochastic Processes in Sediment Transport. Colorado: Water Resources Pulications, 1980:1-40.

[122] Jan H Van den Berg. Predicting of alluvial channel pattern of perennial river[J]. Geomorphology, 1995,12:259-279.

[123] Friedkin J F. A laboratory study of the meandering of alluvial rivers[M]. Vicksburg, MS: U. S. Army Corps Engs. waterways Exp. Stn., 1945:40.

[124] Mial A D. A review of the braided river depositional environment[J]. Earth Sci. Rev. 1977,13:1-62.

[125] Brotherton D I. On the origin and characteristics of river channel patterns[J]. J. Hydrol, 1979, 44:221-230.

[126] Knghton D. Fluvial Forms and Processes[M]. London: Edward Arnold, 1984:218.

[127] Richards K S. Rivers: Form and Process in Alluvial Channels[M]. London: Methuen, 1982:358.

[128] Orton G J, Reading h g. Variability of deltaic processes in terms of sediment supply, with particular emphasis on grain size[J]. Sedimentology, 1993, 40:475-512.

[129] Achers p. Meandering channels and the influence of bed mateial[M]// Hey R D, Bathurst J C, Thorne C R. Gravel – Bed Rivers. Chichester: Wiley, 1982:389-421.

[130] Millar R G, Quich M C. Effect of bank stability on geometry of gravel rivers[J]. J. Hydraul. Eng., 1993,119:1343-1363.

[131] Carling P. The concept of dominant discharge applied to two grave-bed sreams in relation to channel stability thresholds[J]. Earth Surf Process Landforms, 1988, 13:355-367.

[132] Adrews E D. Effective and bankfull discharges in the Yampa River basin, Colorado and Wyonming[J].

J. Hrdrol. , 1980,46:311-330.

[133] Nixon M. A study of bankfull discharges of the rivers of England and Wales[J]. Proc. Inst. Civ. Eng. , 1959,12:157-174.

[134] Henderson F M. Open channel flow[M]. New York: Macmillan,1966:522.

[135] Osterkamp W R, Lane L J, Foster G R. An analytical treatment of channel – morphology relations[J]. U. S. Geol. Surv. Prof,Pap. , 1983,1288:21.

[136] Klaassen G J, Vermeer K. Channel characteristics of the braiding Jamuna river, Bangladesh[M]// W R White. Proc. Int. Conf. On River Regime. New York: Wiley,1988:173-189.

[137] Stevens M A, Nordin C F. Critique of the regime theory for alluvial channels[J]. J. Hydrau. Eng. , 1987,113:1359-1379.

[138] Bathurst J C, Graf W H and Cao H H. Bed load discharge equations for steep mountain rivers[M]// Thrne C R, Bathurstand J C, Hey R D. Sediment Transport in Gravel-Bed Rivers, Chichester: Wiley, 1987:453-491.

[139] Moody-Stuart M. High-and low-sinuosity streams deposits, with examples from the Devonian of Spitsbergen[J]. J. Sediment. Petrol. , 1966,36:1102-1117.

[140] John Lewin, Paul A Brewer. Predicting channel pattern[J]. Geomorphology ,2001,40:329-339.

[141] Jan H van den Berg, Bran P Bledsoe. Comment on Lewin and Brewer (2001):" Predicting channel pattern"[J]. Geomorphology,40:329-339; Geomorphology, 2003,53:333-337.

[142] Knighton A D, Nanson G C. Anastomosis and the continum of channel pattern[J]. Earth Surface Processes and Landforms. 1993,18:316-625.

[143] Bledsoe B P, Watson C C. Logistic analysis of channel pattern threshold: meandering, braided, and incising[J]. Geomorphology, 2001, 38:281-300.

[144] Lewin J, Brewer P A. Predicting channel patterns[J]. Geomorphology, 2001,40:329-339.

[145] Bridge J S. The interaction between channel geometry, water flow, sediment transport and deposition in braided rivers[C]// Best J L, Bristow C S. Braided Rivers. Special Publication-Geological Society of London, 1993,75:13-71.

[146] Simpson C J, Smith D G. The braided Milk River, northern Montana, fail the Leopold-Wolman discharge-gradient test[J]. Geomorphology, 2001,41:337-353.

[147] Holbrook J, Schumm S A. Geomorphic and sedimentary response of river to tectonic deformation: a brief review and critique of a tool for recognizing subtle epeirogenic deformation in modern and ancient settings [J]. Tectonophysics , 1999,305:287-306.

[148] Struiksma N K W, Olesen C, Flokstra C, et al. Bed deformation in curvial allvial channels[J]. Journal of Hydraulic research,1985,23:57-79.

[149] Struiksma N K, Crosato A. Analysis of a 2-D bed topography model for rivers[C]// Ikeda S and Parker G. River Meandering. Water Resources Monograph, 1989, 12:153-180.

[150] Blobdeaux P, Seminara G. A unified bar-bed theory of river meanders[J]. Journal of Fluid Mechanics, 1985,157:449-470.

[151] Dade W B. Grain size, sediment transport and alluvial channel pattern[J]. Geomorphology, 2000, 35:119-126.

[152] Chew L C, Ashmore P E. Channel adjustment and a test of rational regime theory in a proglacial braided stream[J]. Geomorphology,2001,37:43-63.

[153] Mosseman E, Shishikura T, Klaassen G J. Effect of bank stabilization on bend scour in anabranches of braided rivers[J]. Physics and Chemistry of the Earth,2000,25(7 ~8):699-704.

[154] Parker G. Hydraulic geometry of active gravel rivers[J]. ASCE Journal of the Hydraulic Division,1979, 105:1185-1201.

[155] Griffiths G A. Stable-channel design in gravel-bed rivers[J]. Journal of Hydrology, 1993,52:291-305.

[156] Cao S, Knight D W. Regime theory of alluvial channels based upon the concept of stream power and probability[J]. Proceedings-Institution of Civil Engineers,1996, 100:160-167.

[157] Makaske B. Anastomosing rivers, forms, processes and sediments[D]. Utrecht, Netherlands: Geographical studies, 1998:287.

[158] John Lewin,Paul A Brewer. Aeply to Van den Berg and Bledsoes comment on Lewin and Brewer(2001) "Predicting channel pattern"[J]. Geomorphology, 40:329-339; Geomorphology,2003,53:339-342.

[159] Murray A B, Paola C. A cellular model of braided rivers[J]. Nature. 1994, 371(1): 54-57.

[160] Murray A B, Paola C. Properties of a cellular braided stream model[J]. Earth Surc. Processes Landforms,1997,22:1001-1025.

[161] Thomas R, Nicholas A P. Simulation of braided river flow using a new cellular routing scheme[J]. Geomorphology,2002,43:179-195.

[162] Stolum Hans-Henrik. River meandering as self-organization process[J]. Science, 1996, 271: 1710-1712.

[163] Achers P, Charlton F G. The geometer of small meandering streams[J]. Proc. Inst. Civ. Eng. Suppl., 1970, 12: 289-317.

[164] Schumm S A, Kahn H R. Experimental study of channel patterns[J]. Bull. Geol. Soc. Am., 1972, 83: 1755-1770.

[165] Schumm S A. Evolution and response of the fluvial system, sedimentologic implications[J]. SEPM Spec. Publ., 1981, 31:19-29.

[166] Ferguson R I. Hydraulic and sedimentary controls of channel pattern[M] // K S Richards. River Channels, Environment and process. London: Blackwell,1987: 129-158.

[167] Carson M A. Meandering-braided threshold[J]. J. Hydrol., 1984, 73:315-334.

[168] Bridge J S. Palaeochannel patterns inferred from alluvial deposits: a critical evaluation[J]. J. Sediment. Petrol., 1985,55:579-589.

[169] 史传文,吴保生,马吉明.黄河下游河型分类与判别模式研究[J].泥沙研究,2007(4):53-58.

[170] 史传文,吴保生,马吉明.冲积河流河型的成因及分类与判别计算方法研究[J].水力发电学报,2007,26(5):107-111.

[171] 涂启华,张俊华.小浪底水库减淤运用方式及作用[J].人民黄河,1993(3):23-29.

[172] 齐璞,孙赞盈,张林忠,等.黄河下游游荡性河道双岸整治对窄河段冲淤影响[J].人民黄河,2003,25(12):19-22.

[173] 韩其为,何明民.恢复饱和系数初步研究[J].泥沙研究,1997(3):32-40.

[174] 韩其为.非均匀悬移质不平衡输沙的研究[J].科学通报,1979(17):804-808.

[175] 周建军.不平衡悬移质运动恢复饱和系数的理论研究[M].北京:中国水利水电出版社,1999:305-314.

[176] 史传文,罗全胜.一维超饱和输沙法恢复饱和系数 α 的计算模型研究[J].泥沙研究,2003(1):59-63.